EDA技术及应用

EDA JISHU JI YINGYONG

文良华 / 主编

四川大学出版社
SICHUAN UNIVERSITY PRESS

项目策划：王　锋
责任编辑：王　锋
责任校对：唐　飞
封面设计：璞信文化
责任印制：王　炜

图书在版编目（CIP）数据

EDA 技术及应用 / 文良华主编. — 成都 : 四川大学出版社，2021.6（2023.1 重印）
ISBN 978-7-5690-4094-4

Ⅰ. ①E… Ⅱ. ①文… Ⅲ. ①电子电路－电路设计－计算机辅助设计－高等学校－教材 Ⅳ. ①TM702.2

中国版本图书馆 CIP 数据核字（2021）第 001747 号

书名　EDA 技术及应用
EDA JISHU JI YINGYONG

主　　编	文良华
出　　版	四川大学出版社
地　　址	成都市一环路南一段 24 号（610065）
发　　行	四川大学出版社
书　　号	ISBN 978-7-5690-4094-4
印前制作	成都完美科技有限责任公司
印　　刷	四川煤田地质制图印务有限责任公司
成品尺寸	185mm×260mm
印　　张	19.75
字　　数	430 千字
版　　次	2021 年 9 月第 1 版
印　　次	2023 年 1 月第 2 次印刷
定　　价	68.00 元

◆ 读者邮购本书，请与本社发行科联系。
电话：(028)85408408/(028)85401670/
(028)86408023　邮政编码：610065
◆ 本社图书如有印装质量问题，请寄回出版社调换。
◆ 网址：http://press.scu.edu.cn

四川大学出版社
微信公众号

前　言

本书从传统的理论教学、语法教学向应用转型，将语法、原理、应用相结合，采用项目驱动方式，深入浅出地将 EDA 四要素——FPGA 芯片、软件工具、语法、实验系统融入实践项目中，最终将教材知识转化为应用能力。

本书采用递进式组织形式，首先对 EDA 知识做出宏观概述，让读者对 EDA 有一个初步的了解，其次对本书实验硬件平台进行介绍，接下来搭建软件开发环境，讲解仿真器驱动安装等，以满足 EDA 学习的基本设计条件。

在完成上述步骤后，通过实例介绍 EDA 软件设计基本流程。在掌握基本设计流程后，对软件项目框架进行介绍，并开始设计具体的 EDA 软件文件。其中 Verilog 文件具有独特的格式，比如模块名须与文件名一致，自顶向下的程序设计架构等。接下来就是描述各个文件的语法规则。本书对 Verilog 语言进行了详细讲解，最后以原理介绍、实验验证、实际项目应用的编排顺序帮助读者掌握 Verilog 程序编码技术。

本书提供了丰富的例程，这些例程经过精心挑选和设计，每个例程都是为了讲述特定的知识点而设计。全书共分为以下十五章。

第 1 章是全书的基础，内容包括 EDA 技术概述、EDA 技术发展历史、EDA 技术要素、FPGA 实验开发平台简介、FPGA 开发流程、FPGA 配置及 FPGA 芯片介绍。

第 2 章和第 3 章主要涉及 FPGA 开发环境搭建、USB Blaster 驱动软件安装、Quartus II 软件开发流程、ModelSim 软件的安装和使用、testbench 的编写。

第 4 章详细介绍 Verilog HDL 语言基础、基本语法、基本语句，常用电路介绍，编译指令及 Verilog HDL 代码编写规范等。

第 5 章内容包括有限状态机的设计、分类，以交通信号灯控制器的设计为例，详细讲解有限状态机的应用。

第 6 章是利用 FPGA 实现 PWM 波控制，对 PWM 控制 LED 调光原理及占空比进行了简述。

第 7 章是利用 FPGA 实现蜂鸣器控制及数码管显示，分析了有源蜂鸣器和无源蜂鸣器的区别。

第 8 章是利用 FPGA 实现红外遥控设计应用，介绍了 NEC 协议。

第 9 章是利用 FPGA 实现串口通信，并借助 FPGA 下位机与 PC 端上位机实现串口环回通信应用设计。

第 10 章是利用 FPGA 实现 SPI 串行通信，对 SPI 通信原理进行了介绍。

第 11 章是利用 FPGA 实现 I2C 总线的 EEPROM 访问控制，对 I2C 通信进行了简单介绍。

第 12 章是利用 FPGA 读取环境光传感器应用设计，对环境光传感器 AP3216C 做了简单介绍。

第 13 章是以 FPGA 实现 AD/DA 转换设计。

第 14 章是基于 FPGA 的 SDRAM 读写控制设计。

第 15 章是基于 FPGA 进行数字识别设计，对数字识别原理进行了简单介绍。

本书不仅适用于高校 EDA 技术课程教学，而且适用于从事软硬件开发的科研人员、院校教师及相关技术的从业者参考和学习。本书的最大特点在于对复杂难懂的知识点进行分类介绍、层层递进，并以实例具体描述。

本书示例的实验系统的主要特点在于实例源于真实项目，其涉及的技术范围广，程序编排逻辑清晰，同时实用性强。

目 录

第1章 EDA技术简述

1.1 EDA技术概述

电子设计自动化技术EDA(Electronic Design Automation)是一门高速发展的现代电子设计技术，作为现代电子设计的核心技术，其打破传统学科界限，融合了众多领域的新成果与新技术，从而发展成为业内不可或缺的功能强大的综合性技术。EDA在技术范畴上有广义与狭隘两种划分。广义EDA技术包括集成电路、电子电路、PCB制作等相关仿真技术，如Pspice、EWB、Matlab等计算机辅助设计与分析技术，以及Protel、Candence等印刷电路计算机辅助设计技术。狭义EDA技术指在计算机平台上利用EDA软件工具，以硬件语言描述的方式对大规模可编程器件FPGA/CPLD进行设计，并自动完成数字逻辑设计的编译、综合、布局、布线以及仿真测试，从而达到电子系统功能要求的设计技术。本书主要针对可编程器件开发涉及的基本概念与技术进行介绍，因此所指的EDA为狭义EDA技术，主要涵盖数字电子系统设计、信号处理、工业控制等领域可编程逻辑器件(CPLD/FPGA)的应用，通过模拟的项目案例介绍，帮助读者在短时间内快速掌握Verilog HDL语言、可编程逻辑器件PLD的基本设计方法与测试手段。

1.2 EDA技术的发展历史

1.2.1 CAD(Computer Assist Design)计算机辅助设计阶段

20世纪70年代，小规模集成电路SSI(Small Scale Integrated Circuits)和中规模集成电路MSI(Medium Scale Integrated Circuits)已经出现，印刷电路板和集成电路的传统手工制图设计方法效率低、花费大、制造周期长。由此出现了借助于计算机完成印制电路板(PCB)的CAD设计技术，即将产品设计中的大量重复性的繁杂劳动用计算机软件来实现，从而提高了电子系统和集成电路设计的效率。该阶段受限于计算机性能和软件功能，CAD 能够处理的电路规模不大，电子设计工作效率仍然不高。

1.2.2 CAE(Computer Assist Engineering Design)发展阶段

20 世纪 80 年代是 CAE 发展的阶段。随着集成电路规模的逐渐扩大和电子系统日益复杂化，人们将各个 CAD 工具集成为系统，继而开发电子设计软件工具，加强了电子设计软件的电路功能设计和结构设计功能，并且 EDA 技术已经延伸到半导体芯片的设计领域，衍生出可编程半导体芯片。

1.2.3 EDA 技术阶段

20 世纪 90 年代以后，微电子技术迅猛发展，几百万、几千万乃至上亿个晶体管都可集成在一块硅片上成为大规模集成电路芯片，因而对 EDA 技术提出了更高要求，亦推动了 EDA 技术的高速发展。世界上的一些大公司相继加大了 EDA 软件的研发力度，推出了大规模的 EDA 软件系统。EDA 技术逐步具有高级语言描述、系统级仿真和综合技术的基本特点，这些特点代表了现代电子设计技术的最新发展方向。

借助 EDA 工具，电子设计工程师们在设计复杂电子系统时，大量繁琐的设计工作都通过计算机来完成，即电子产品从电路设计、性能分析到设计出 IC 版图的全过程都在计算机上自动处理完成，从而极大地提高电子产品的设计效率。

1.3 EDA 技术的要素

利用 EDA 技术实现数字系统和 IC 设计，需要以计算机为平台，在相应 EDA 软件环境支持下，采用硬件描述语言(Hardware Description Language，HDL)对可编程逻辑器件(Programmable Logic Device，PLD)进行编程设计，并在 EDA 软件环境下完成编译、综合和仿真等工作，最后将设计代码下载到可编程器件实验开发平台上，完成硬件调试和验证。因此，EDA 技术开发设计的要素主要包括 EDA 软件、硬件描述语言、可编程逻辑器件和实验开发系统，其中可编程逻辑器件 PLD 为设计开发对象，硬件描述语言 HDL 为设计工具，EDA 软件为开发软环境，硬件开发系统为测试验证平台。

1.3.1 可编程逻辑器件 PLD 和 FPGA

1.3.1.1 PLD 发展历程

随着计算机与微电子技术的迅猛发展，早期由电子管、晶体管、中小规模集成电路 SSI/MSI 构成的数字电路，逐步发展到超大规模集成电路 VLSI 和专用集成电路 ASIC(Application Specific Integrated Circuit)。ASIC 是一种为专门应用目的而设计的集成电路。ASIC从设计到流片，需要大量的前期投入、支付掩膜或NRE(Non-Recurring Engineering)成本，只有大规模的生产才能降低成本，而在一些小规模应用领域出现了设计灵活的可编程逻辑器件PLD。

1970年出现的可编程只读存储器PROM是可编程逻辑器件PLD的雏形。PROM采用熔丝技术，片内集成了固定的与阵列和可编程的或阵列，可实现一次编程即一次写入，但不能擦除和重写。随后出现了UVEPROM和EEPROM，即紫外线可擦除只读存储器和电可擦除只读存储器。这两种存储器价格便宜、速度低、易于编程，适合于存储函数和数据表格。

20世纪70年代中期，可编程逻辑阵列器件PLA(Programmable Logic Array)问世。PLA器件片内集成有可编程的与阵列和可编程的或阵列。PLA器件因成本高、编程复杂、资源利用率低等诸多问题而没有得到广泛的应用。

1977年，世界上第一块可编程阵列逻辑器件PAL(Programmable Array Logic)由美国MMI公司推出。PAL器件片内集成了可编程的与阵列和固定的或阵列，采用熔丝编程技和双极性工艺，器件工作速度快。PAL因设计灵活、输出结构种类多等特点，成为业内第一款普遍应用的可编程逻辑器件。

1985年，通用阵列逻辑器件GAL(General Array Logic)由美国Lattice公司发明。GAL器件是在PAL器件的基础上，采用输出逻辑宏单元结构的EECMOS工艺，且在仿真上百分之百兼容PAL器件，因此GAL器件几乎完全取代了PAL器件，并可代替大多数标准的SSI、MSI集成芯片，于是获得了广泛应用。

20世纪80年代中期，可擦除、可编程逻辑器件EPLD(Erasable Programmable Logic Device)在Altera公司问世。EPLD主要基于UVEPROM和CMOS技术，随后基于EECMOS工艺制作的PLD出现。宏单元是EPLD的基本逻辑单元，宏单元主要由可编程与阵列、可编程寄存器和可编程I/O三部分组成。

20世纪80年代末，在线可编程技术ISP(In-System Programming)由美国Lattice公司推出。随后该公司于20世纪90年代初推出了复杂可编程逻辑器件CPLD(Complex Programmable Logic Device)。CPLD器件在EPLD的基础上采用了EECMOS工艺，增加了内部连线资源，改进了逻辑宏单元和I/O单元。其片内的可编程资源主要有可编程逻辑宏单元、可编程I/O单元和可编程内部连线三种资源。

1985年，第一块现场可编程门阵列器件FPGA(Field Programmable Gate Array)由美国Xilinx公司推出。它是一款采用CMOS-SRAM工艺制作的新型高密度PLD。FPGA器件的内部结构与门阵列PLD不同，其内集成了诸多可编程或可配置的逻辑模块CLB(Configurable Logic Block)。可编程逻辑块CLB具有强大的功能，不仅能够实现复杂的数字逻辑函数，还可以配置成RAM等复杂的功能模块，并且逻辑块之间的连接也是可编程的。配置数据即用户编程代码存放在FPGA芯片内的SRAM中，设计人员通过修改编程文件就可现场修改器件的逻辑功能，即现场可编程。目前应用最广泛的是现场可编程门阵列FPGA 器件和复杂可编程逻辑器件 CPLD(Complex Programmable Logic Device)器件。

1.3.1.2 CPLD 原理

CPLD 是由 EPLD 演变而来，最终在通用阵列逻辑 GAL 器件基础上发展起来的，其内部主体结构仍然是基于 ROM 工艺的可编程与阵列和乘积项共享的或阵列结构，掉电后数据不丢失。虽然不同厂家的 CPLD 产品在内部结构的命名上各不相同，但其内部构造基本上都由通用逻辑单元、全局可编程布线和输入/输出单元三部分组成。图 1.1 为 Altera 公司的 MAX-7000 系列 CPLD 的内部结构。

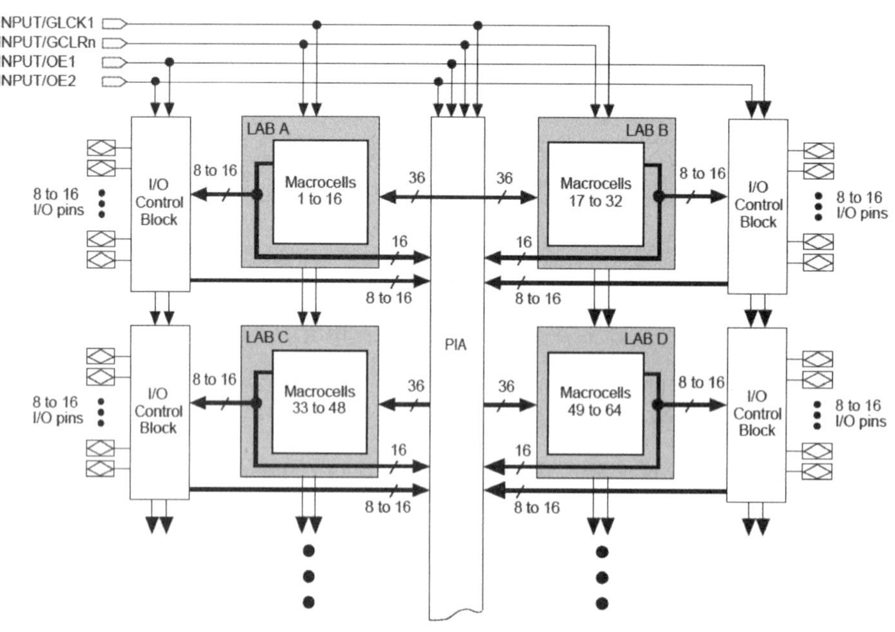

图 1.1　MAX-7000 CPLD **内部结构**

多个宏单元(Macro-cells)组成通用逻辑阵列块 LAB(Logic Array Blocks)，通用逻辑单元由与阵列、或阵列、输出逻辑宏单元构成，其中或逻辑阵列采用了如图 1.2 所示的乘积项共享的结构形式，使得 CPLD 能够实现更大规模的与或逻辑函数。全局可编程布线 PIA(Programmable Interconnect Array)采用固定长度连线，因而所设计的电路更具时间可测性，根据信号的传输路径，能够计算出信号的延迟时间，这对于设计高速逻辑电路非常重要。CPLD 中的 I/O 控制模块根据器件的类型和功能可划分成不同的结构形式，但基本上每个 I/O 模块都包含了输入缓冲器、三态输出缓冲器、触发器以及与它们相关的选择电路。数据选择器的编程组态不同，将得到输入/输出单元的不同组态，如单向输入单元、单向输出单元、双向输入/输出单元，而每种组态又分别有几种不同模式。

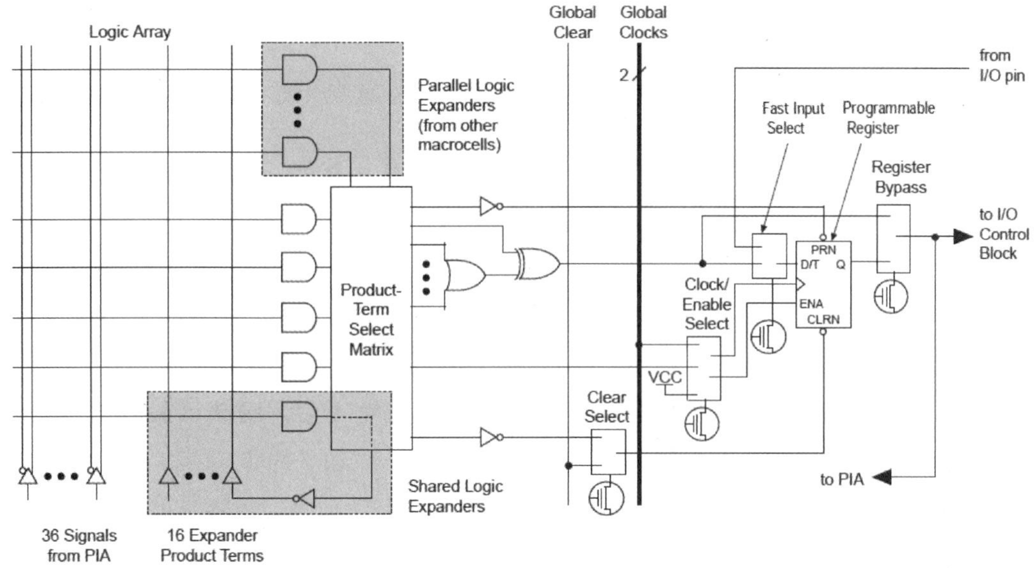

图 1.2　基于乘积项的宏单元结构

如图 1.2 所示，左侧是由很多个与/或阵列组成的乘积项阵列，其中每一个乘积项中“与”线和输入的交叉点是一个可编程熔丝，如果熔丝导通就实现“与”逻辑。乘积项选择矩阵是一个“或”阵列。乘积与逻辑项和或阵列可实现复杂的组合逻辑。图 1.2 右侧是一个时钟信号、清零信号均可编程的 D 触发器，且时钟信号和清零信号可选择专用的全局清零和全局时钟，也可选择内部逻辑产生的时钟和清零。如果应用设计不需要触发器输出锁存，也可以将此 D 触发器旁路掉，输出信号直接驱动 PIA 或输出到 I/O 脚。

1.3.1.3　基于乘积项 CPLD 的逻辑实现原理

现以一个简单的组合逻辑电路为例，举例说明 PLD 器件是如何利用以上可编程结构实现数字逻辑的。具体电路如图 1.3 所示，电路的输出为 F，其逻辑表达式为

$$F=ACD'+BCD'$$

图1.3　简单的组合逻辑电路

CPLD 将以图 1.4 所示乘积项或运算的方式来实现组合逻辑 F。

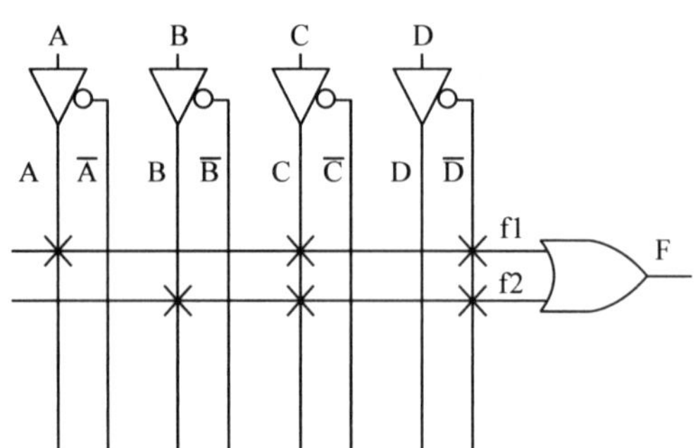

图 1.4　CPLD 实现组合逻辑电路原理

A、B、C、D 四个逻辑输入由 CPLD 芯片的管脚输入后，驱动可编程连线阵列(PIA)，在 CPLD 内部会产生 A 和 A 的非、B 和 B 的非、C 和 C 的非、D 和 D 的非 8 个输入逻辑变量。图中每一个交叉星号表示相连两根线作“与”运算，很容易就得到 f1 和 f2 的逻辑最小项，f1 和 f2 再作“或”运算就实现图 1.3 所示的 F 组合逻辑电路。在图 1.3 电路中，D 触发器可直接利用 CPLD 片内宏单元中的可编程 D 触发器来实现，时钟信号 CLK 由 I/O 脚输入，并连接到芯片内部的全局时钟专用通道，然后连接到可编程 D 触发器的时钟输入端。可编程 D 触发器的输出与 I/O 脚相连，实现 F 的逻辑输出驱动 CPLD 芯片管脚。至此，CPLD 就完全实现了图 1.3 所示逻辑电路的功能。

图 1.3 所示的逻辑电路是一个功能非常简单的例子，只需要 CPLD 片内的一个宏单元即可实现。然而要实现相对复杂的逻辑电路设计，单个宏单元是远远不够的，这时可以并联扩展项和共享扩展项将多个宏单元级联，各个宏单元对应的输出也可通过可编程连线阵列驱动另一个宏单元的输入，这样 CPLD 就可实现复杂逻辑功能了。基于乘积项的 CPLD 器件通常采用 EEPROM 和 Flash 工艺制造，编程数据具有掉电非易失性，上电就可工作，无需外部 Flash 芯片作为配置器件。

1.3.1.4　FPGA 的基本结构

FPGA 属于高密度 PLD，它的主体结构虽然也包含底层逻辑单元、输入/输出单元、连线资源，但是其内部结构和工作原理与 CPLD 有着很大的区别。FPGA 具有掩膜可编程门阵列的通用结构，它由逻辑功能块排成阵列组成，并由可编程的互联资源连接这些逻辑功能块以实现不同的设计。现以图 1.5 所示的 Intel-Altera 的 Cyclone IV 系列 FPGA 说明其内部结构。

FPGA 的最基本单元主要有可编程逻辑块 CLB、输入/输出模块 IOB(I/O Block)、互联资源 IR(Interconnect Resource)和片内配置静态存储器 SRAM。可编程逻辑块 CLB 是实现逻辑功能的基本单元，并以规则的阵列形式分布于整个 FPGA 芯片；输入/输出模块 IOB 作为芯片内部逻辑与外部封装脚的接口，通常按照一定间距排列在 FPGA 芯片的四周

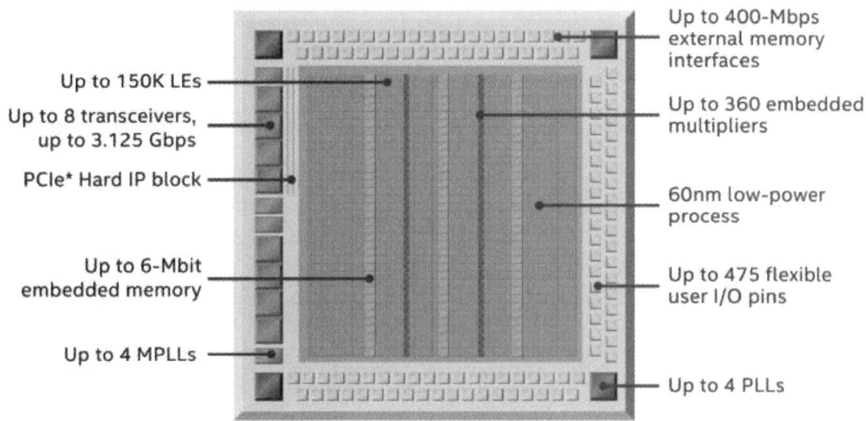

图 1.5 Cyclone IV 系列 FPGA 内部结构

或者底部；可编程互联资源 IR 中包含长度各异的连线和可编程连接开关，IR 实现 CLB 和 IOB 之间的按照用户程序功能确定的连接，构成特定功能的逻辑电路。FPGA 的功能由对逻辑结构的配置数据决定，这些配置数据存放在片内的 SRAM 或熔丝上。SRAM 具有掉电易失性，故 FPGA 器件在工作前需要从外部的 EPROM 或其他存储体加载配置数据。用户可控制 FPGA 配置数据的加载过程，并在现场通过改变配置数据来实现器件逻辑功能的修改。

1.3.1.5 FPGA 的构成单元

FPGA 的基本构成单元主要有可编程输入/输出单元、基本可编程逻辑单元、嵌入式块 RAM、丰富的布线资源 IR、时钟网络资源、PLL 或 DLL 环、DSP 处理单元、内嵌专用硬核等。这里主要介绍前面 5 种基本单元，余下单元参考 FPGA 相关数据手册。

(1)可编程输入/输出单元(I/O 单元)。目前大多数 FPGA 的 I/O 单元被设计为可编程模式，即通过软件的灵活配置，可适应不同的电器标准与 I/O 物理特性，比如可以调整匹配阻抗特性以及上下拉电阻，可以调整输出驱动电流的大小等。

(2)基本可编程逻辑单元。

FPGA 的基本可编程逻辑单元是由查找表(LUT)和寄存器(Register)组成的。查找表完成组合逻辑功能，其结构如图 1.6 所示。FPGA 内部寄存器可被配置为同步(或异步)复位和置位，也可被配置为带时钟使能的触发器，还可被配置为锁存器。FPGA 一般依赖寄存器完成同步时序逻辑设计。通常情况下，比较经典的基本可编程单元的配置是一个寄存器加一个查找表，但不同厂商的寄存器和查找表的内部结构有一定的差异，而且寄存器和查找表的组合模式也不同。

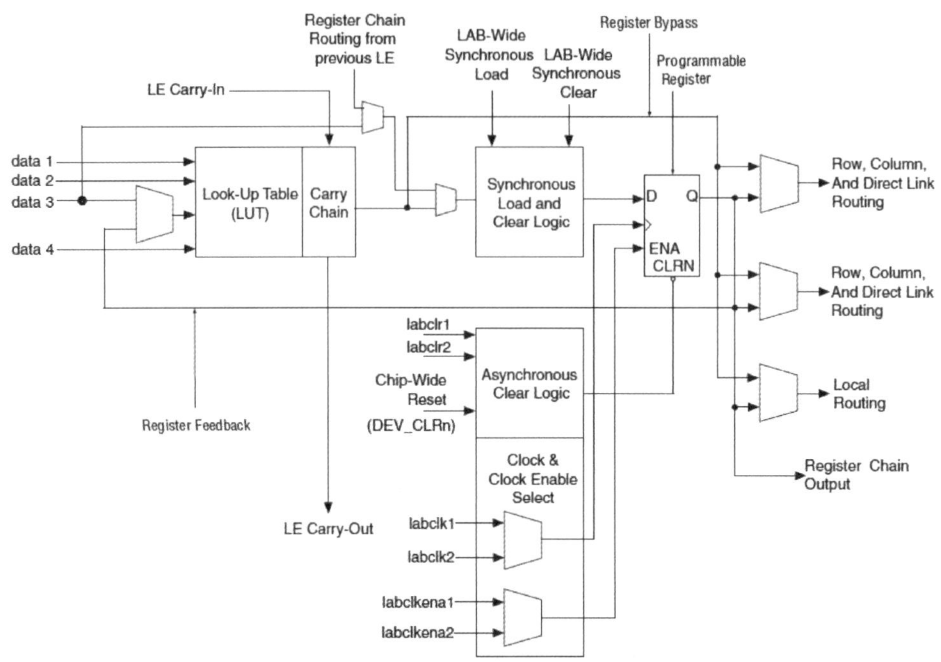

图 1.6　FPGA 逻辑单元基本结构

(3)嵌入式块 RAM。目前大多数 FPGA 都有内嵌的块 RAM。嵌入式块 RAM 可以配置为单端口 RAM、双端口 RAM、伪双端口 RAM、FIFO 等存储结构。除了块 RAM，Xilinx 和 Lattice 的 FPGA 还可以灵活地将 LUT 配置成 RAM、ROM、FIFO 等存储结构。

(4)丰富的可编程布线资源。可编程布线资源连通 FPGA 内部所有单元，连线的长度和工艺决定着信号在连线上的驱动能力和传输速度。布线资源 IR 可分为专用布线资源、长线资源、短线资源和其他布线资源。专用布线资源具有全局性，以完成器件内部的全局时钟和全局复位/置位的布线；长线资源用以完成器件 Block 间的一些高速信号和一些第二全局时钟信号的布线；短线资源用来完成基本逻辑单元间的逻辑互联与布线；其他布线资源为逻辑单元内部布线资源和专用时钟、复位等控制信号线。

(5)时钟网络资源。FPGA 具有丰富的时钟资源，如图 1.7 所示为 Cyclone IV 系列部分 FPGA 时钟资源分布情况。FPGA 时钟网络资源应用范围不同，分工也各不相同，可分为全局时钟网络资源、区域时钟网络资源、IO 接口时钟网络资源。全局时钟网络资源的作用范围最广，覆盖 FPGA 芯片全部区域，能保证时钟到达 FPGA 芯片内任何位置的时间偏差最小；区域时钟网络资源只作用于 FPGA 的某一个区域，能保证该区域时钟信号到达所作用的局部区域内任何位置的时间偏差最小；IO 接口时钟网络资源作用区域为 IO 接口，它能够配合高速接口逻辑进行高速数据传输，使时钟到达 IO 接口寄存器的时间延迟最短，而不是如全局时钟或区域时钟那样仅仅是保证传输延迟的偏差最小。

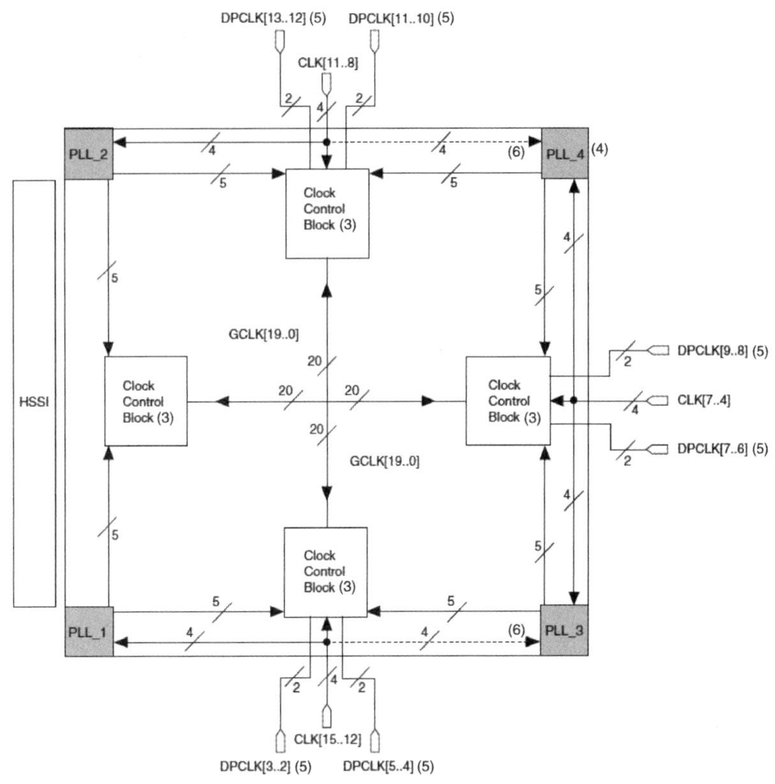

图 1.7　Cyclone IV 部分 FPGA 时钟资源分布

1.3.2　硬件描述语言

硬件描述语言(Hardware Description Language，HDL)是一种用形式化的方法来描述数字电路与系统的语言，可分为行为描述、结构描述和数据流描述。设计者利用 HDL 可自顶向下(从抽象到具体)，逐层描述自己的设计思想，用一系列分层次的模块来表示极为复杂的数字系统。然后利用 EDA 工具，逐层仿真验证，把其中需要变为实际电路的模块经自动综合工具转换成门级的电路网表，用自动布局布线工具适配在专用集成电路 ASIC 或现场可编程门阵列 FPGA 芯片中，实现具体电路布线结构。

硬件描述语言的发展至今已有 20 多年的历史。现在主要的硬件描述语言 VHDL (Very High Speed Integrated Hardware Description Language)和 Verilog HDL(Verilog Hardware Description Language)适应了电子技术发展的趋势和要求，先后成为 IEEE 标准。

1.3.2.1　VHDL 概述

VHDL 语言是一种用于电路设计的高级语言，它在 20 世纪 80 年代后期出现。最初是由美国国防部开发出来供美军用来提高电路设计的可靠性和缩减开发周期的一种硬件描述语言。VHDL 主要用于描述数字系统的结构、行为、功能和接口。除了含有许多具有硬件特征的语句，VHDL 的语言形式和描述风格十分类似于计算机高级语言。VHDL 的程序结构特点是将一项工程封装成实体(可以是一个元件、一个电路模块或一个系统)，分成外部端口描述(实体)和内部电路功能结构描述(结构体)，实体中的端口描述电路的外部接口，结构体描述电路的内部功能和算法。

VHDL 具有以下特点：

(1)功能强大、设计灵活。VHDL 具有功能强大的语言结构，可以用简洁明确的源代码来描述复杂的逻辑控制。它具有多层次的设计描述功能，层层细化，最后可直接生成电路级描述。VHDL 支持同步电路、异步电路和随机电路的设计。VHDL 还支持各种设计方法，既支持自底向上的设计，又支持自顶向下的设计；既支持模块化设计，又支持层次化设计。

(2)支持广泛、易于修改。VHDL 已经成为 IEEE 标准所规定的硬件描述语言，目前大多数 EDA 工具都支持 VHDL，这为 VHDL 的进一步推广和广泛应用奠定了基础。在硬件电路设计过程中，主要的设计文件是用 VHDL 编写的源代码，因为 VHDL 易读和结构化，所以易于修改设计。

(3)强大的系统硬件描述能力。VHDL 具有多层次的设计描述功能，既可以描述系统级电路，又可以描述门级电路。而描述既可以采用行为描述、寄存器传输描述和数据流描述，也可以采用三者混合的混合级描述。另外，VHDL 支持惯性延迟和传输延迟，可以准确地建立硬件电路模型。VHDL 支持预定义的和自定义的数据类型，给硬件描述带来较大的自由度，使设计人员能够方便地创建高层次的系统模型。

(4)独立于器件的设计，与工艺无关。设计人员用 VHDL 进行设计时，不需要首先考虑选择完成设计的器件，就可以集中精力进行设计的优化。当设计描述完成后，可以配适多种不同的器件结构来实现其功能。

(5)很强的移植能力。VHDL 是一种标准化的硬件描述语言，同一个设计描述可以被不同的工具所支持，使得设计描述的移植成为可能。

(6)易于共享和复用。VHDL 采用基于库(Library)的设计方法，可以建立各种可再次利用的模块。这些模块可以预先设计或使用以前设计中的存档模块，将这些模块存放到库中，就可以在以后的设计中进行复用，可以使设计成果在设计人员之间进行交流和共享，减少硬件电路设计周期。

1.3.2.2 Verilog HDL 概述

Verilog HDL 是一种硬件描述语言，用于从算法级、门级到开关级的多种抽象设计层次的数字系统建模。被建模的数字系统对象的复杂性可以介于简单的门和完整的电子数字系统之间。数字系统能够按层次描述，并可在相同描述中显式地进行时序建模。

Verilog HDL 语言最初是于 1983 年由 Gateway Design Automation 公司为其模拟器产品开发的硬件建模语言。在 1995 年和 2001 年分别发布了 IEEE STD1364－1995 版和 IEEE STD1364－2001 版。Verilog HDL 是一种用于数字系统建模的硬件描述语言，可用于算法级、门级和开关级的多种抽象设计层次的数字系统建模。建模对象可以是一个简单的门电路，也可以是一个完整的复杂电子数字系统。Verilog HDL 可以分层次描述数字系统，并可在这个描述中显式地进行时序建模。

Verilog HDL 语言具有下述描述能力：电路的行为特性、电路的数据流特性、电路的结构组成以及包含响应监控和电路验证方面的时延及波形产生机制。所有这些都使用同一种建模语言。此外，Verilog HDL 语言提供了编程语言接口，通过该接口可以在仿真、验证期间从设计外部进行访问，包括模拟的具体控制和运行。

Verilog HDL 语言不仅定义了语法，而且对每个语法结构都定义了清晰的模拟、仿真语义。因此，用这种语言编写的模型能够使用 Verilog 仿真器进行验证。该语言从 C 编程语言中继承了多种操作符和结构。Verilog HDL 提供了扩展的建模能力，其中许多扩展最初很难理解。但是，Verilog HDL 语言的核心子集非常易于学习和使用，这对大多数建模应用来说已经足够。当然，完整的硬件描述语言足以满足从最复杂的芯片到完整的电子系统的描述。

1.3.2.3　VHDL 和 Verilog HDL 的比较

当前最流行的硬件设计语言有两种，即 VHDL 和 Verilog HDL，两者各有优劣，也各有相当多的拥护者。VHDL 语言由美国军方推出，在北美及欧洲应用非常普遍。而 Verilog HDL 语言则由 Gateway 公司提出，在美国、日本及中国台湾地区使用非常普遍。两者的比较如下。

(1)数据类型：VHDL 允许使用者自定义数据类型，如抽象数据类型，这种特性使得系统层级的建模较为容易。Verilog HDL 语言的主要数据类型就简单许多，其数据类型的定义完全是从硬件的概念出发。对于初学者来说，这可能是其优点，能将思维焦点放在电路设计本身。不过这也使得 Verilog HDL 在系统级建模方面能力较弱，而新一代的 Verilog HDL 语言，如 Verilog－2001 及 System Verilog 等，就针对系统级的部分进行了加强，且完全向下兼容。

(2)可维护性：对于大型设计而言，VHDL 支持如 generate package 和 generic 的语法，这有助于大型设计的维护。在这方面 Verilog HDL 也提供了 generate 的语法。在实现同样功能的情况下，Verilog HDL 代码更加精简，便于维护。

(3)可扩充性：Verilog HDL 语言因其可程序化的接口可以无限扩充而成为功能强大的硬件设计语言。

(4)程序风格：Verilog HDL格式自由，语法灵活、简洁，便于综合和优化，但是这种简洁的风格导致编译产生歧义的可能性增加；VHDL语法严谨，代码冗长，编译产生歧义的可能性更少。

Verilog HDL和VHDL各有千秋。目前国内大多数集成电路设计公司采用Verilog。Verilog在其门级描述的底层，即晶体管开关级的描述方面具有优势，适合系统级、算法级、RTL级、门级和开关级的设计；VHDL在特大型(千万门级以上)的系统级设计方面优势明显。

1.3.3 FPGA/CPLD开发工具及软件

FPGA开发工具包括软件工具和硬件工具两种。硬件工具主要指FPGA厂商或第三方厂商开发的FPGA开发板与下载线缆，以及通用的示波器、逻辑分析仪等调试仪器。在软件方面，针对FPGA设计的各个阶段，FPGA厂商和EDA软件公司提供了很多优秀的EDA工具。目前全球FPGA市场主要被Xilinx、Intel-Altera、Microsemi、Lattice四家公司垄断，故主要的软件也是这四家公司和第三方公司所开发，主要包括Xilinx公司的ISE® design suite与Vivado，Intel-Altera公司的Maxplus-II与Quartus-II，Microsemi公司的Libero，Lattice公司的ispLEVER，以及Mentor公司的ModelSim仿真工具，其中Xilinx、Intel-Altera的开发软件和ModelSim应用最为广泛。

1.3.3.1 Xilinx开发软件

目前Xilinx开发工具包括ISE® design suite和Vivado，ISE® design suite支持Spartan®-6 Virtex®-6和CoolRunner™器件，以及其上一代器件系列，ISE® design suite运行于Windows 10和Linux操作系统。Vivado主要用于Virtex-7、Kintex-7、Artix-7和Zynq®-7000的新器件开发。Xilinx停止了对ISE软件的更新，其最后版本为ISE14.7，因此Vivado将是Xilinx后续FPGA和SOC的主要开发工具。

ISE是Xilinx公司提供的集成化开发平台。ISE具有界面良好、操作简单的特点，再加上Xilinx的FPGA芯片占有很大的市场，使得ISE成为非常通用的FPGA工具软件。ISE提供了包括代码编写、库管理以及HDL综合、仿真、下载等FPGA开发所需的主要功能。

Vivado设计套件是FPGA厂商赛灵思公司于2012年发布的集成设计环境。其包括高度集成的设计环境和新一代从系统到IC级的工具，这些均建立在共享的可扩展数据模型和通用调试环境基础上。这也是一个基于AMBAAXI4互联规范、IP-XACTIP封装元数据、工具命令语言(TCL)、Synopsys系统约束(SDC)以及其他有助于根据客户需求量身定制设计流程并符合业界标准的开放式环境。赛灵思构建的Vivado工具把各类可编程技术结合在一起，能够扩展多达1亿个等效ASIC门的设计。

1.3.3.2　Intel-Altera 开发软件

Maxplus-II 是 Altera 公司上一代的 PLD 开发软件，提供 FPGA/CPLD 开发集成环境。Altera 是世界上最大的可编程逻辑器件的供应商之一，其旗下的 Maxplus-II 界面友好，使用便捷，被誉为业界最易用易学的 EDA 软件。在 Maxplus-II 上可以完成设计输入、元件适配、时序仿真和功能仿真、编程下载整个流程，它提供了一种与结构无关的设计环境，使设计者能方便地进行设计输入、快速处理和器件编程。目前，Altera 已经停止开发 Maxplus-II，而转向 Quartus-II 软件平台。

Quartus-II 是 Altera 公司的综合性 CPLD/FPGA 开发软件，支持原理图、VHDL、Verilog HDL 以及 AHDL(Altera 公司自己开发的硬件描述语言)等多种设计输入形式，内嵌综合器和仿真器，可以完成从设计输入到硬件配置的完整 CPLD/FPGA 设计流程。自 Altera 被 Intel 收购后，Quartus 被分为 3 个版本，即英特尔® Quartus® Prime 精简版、英特尔® Quartus® Prime 标准版和英特尔® Quartus® Prime 专业版。Quartus 目前最新的版本已经发展到 V19 版本。

1.3.3.3　ModelSim 介绍

Mentor 公司的 ModelSim 是业界优秀的 HDL 语言仿真软件，它能够提供友好的仿真环境，是业界唯一的单内核支持 VHDL 和 Verilog 混合仿真的仿真器。它采用直接优化的编译技术、Tcl/Tk 技术和单一内核仿真技术，编译仿真速度快，编译的代码与平台无关，便于保护 IP 核，具有个性化的图形界面和用户接口，为用户加快调错提供强有力的手段，是 FPGA/ASIC 设计的首选仿真软件。

ModelSim 有 SE、PE、LE 和 OEM 几种不同的版本，其中 SE 为最高级版本，而集成在 Actel、Atmel、Altera、Xilinx 以及 Lattice 等 FPGA 厂商设计工具中的均是其 OEM 版本。SE 版和 OEM 版在功能和性能方面有较大差别，比如仿真速度，以 Xilinx 公司提供的 OEM 版本 ModelSim XE 为例，对于代码少于 40000 行的设计，ModelSim SE 比 ModelSim XE 要快 10 倍；对于代码超过 40000 行的设计，ModelSim SE 比 ModelSim XE 要快近 40 倍。ModelSim SE 支持 PC、UNIX 和 LINUX 混合平台，提供全面完善以及高性能的验证功能，全面支持业界广泛的标准。

1.3.4　实验开发平台简介

本教材所配套的实验平台是一款双核平台，既支持 ARM 平台开发，又支持 FPGA 程序开发，同时支持 ARM+FPGA 双控模式及交互控制模式，如图 1.8、图 1.9 所示。

ARM 控制端：有网络通信接口，既支持 PC 端网络通信，也可以直接与 FPGA 端网口互联，其他外设有串口、USB 口、蓝牙通信模块、SDRAM 存储器、EEPROM 存储器、

SD 卡、FLASH 等，并配有摄像头图像采集与处理模块，可以将采集和处理后的图像显示在 LCD 屏上。ARM 端还配有蜂鸣器用于声音控制及报警提示，同时支持音频播放。平台资源非常丰富。

FPGA 控制端：主芯片选的是 Altera 公司的 EP4CE10F17C8N，配有丰富的外设模块。例如，显示部分除了 LCD 显示屏，还支持 VGA 显示。通信方面有串口、RS485、CAN 通信等。存储方面有 EEPROM、FLASH、SD 卡等。传感器方面配有温度传感器、红外传感器以及其他各类传感器模块，通过按键、音频及摄像头等完成图像采集与处理，将处理结果传出。蜂鸣器用于完成各种报警实验，RTC 实时时钟通信数码管将时间进行显示。

ARM 端支持的实验包括：跑马灯实验、蜂鸣器实验、按键输入实验、串口实验、外部中断实验、独立/窗口看门狗实验、定时器中断实验、PWM 波输出实验、输入捕获实验、电容按键触摸实验、TFT-LCD 显示实验、RTC 实时时钟实验、待机唤醒实验、ADC 实验、内部温度传感器实验、光敏传感器实验、DAC 实验、DMA 实验、I2C 通信实验、SPI 通信实验、CAN 通信实验、红外遥控实验等。

FPGA 端支持的实验包括：动/静态数码管实验、IP 核之 PLL 实验、IP 核之 RAM 实验、IP 核之 FIFO 实验、VGA 方块移动实验、红外遥控实验、DS18B20 数字温度传感器实验、DHT11 数字温湿度传感器实验、频率计实验、EEPROM 读写测试实验、环境光传感器实验、AD/DA 实验、音频环回实验、SDRAM 读写测试实验、OV7725 摄像头实验、VGA 显示实验、SD 卡读写测试实验、以太网通信实验、交通灯实验、基于 FFT IP 核的音频频谱实验、基于 FIR IP 核的低通滤波器实验、基于 OV5640 摄像头的 VGA 显示实验等。

该平台除了可以独立完成 ARM 端及 FPGA 端的各类实验，还实现了 ARM 与 FPGA 端之间的通信。比如在 FPGA 端控制电机，控制部分可以由 PC 机下发指令给 ARM，ARM 端收到控制指令后将此指令转发给 FPGA，最终由 FPGA 端直接控制。也可以通过 ARM 端的触摸屏或者按键直接将控制指令发送给 FPGA 端。两者之间的通信由连接两端的 GPIO 模拟并口完成。电机驱动器控制模块以外挂方式与 FPGA 扩展口相连。

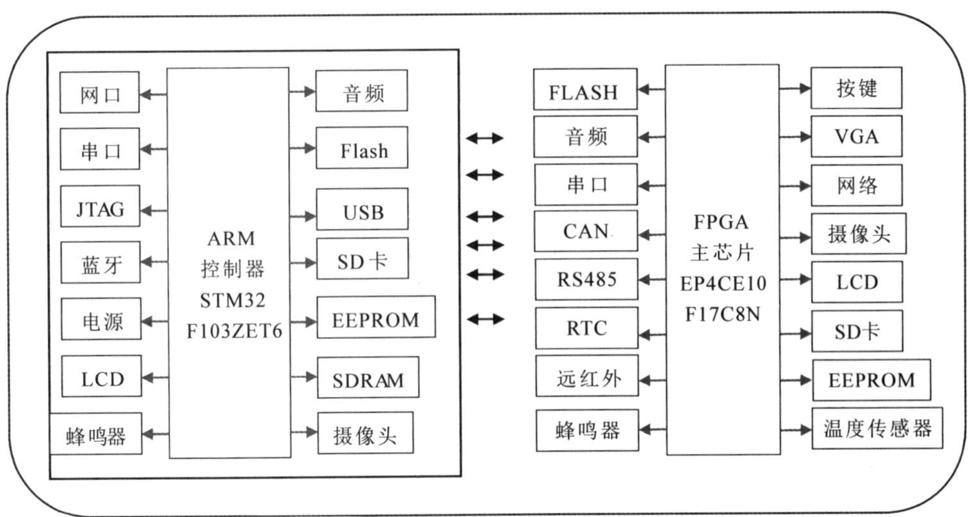

图 1.8　开发板框图

图 1.9　开发板资源分布

1.4　FPGA 基本开发流程

一般来说，FPGA 的设计流程包括设计输入、RTL 功能仿真、设计综合、布局和布线、时序仿真、时序分析和板级系统验证等主要步骤，FPGA 设计流程和步骤的关系如图 1.10 所示。

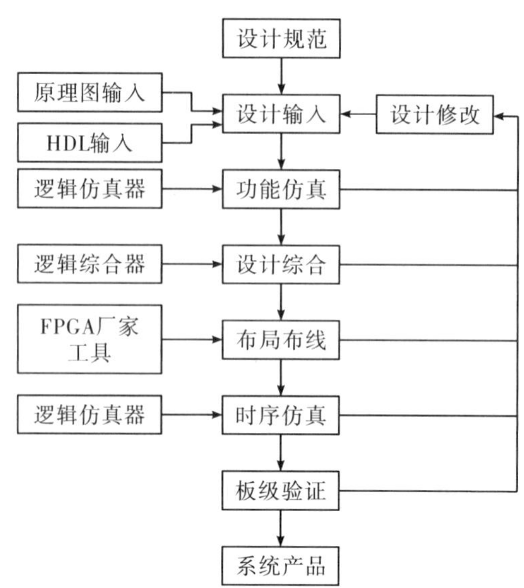

图 1.10　FPGA 开发流程

1.4.1　设计输入

设计输入是指通过某些规范的描述方式，将工程师对电路的构思导入 EDA 工具。常用的设计输入法有硬件描述语言(HDL)和原理图设计输入法等。原理图设计输入法具有直观、易于理解、元器件库资源丰富等优点；但在大型设计中，这种方法的可维护性较差，不利于模块化构造与重用。此外，所选用的芯片升级换代后，所有的原理图都要作相应的改动，因此大型工程设计最常用的设计方法是 HDL 设计输入法，其中影响最为广泛的 HDL 语言是 Verilog HDL 和 VHDL。它们的共同特点是可采用自顶向下设计，模块化设计与复用，可移植性好，通用性高，设计不因芯片的工艺与结构的不同而变化，更利于向 ASIC 的移植。

1.4.2　RTL 功能仿真

电路设计完成后，要用专用的逻辑仿真工具对设计进行 RTL 仿真，即功能仿真，验证电路功能是否符合设计要求。功能仿真亦称前仿真，其主要实现如图 1.11 所示。常用的仿真工具有 Mentor 公司的 ModelSim、Synopsys 公司的 VCS、Cadence 公司的 NC-Verilog 和 NC-VHDL 等。通过仿真能够及时发现设计中的错误，并修改设计使设计符合功能，从而加快设计进度，提高设计的可靠性。

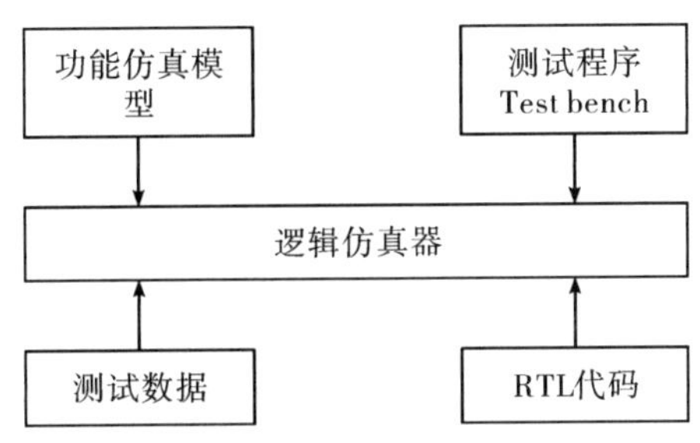

图 1.11　FPGA 功能仿真

1.4.3　设计综合

设计综合(Synthesize)是指将 HDL 语言、原理图等类型的源文件翻译成由与或非门、RAM、触发器等基本逻辑单元组成的逻辑连接(网表)，并根据设计目标与要求(约束条件)优化所生成的逻辑连接，输出 edif 和 edn 等标准格式的网表文件，供 FPGA/CPLD 厂家的布局布线器进行实现。设计综合的主要实现过程如图 1.12 所示。常用的综合优化工具有 Synplicity 公司的 Synplify/SynplifyPro 和 Mentor Graphics 公司的 Precision RTL 等。另外，FPGA/CPLD 厂商的集成开发环境也自带综合工具。

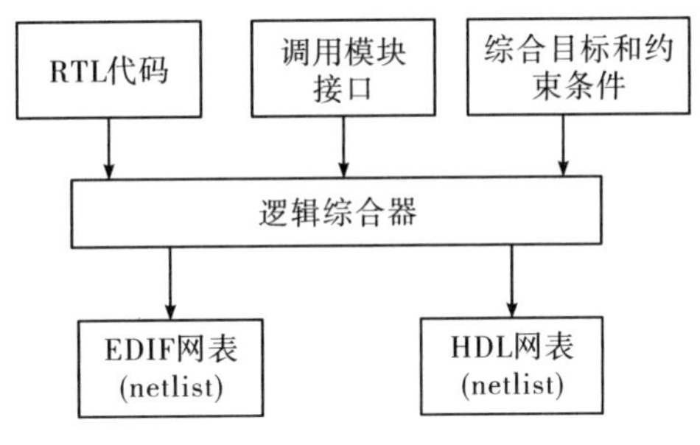

图 1.12　FPGA 设计综合

1.4.4　布局和布线

综合结果的本质是一些由与或非门、触发器、RAM 等基本逻辑单元组成的逻辑网表，与芯片实际配置还有较大差距。此时使用 FPGA/CPLD 厂商提供的软件工具，根据所选芯片的型号，将综合输出的逻辑网表适配到具体的 FPGA/CPLD 器件上，就叫作布局和布线(Place and Route)，有时也称为适配(Fitting)。因为只有器件开发商最了解器件的内部结构，所以布局和布线必须选用器件开发商提供的工具。布局(Place)是指将逻辑网表中的硬件原语或者底层单元合理地适配到 FPGA 内部的固有硬件结构上，布局的优劣对设计的最终实现结果(在速度和面积两个方面)影响很大。布线(Route)是指根据布局的拓扑结构，利用 FPGA 内部的各种连线资源，合理正确连接各个元件的过程。布局布线的主要实现如图 1.13 所示。

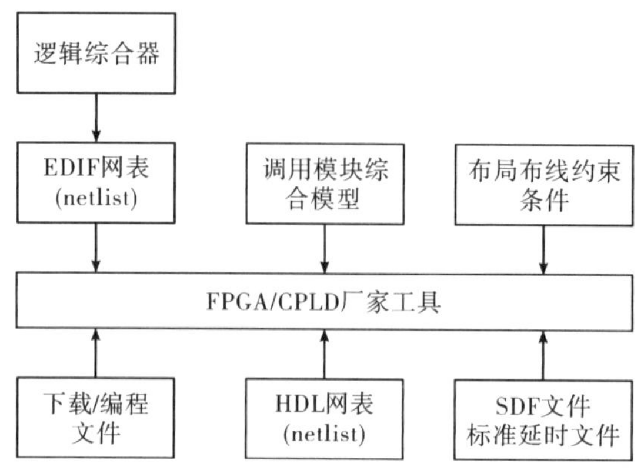

图 1.13 FPGA **布局布线**

FPGA 与 CPLD 的布局布线存在较大差异。FPGA 的结构相对复杂，为了获得更好的实现结果，特别是保证能够满足设计的时序条件，一般采用时序驱动的引擎进行布局布线。因此对于不同的设计输入，特别是不同的时序约束，获得的布局布线结果可能会有较大差异。CPLD 结构相对简单得多，其资源有限而且布线资源一般为交叉连接矩阵。用户可以通过设置参数指定布局布线的优化准则。总的来说，优化目标主要有两个方面，即硬件资源和速度。根据设计的主要矛盾进行平衡，但是当两者冲突时，一般满足时序约束要求更重要一些，此时选择速度或时序优化目标效果更佳。

1.4.5 时序仿真

在完成布局布线后，进行的涉及时延信息的仿真就是时序仿真或布局布线后仿真，简称后仿真。布局布线之后生成的仿真时延文件包含的时延信息最全，不仅包含门时延，还包含实际布线时延，所以布线后仿真最准确，能较真实地反映芯片的实际工作情况。时序仿真的主要过程如图 1.14 所示，布局布线后仿真的主要目的在于发现时序违规(Timing Violation)，即不满足时序约束条件或者器件固有时序规则(建立时间、保持时间等)的情况，在功能仿真中介绍的仿真工具一般都支持布局布线后仿真功能。

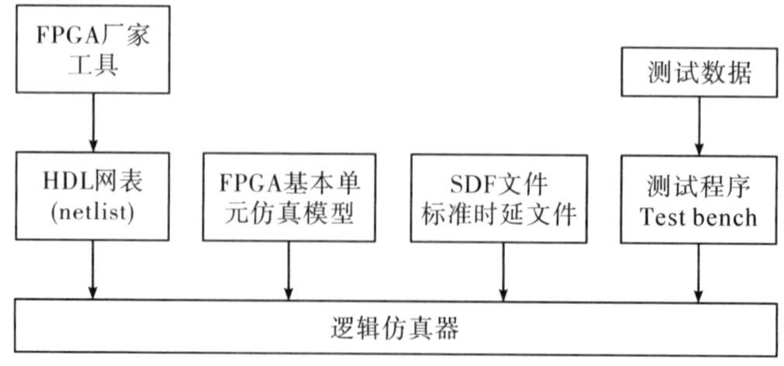

图 1.14 FPGA **后仿真**

1.4.6　时序分析

有时为了保证设计的可靠性，在时序仿真后还要做一些验证。验证的手段比较丰富，如 Quartus II 内嵌的时序分析工具，就可完成静态时序分析（Static Timing Analyzer，STA），或者使用 Quartus 内嵌的 Chip Editor 分析芯片内部的连接与配置情况。当然也可以使用第三方工具(如 Synopsys 的 Formality 验证工具、Prime Tifhe 静态时序分析工具等)进行验证。

1.4.7　系统验证

设计开发的最后步骤就是在线调试或者将生成的配置文件写入芯片进行测试。示波器和逻辑分析仪(Logic Analyzer，LA)是逻辑设计的主要调试工具，传统的逻辑功能板级验证手段是用逻辑分析仪分析信号。设计时要求 FPGA 和 PCB 设计人员保留一定数量的 FPGA 管脚作为测试管脚，编写 FPGA 代码时将需要观察的信号作为模块的输出信号，在综合实现时再把这些输出信号锁定到测试管脚上，然后连接逻辑分析仪的探头到这些测试脚，设定触发条件，进行观测。逻辑分析仪的特点是专业、高速，触发逻辑可以相对复杂；缺点是价格昂贵，灵活性差。PCB 布线后测试脚的数量就固定了，不能灵活增加，当测试脚不够用时会影响测试，如果测试脚太多又影响 PCB 布局布线。

对于相对简单的设计，使用 Quartus II 内嵌的虚拟逻辑分析仪 SignalTap II 对设计进行在线逻辑分析可以较好地解决上述矛盾。SignalTap II 是一种 FPGA 在线片内信号分析工具，它的主要功能是通过 JTAG 口，在线实时地读取 FPGA 的内部信号。其基本原理是利用 FPGA 中未使用的 Block RAM，根据用户设定的触发条件将信号实时地保存到这些 Block RAM 中，然后通过 JTAG 口传送到计算机，最后在计算机屏幕上显示出时序波形。任何仿真或验证步骤出现问题，都需要根据报错的信息返回到相应的步骤更改或者重新设计。

1.5　FPGA 配置

配置(Configuration)是对 FPGA 的内容进行编程的过程，将外部非易失性存储器的编程数据载入 FPGA 的 SRAM，用于控制 FPGA 的内部逻辑块、内部寄存器、I/O 寄存器和 I/O 驱动器等。FPGA 是基于门阵列方式为用户提供可编程资源的，其内部逻辑结构由配置数据决定。这些配置数据通过外部接口或微处理器加载到 FPGA 内部的 SRAM 中，由于 SRAM 数据掉电后丢失，因此每次上电时，都必须对 FPGA 进行重新配置，在不掉电的情况下，这些逻辑结构将会始终保持。

1.5.1 配置方式

FPGA 的配置方式分为如图 1.15 所示的主动式(AS)、被动式(PS)和 JTAG 方式，数据宽度有 8 位并行方式和串行方式两种。在主动模式下，FPGA 上电后，自动将配置数据从相应的外存储器读入 SRAM 中，实现内部结构映射；而在被动模式下，FPGA 则作为从属器件，由相应的控制电路或微处理器提供配置所需的时序，实现配置数据的下载。

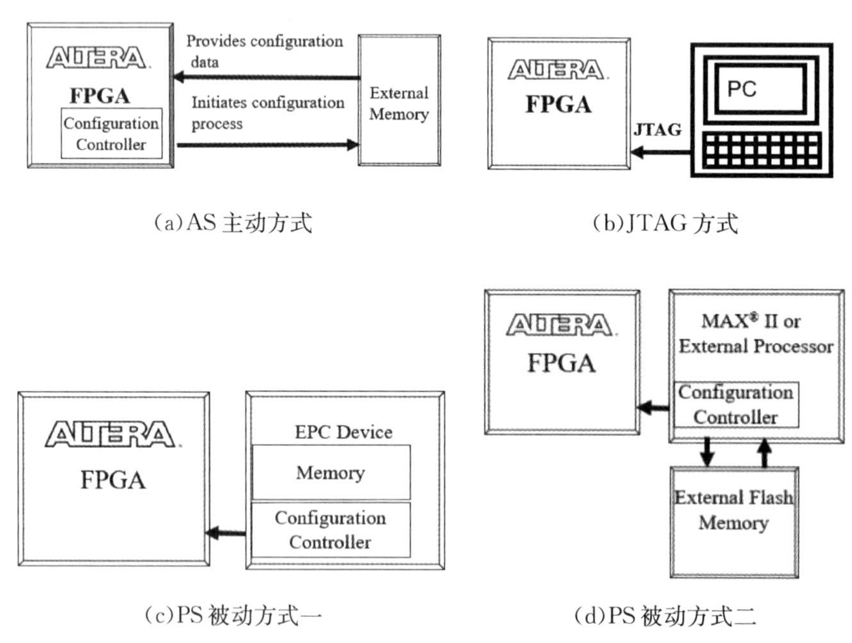

图 1.15 FPGA **配置方式**

1.5.2 配置过程

下面以 Intel-Altera 的低成本高密度 Cyclone 系列 FPGA 的配置为例，介绍 FPGA 的主要配置过程。FPGA 的主要配置过程包括复位、配置和初始化三个阶段，其过程如图 1.16 所示。

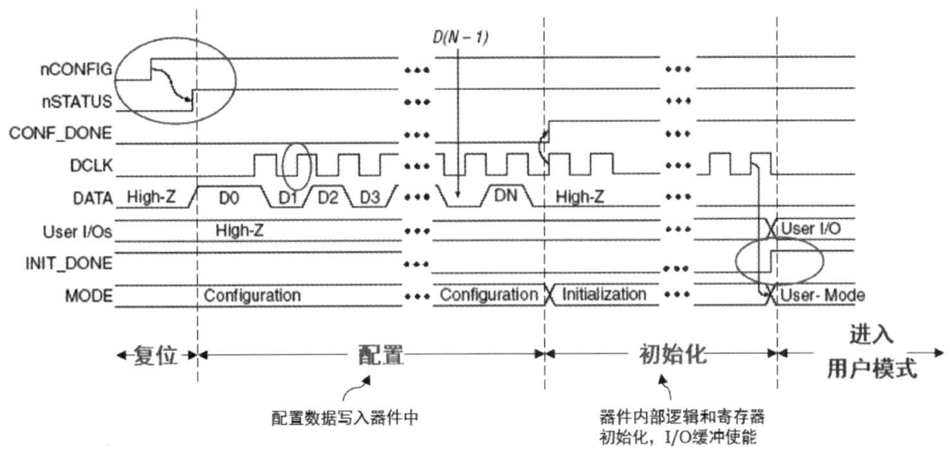

图 1.16 FPGA 配置过程

1.5.3 典型的配置电路

AS 主动配置由 FPGA 器件引导配置操作过程。由可编程逻辑器件自身控制外部存储器和初始化过程，与此模式搭配的 EPCS 系列配置器件(如 EPCS1、EPCS4)配置芯片，目前支持 Cyclone 系列，使用 Altera 串行配置器件来完成。Cyclone 器件处于主动地位，配置器件处于从属地位(图 1.17)。AS 主动配置使用 DCLK、DATA、ASDI、nCS 四引脚；配置数据通过 DATA0 引脚送入 FPGA。配置数据与 DCLK 提供的同步时钟同时输入芯片，1 个时钟周期传送 1 位数据。配置文件可为 . pof、. jic、. rbf 等后缀类型。

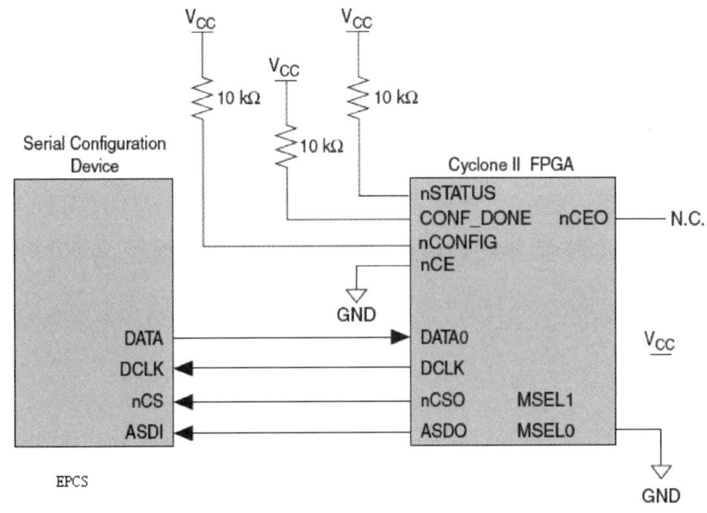

图 1.17 Cyclone II FPGA 的 AS 典型配置电路

PS 被动配置方式可以通过 Altera 配置器件和下载电缆实现数据下装，也可以通过主控制器(如 MAX II 器件、MCU 等)来配置 FPGA(图 1.18)。配置数据通过 DATA0 在每个 DCLK 的上升沿送入器件，配置文件格式为 .rbf、.hex、.ttf 等。

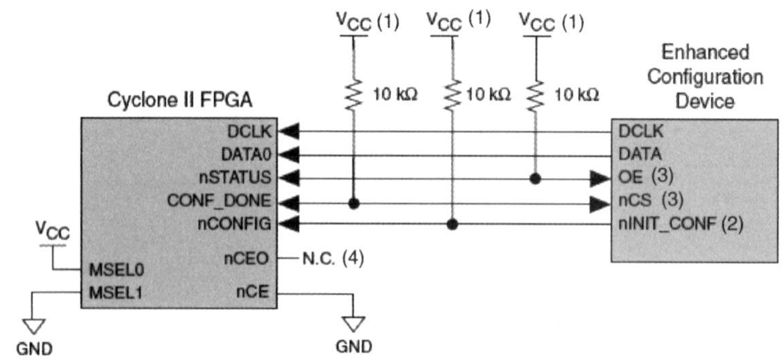

(a)PS 配置典型电路一

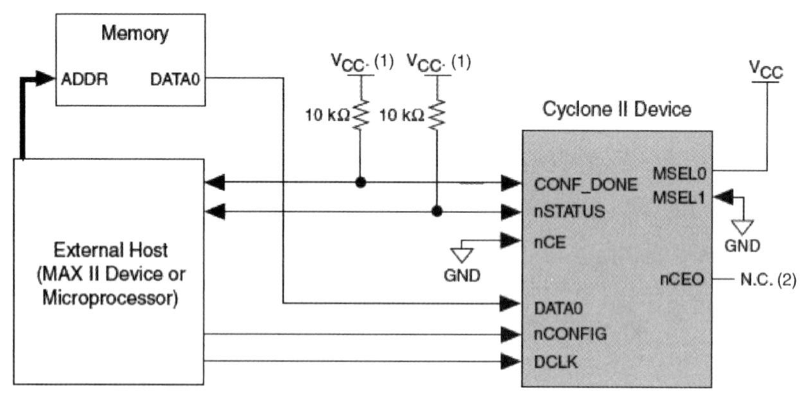

(b)PS 配置典型电路二

图 1.18 Cyclone II FPGA **的** PS **典型配置电路**

对于 Cyclone II 器件来说，JTAG 配置方式优先于其他器件配置方式。在 PS 模式下，加入 JTAG 配置方式后，PS 配置方式被中断，优先开始 JTAG 配置。同样，在 AS 模式下器件不会输出 DCLK 信号。器件在 JTAG 模式下，使用 TDI、TDO、TMS 和 TCK 四个引脚，配合 AS 模式配置方式，可以通过 JTAG 将数据写入 FPGA，配置文件为 .sof、.jtag、.jic 等格式(图 1.19)。

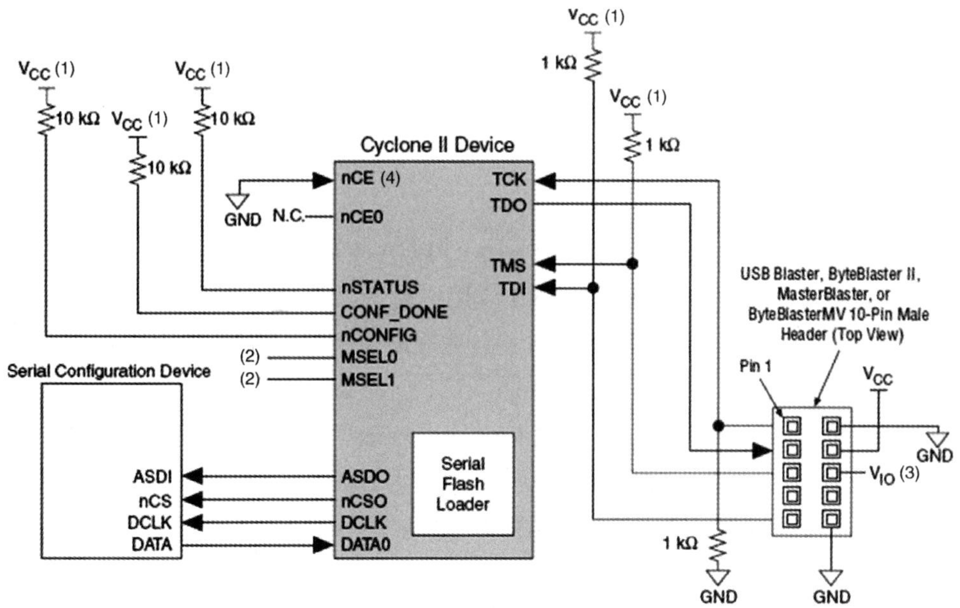

图 1.19　Cyclone II FPGA 的 JTAG & AS 典型配置电路

1.6　FPGA 芯片介绍

目前，全球 FPGA 市场高度集中，被四家美国企业垄断，呈现出“两大两小”的市场格局。“两大”是指 Xilinx(赛灵思)和 Intel(英特尔)，“两小”是指 Microsemi(美高森美)和 Lattice(莱迪思)，前两大企业占据近 90%的市场份额。其中 Intel 的 FPGA 来自 2015 年收购 Altera 公司的 FPGA 业务，现在的 Microsemi 是在 2010 年收购 Actel 后合并而来的。

1.6.1　Intel-Altera

Intel-Altera 公司的 FPGA 器件大致分为三个系列，一是低端的 Cyclone 系列，二是高端的 Stratix 系列，三是介于两者之间可以方便 ASIC 化的 Arriva 系列。

1.6.1.1　Cyclone FPGA

Cyclone(飓风)是 Altera 中等规模的 FPGA，于 2003 年推出，0.13μm 工艺，1.5V 内核供电，是低成本系列 FPGA。Cyclone II 于 2005 年推出，采用 90nm 工艺，1.2V 内核供电，也是低成本的 FPGA，性能和 Cyclone 相当，提供了硬件乘法器单元。Cyclone III 系列于 2007 年推出，采用台积电(TSMC)65nm 低功耗(LP)工艺技术制造。Cyclone IV 系列 2009 年推出，采用 60nm 工艺，面向对成本敏感的大批量应用。Cyclone V 系列于 2011

年推出，采用 28nm 工艺，实现了业界最低的系统成本和功耗，与前几代产品相比，它具有高效的逻辑集成功能，提供集成收发器型号，总功耗降低了 40%，静态功耗降低了 30%。

1.6.1.2 Stratix FPGA

Stratix 和 Stratix GX 是 Altera 公司 Stratix FPGA 系列中最早的产品型号。Stratix 引入了 DSP 硬核知识产权(IP)模块及 Altera 应用广泛的 Tri-Matrix 片内存储器和灵活的 I/O 结构。Stratix II 和 Stratix II GX 引入了自适应逻辑模块(ALM)体系结构，采用高性能 8 输入分段式查找表(LUT)替代了 4 输入 LUT。Stratix III 是业界功耗最低的高性能 65nm FPGA，可以借助逻辑型(L)、存储器和 DSP 增强型(E)来综合考虑用户的设计资源要求，从而节省了硬件资源，缩短了编译时间，降低了成本。Stratix IV 在同类 40nm 制程的 FPGA 中是密度最大、性能最好、功耗最低的。Stratix IV 系列提供增强型(E)和带有收发器的增强型器件(GX 和 GT)，满足了无线和网络通信、军事、广播等众多市场和应用的需求，这一高性能 40nm FPGA 系列包括同类最佳的 11.3Gbps 收发器。

在所有 28nm 制程的 FPGA 中，Stratix V 实现了最大带宽和最高系统集成度，非常灵活。器件系列包括兼容背板、芯片至芯片和芯片至模块功能的 14.1Gbps(GS 和 GX)型号，以及支持芯片至芯片和芯片至模块的 28Gbps(GT)收发器型号，具有一百多万个逻辑单元(LE)，以及 4096 个精度可调的 DSP 模块。

采用了 Intel 14nm 三栅极技术的 Altera Stratix 10 是同类 FPGA 中性能最好、带宽和系统集成度最高的，而且功耗非常低。Stratix 10 器件具有 56Gbps 收发器、28Gbps 背板、浮点数字信号处理(DSP)性能，支持增强 IEEE 754 单精度浮点，单片管芯中有四百多万个逻辑单元，支持多管芯 3D 解决方案，包括 SRAM、DRAM 和 ASIC。Stratix 10 SoC 是 Intel 14nm 三栅极晶体管技术的第一款高端 SoC 系列，具有针对每瓦最佳性能进行了优化的下一代硬核处理器系统。

1.6.2 Xilinx

Xilinx 的主流 FPGA 分为两种，一种侧重低成本应用，容量中等，性能可以满足一般的逻辑设计要求，如 Spartan 系列；另一种侧重于高性能应用，容量大，性能满足各类高端应用，如 Virtex 系列，用户可以根据自己的实际应用要求进行选择。Xilinx 的 FPGA 按照工具工艺制程，可以分为 6 系(45nm)、7 系(28nm)、Ultra-SCALE(20nm)、Ultra-SCALE+(16nm)，按照型号系列还可以分为 Spartan、Artix、Kintex、Virtex 等，另外还有嵌入式系统开发的 Zynq 系列。

1.6.2.1 Virtex FPGA

Virtex 系列是 Xilinx 的高端产品，也是业界的顶级产品，主要面向电信基础设施、汽车工业、高端消费电子产品等应用。目前的主流芯片包括 Virtex-2、Virtex-2 Pro、Virtex-4、Virtex-5、Virtex-6 和 Virtex-7 等种类。

Virtex-2 系列于 2002 年推出，其采用 0.15μm 工艺，1.5 V 内核电压，工作时钟可高达 20MHz，支持 20 多种 I/O 接口标准，具有完全的系统时钟管理功能，且内置 IP 硬核技术，具有比 Virtex 系列更多的资源和更高的性能。Virtex-2 Pro 系列在 Virtex-2 的基础上增强了嵌入式处理功能，内嵌了 PowerPC405 内核，还包括先进的主动互联(Active Interconnect)技术，增加了高速串行收发器，提供了千兆以太网的解决方案。Virtex-4 系列是基于高级硅片组合模块(ASMBL)架构的，逻辑密度高，时钟频率高达 500MHz，具备 DCM 模块、PMCD 相位匹配时钟分频器、片上差分时钟网络；采用了集成 FIFO 控制逻辑的 500MHz Smart RAM 技术，每个 I/O 都集成了 Chip Sync 源同步技术的 1 Gbps I/O 和 Xtreme DSP 逻辑片。Virtex-5 系列以 65nm 铜工艺技术为基础，采用第二代 ASMBL 列式架构，包含 5 种截然不同的子系列。Virtex-5 FPGA 具有多种硬 IP 系统级模块，包括强大的 36 KB Block RAM/FIFO、第二代 25×18 DSP Slice、带有内置数控阻抗的 Select IO、Chip Sync 源同步接口模块、系统监视器功能、带有集成 DCM 和锁相环时钟发生器的增强型时钟管理模块等。Virtex-6 FPGA 采用了尖端的 40nm 铜工艺技术，为定制 ASIC 技术提供了一种可编程的选择方案。Virtex-7 是 2011 年推出的超高端 FPGA 产品，工艺为 28nm，使客户在功能方面收放自如，既能降低成本和功耗，也能提高性能和容量。

1.6.2.2 Spartan FPGA

Spartan FPGA 系列适用于普通的工业、商业等领域，目前主流的芯片包括 Spartan-2、Spartan-2E、Spartan-3、Spartan-3A、Spartan-3E 及 Spartan-6 等种类。Spartan-2 在 Spartan 系列的基础上继承了更多的逻辑资源，为达到更高的性能，芯片密度高达 20 万系统门级。Spartan-2E 系列基于 Virtex-E 架构，具有比 Spartan-2 更多的逻辑门、用户 I/O 和更高的性能。Xilinx 还为其提供了存储器控制器、系统接口、DSP、通信及网络等 IP 核，并可以运行 CPU 软核，对 DSP 有一定的支持。Spartan-3 系列基于 Virtex-II FPGA 架构，采用 90nm 技术，8 层金属工艺，系统门数超过五百万个，内嵌了硬核乘法器和数字时钟管理模块。Spartan-3E 系列是在 Spartan-3 成功的基础上进一步改进的产品，提供了比 Spartan-3 更多的 I/O 端口和更低的单位成本。由于更好地利用了 90nm 技术，其在单位成本上实现了更多的功能和处理带宽，是 Xilinx 公司新的低成本产品的代表，是 ASIC 的有效替代品，主要面向消费电子应用，如宽带无线接入、家庭网络接入及数字电视设备等。Spartan-3A 系列在 Spartan-3 和 Spartan-3E 平台的基础上，整合了各种创新特性，帮助客户极大地削减了系统总成本。其利用独特的器件 DNA ID 技术，实现了业内首款 FPGA 电子序列号；提供了经济、功能强大的机制来防止发生窜改、克隆和过度设计的现象；并且具有集成式看门狗监控功能的增强型多重启动特性；支持商用 Flash 存储器，有助于削减系统总成本。Spartan-6 系列不仅拥有业界领先的系统集成能力，而且具有能够适用于大批量应用的最低总成本。该系列由 13 个成员组成，可提供的芯片密度从 3840 个逻辑单元到 147443 个逻辑单元不等。Spartan-6 系列采用成熟的 45nm 低功耗铜制程技术制造，实现了性价比与功耗的完美平衡，能够提供全新且更高效的双寄存器 6 输入查找表(LUT)逻辑和一系列丰富的内置系统级模块，其中包括 18KB Block RAM、第二代 DSP48A1 Slice、SDRAM 存储器控制器、增强型混合模式时钟管理模块、Select IO 技术、功率优化的高速串行收发器模块、PCI Express®兼容端点模块、高级系统级电源管理模式、自动检测配置选项，以及通过 AES 和 Device DNA 保护功能实现的增强型 IP 安全性。

1.6.3 国产 FPGA

国内 FPGA 开发公司主要有深圳紫光同创、西安智多晶微、广东高云半导体、上海安路信息科技等多家公司，其中紫光同创、高云半导体和安路信息号称中国 FPGA “三架马车”。

紫光同创的 PGT180H 拥有 18 万个可编程逻辑单元、超过 600 个 GPIO、高速 DDR3 接口、高速 Serdes 接口、支持 PCIe GEN1/GEN2、10M/100M/1000M TSMAC 和 XAUI 接口等丰富资源，是一款大规模、高性能的 FPGA，可满足通信网络、高性能计算、数据中心、信息安全、人工智能等中高端应用需求。

安路信息科技的 EAGLE 系列 20K FPGA 器件是一款面向显示驱动、工业控制等大批量应用而定义的低功耗、低成本的 FPGA 器件。其采用 55nm 低功耗工艺、自主专利 LUT4/5 混合逻辑架构。该器件具有多种封装，在与国外最大批量应用的 FPGA 器件引脚兼容替换的基础上，同时提供更多的 LUT、DSP、BRAM、更高速的差分 I/O 等特性，能够有效帮助用户提升性能，降低成本。

高云半导体自成立以来，坚持正向设计，先后推出了晨熙和小蜜蜂两个家族、4 个系列的 FPGA 产品，涵盖了 11 个型号、50 多种封装的芯片，一跃成为国产 FPGA 领导者，并于 2019 年 10 月发布了小而专的 GW1NS-2 SoC、高精尖的 GW3AT 等高性能 FPGA 和 RISC-V 平台化产品。

(1)晨熙系列 FPGA。高云半导体晨熙®家族 FPGA 采用 55nm 工艺，具有 GW2A、GW2AR 和 GW2ANR 三种系列的 FPGA，适用于高速、低成本的应用场合。GW2A 具有高性能的 DSP 资源、高速 LVDS 接口，以及丰富的 BSRAM 存储器资源。GW2AR 在 GW2A 系列的基础上集成了丰富容量的 SDRAM 存储芯片。GW2ANR 在 GW2A 系列的基础上集成了丰富容量的 SDRAM 及 NOR Flash。

(2)小蜜蜂系列 FPGA。高云半导体小蜜蜂®家族包括了 GW1N、GW1NR、GW1NS、

GW1NZ、GW1NSR、GW1NSE、GW1NSER等多个系列的FPGA。其中GW1N系列的FPGA具有低功耗、瞬时启动、低成本、非易失性、高安全性、封装类型丰富、使用方便灵活等特点。GW1NR系列FPGA是一款系统级封装芯片，在GW1N基础上集成了丰富容量的SDRAM存储芯片。GW1NS系列包括SoC FPGA产品和非SoC FPGA产品。SoC FPGA内嵌ARM Cortex-M3硬核处理器，而非SoC FPGA内部没有ARM Cortex-M3硬核处理器。GW1NS系列FPGA内嵌USB 2.0 PHY、用户闪存以及ADC转换器。GW1NSR系列FPGA内部集成了GW1NS系列FPGA产品和PSRAM存储芯片，包括GW1NSR-2C器件和GW1NSR-2器件。GW1NSR-2C器件内嵌ARMCortex-M3硬核处理器、USB 2.0 PHY、用户闪存以及ADC转换器。GW1NSE安全FPGA产品提供嵌入式安全元件，支持基于PUF技术的信任根。每个设备在出厂时都配有唯一密钥。高安全性特性使得GW1NSE适用于各种消费和工业物联网、边缘和服务器管理应用。GW1NSER系列安全FPGA产品与GW1NSR系列FPGA产品具有相同的硬件组成单元，唯一的区别是在制造过程中，在GW1NSER系列安全FPGA产品内部非易失性User Flash中提前存储了一次性编程(OTP)认证码。具有该认证码的器件可用于实现加密、解密、密钥/公钥生成、安全通信等应用。

本章习题

1. 简述EDA技术的含义和发展阶段。

2. 简述FPGA/CPLD的发展历史。

3. 归纳EDA技术的4个要素。

4. 比较Verilog HDL和VHDL的异同。

5. 总结国产FPGA的现状，对比高云半导体的FPGA与Intel-Altera和Xilinx公司的FPGA的技术差异。

第2章 FPGA设计软件的安装与使用

本章主要介绍 Intel-Altera 公司的集成开发平台软件 Quartus II 13.0 的安装与使用。通过本章的学习，读者可以初步掌握 FPGA 设计工具的应用，熟悉 FPGA 设计与仿真流程。

2.1 Quartus II 13.0 介绍

Quartus II 软件 13.0 版，通过大幅度优化算法及增强并行处理，与前一版本相比，编译时间平均缩短了 30%。该软件还包括最新的快速重新编译特性，适用于客户对 Altera 公司 FPGA 设计进行少量源代码改动的情形。采用快速重新编译特性，客户可以继续使用以前的编译结果，从而不需要改动前端设计划分，仍能保持性能，可进一步将编译时间缩短 50%。这一最新版还增强了高级设计工具，扩展了 Quartus II 软件的功能，为客户提供更高的效能，并使用了 Altera 器件的先进功能。Quartus II 软件 13.0 版还增强了 Qsys 系统集成工具，基于模型的 DSP Builder 设计环境，以及面向 OpenCL™的 Altera SDK。

2.1.1 Altera Qsys

Altera Qsys 系统集成工具可自动连接知识产权内核(IP core)功能和子系统，减轻了 FPGA 设计工作量，可显著节省设计时间。设计人员使用 Qsys 能够无缝集成多种业界标准接口，包括 Avalon、ARM® AMBA AXI、APB 和 AHB，加速了系统开发进度。在 Quartus II 软件 13.0 版本中，Qsys 增强了系统可视化能力，支持同时查看 Qsys 系统的多个视图，进一步提高了效能。通过在新外设中增加或者连接组件，更容易修改设计系统。

2.1.2 Altera SDK

面向 OpenCL 的 Altera SDK 是业界唯一通过一致性测试的 FPGA OpenCL 解决方案，符合 Khronos 集团定义的 OpenCL 规范。它提供了软件友好的编程环境，在使用 Altera 优选合作伙伴的 FPGA 开发板，或者使用 Altera Cyclone® V SoC 开发板时，支持在

Altera SoC 上设计高性能系统。

2.1.3　Altera DSP Builder

Altera DSP Builder 设计工具支持系统开发人员在其数字信号处理(DSP)设计中高效地实现高性能的定点和浮点算法。为给工程师在设计过程中提供更多的选择，更加灵活地设计，Altera DSP Builder 高级模块库可以集成到 MathWorks HDL Coder 中。对快速傅里叶变换(FFT)处理的改进包括：运行时长度可变 FFT，以及 10GHz 极高数据速率的超采样 FFT。

2.2　Quartus II 软件开发环境安装

2.2.1　Quartus II 软件的安装

Altera 公司每年都会对 Quartus II 软件进行更新，各个版本之间除界面及其性能的优化外，基本的使用功能都是一样的，光盘中提供的是相对稳定的 Quartus II 13.0 版本，现介绍 Quartus II 13.0 版本(以下简称 Quartus)的安装。

双击运行“QuartusSetup-13.0.1.232.exe”文件，安装启动界面如图 2.1 所示。

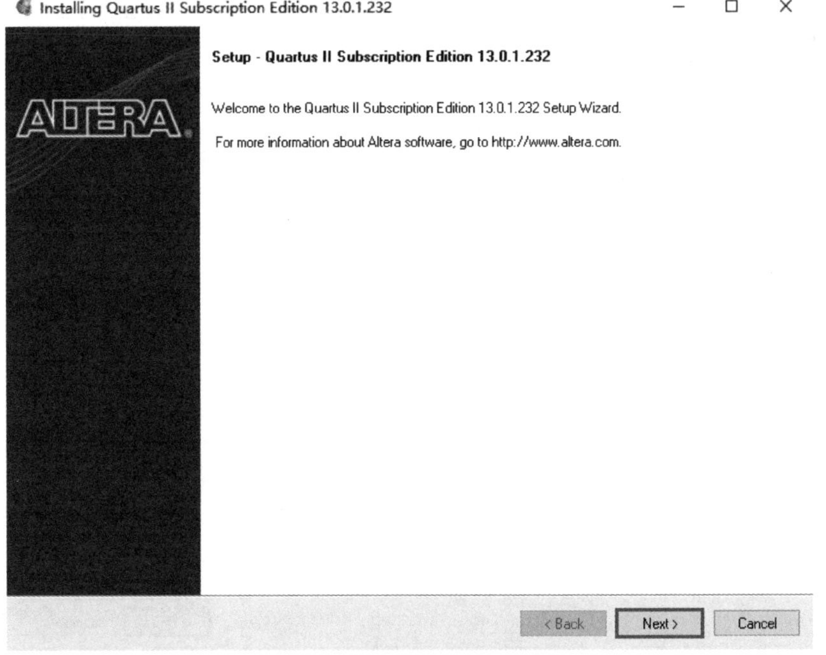

图 2.1　Quartus 安装启动界面

直接点击【Next>】进入如图 2.2 所示的权限引导界面。

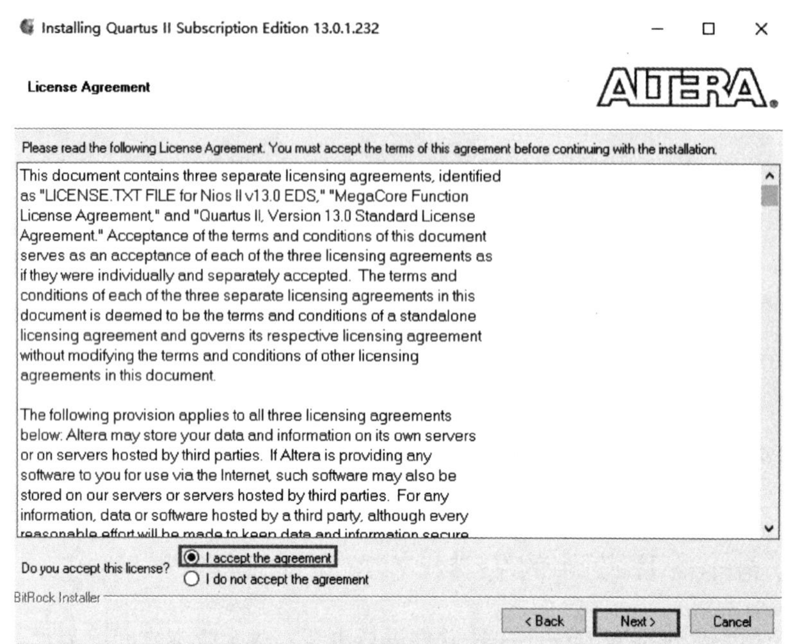

图 2.2　Quartus 权限引导界面

先选中“I accept the agreement”，然后点击【Next>】进入如图 2.3 所示的安装目录设置界面。

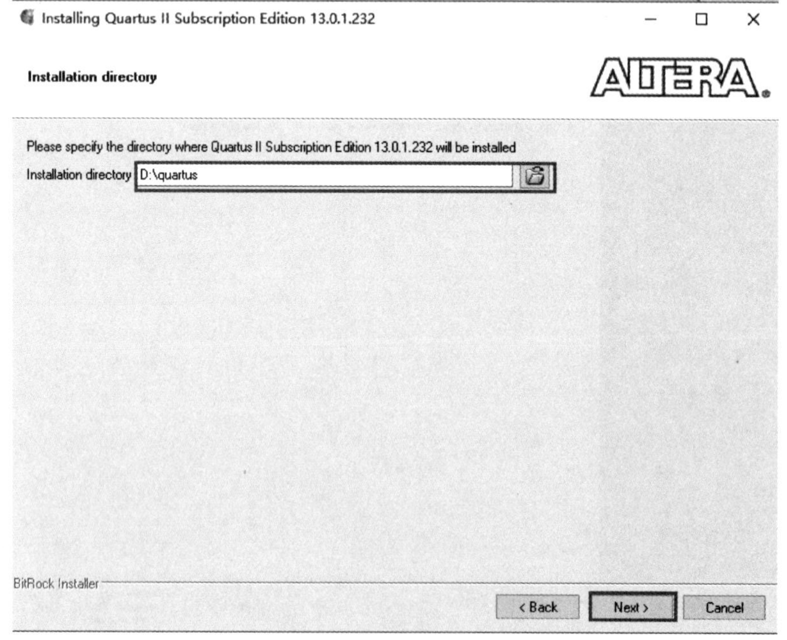

图 2.3　安装目录设置界面

在这里，选择的路径是 D：\ quartus，Quartus 软件需要大约 6G 的安装空间，读者可根据电脑磁盘空间的大小来选择合适的路径，注意安装路径中不能出现中文、空格以及特殊字符等。接下来点击【Next>】进入如图 2.4 所示的组件与器件选择界面。

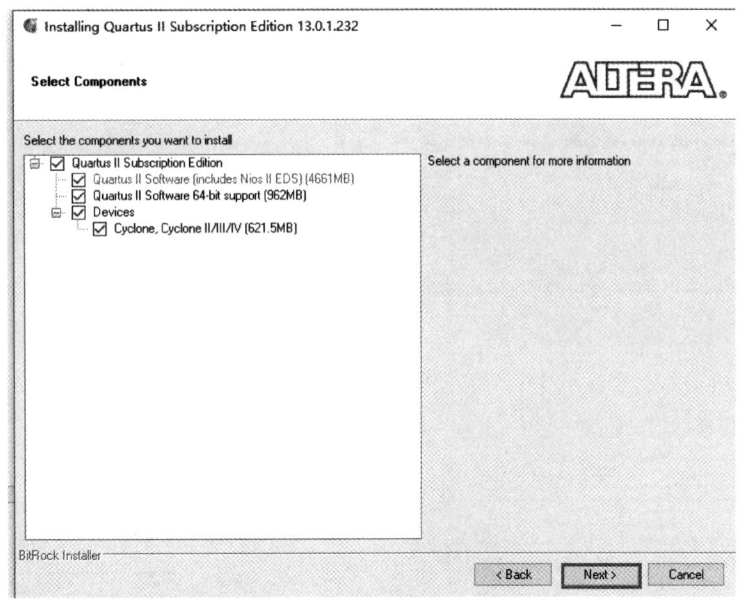

图 2.4　组件与器件选择界面

在图 2.4 所示的安装界面，由于软件安装包和 Cyclone 系列器件支持包放在了同一个文件夹下，软件在这里已经自动检测出器件，保持默认全部勾选的界面，点击【Next>】进入如图 2.5 所示的安装信息概述界面。

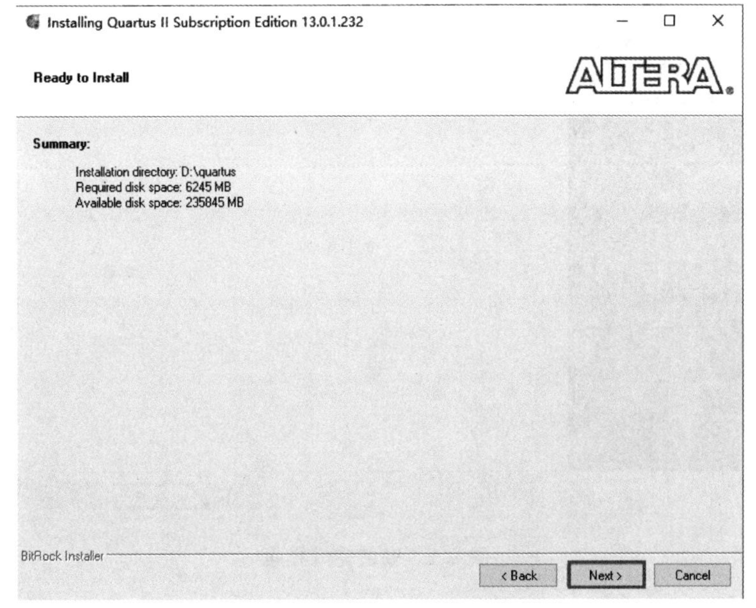

图 2.5　安装信息概述界面

直接点击【Next>】，进入安装进程，Quartus 软件需要大约 6G 的安装空间，其安装进度如图 2.6 所示。

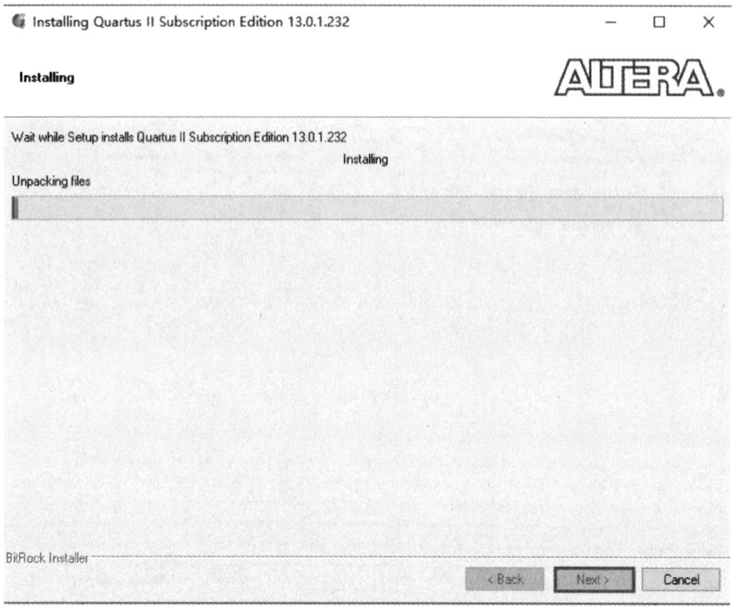

图 2.6　安装进度界面

在等待一段时间后，出现如图 2.7 所示的安装完成界面。

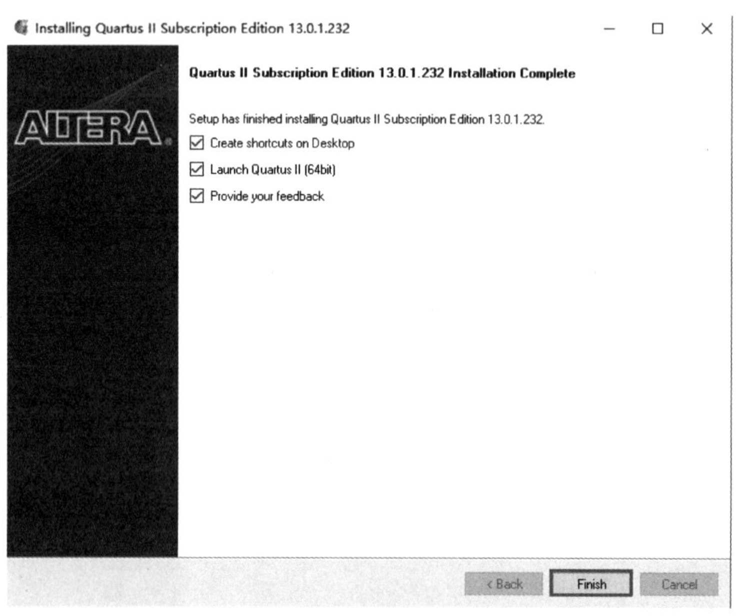

图 2.7　安装完成界面

至此，Quartus 软件安装完成，直接点击【Finish】，出现如图 2.8 所示的 TalkBack

对话框。

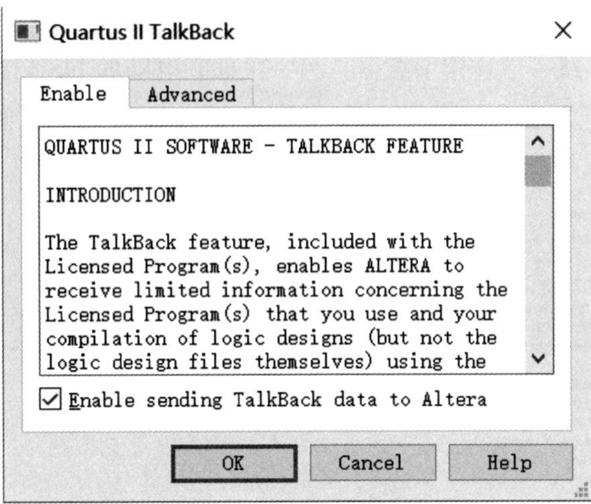

图 2.8　TalkBack **对话框**

在图 2.8 所示的界面中直接点击【OK】，出现如图 2.9 所示的 Quartus 授权使用界面。

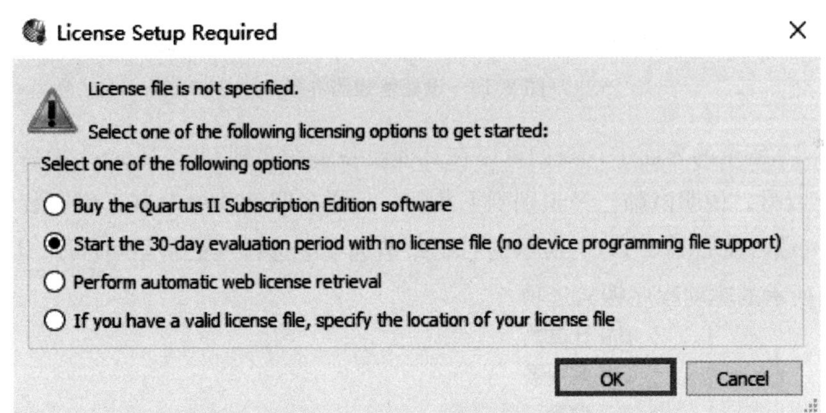

图 2.9　Quartus **授权使用界面**

在 License Setup Required 界面中可以选择 30 天试用期，也可以通过购买正版的 Altera 的授权书等途径来正常使用(详细信息可查看安装包目录下的“安装说明 . txt”文档)。

2.2.2　其他安装过程

其他安装过程见 Quartus 帮助文档，此处略。

2.2.3　USB Blaster 驱动安装

USB Blaster 是 Altera FPGA 的程序下载器，通过计算机的 USB 接口对 Altera 的

FPGA和配置芯片进行编程、调试以及下载等操作。在安装驱动程序后，USB Blaster 才能正常工作，具体的安装方法如下。

首先需要将 USB 线一端连接下载器，另一段插到电脑的 USB 接口中。然后打开电脑的设备管理器，打开方法为：右键点击桌面的【计算机】→【管理】→【设备管理器】，打开后的界面如图 2.10 所示。

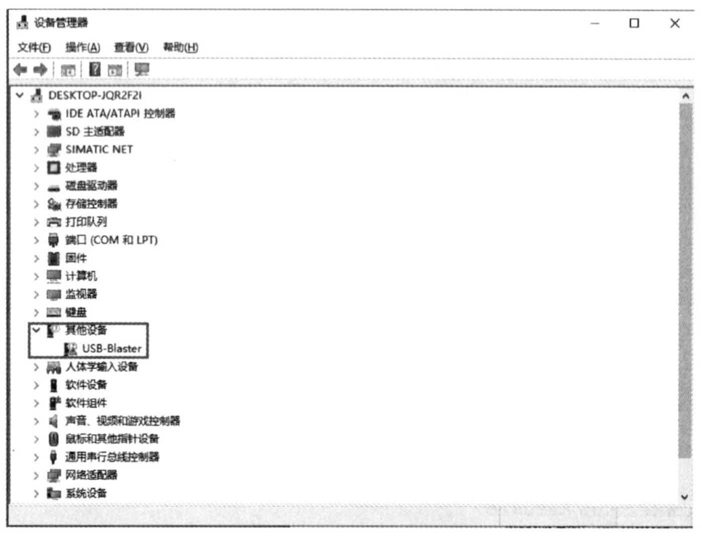

图 2.10　设备管理器界面

在图 2.10 所示的界面中，我们可以在其他设备下面看到 USB-Blaster 设备，其前面有个黄色的感叹号，说明电脑已经识别到下载器，但设备驱动程序没有正确安装。右击选中【USB-Blaster】，在如图 2.11(a)所示的右键菜单选项中选择【更新驱动程序(P)】，弹出如图 2.11(b)所示的驱动程序搜索选项。

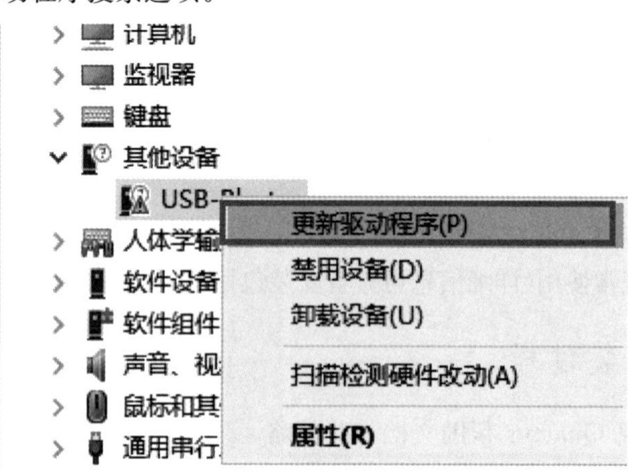

(a)更新驱动程序

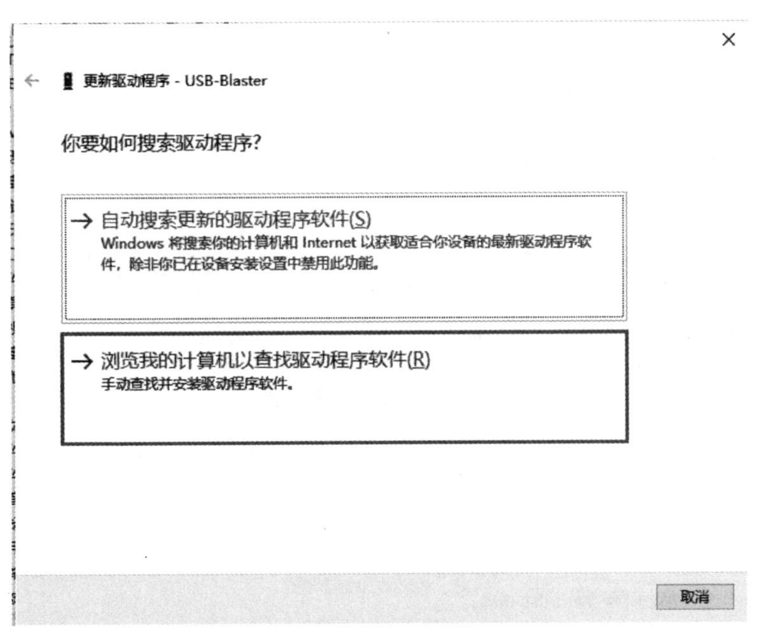

(b)驱动程序搜索

图 2.11　设备更新驱动程序

在图 2.11 所示的界面中，点击第二个选项【浏览我的计算机以查找驱动程序软件(R)】，进入如图 2.12 所示的界面。点击【浏览】选项，并把“包括子文件夹”复选框勾选，选择驱动程序的路径为 Quartus 软件安装目录 D：\ quartus\ quartus\ drivers\ usb-blaster\ x64，点击【下一步】弹出如图 2.13 所示界面。

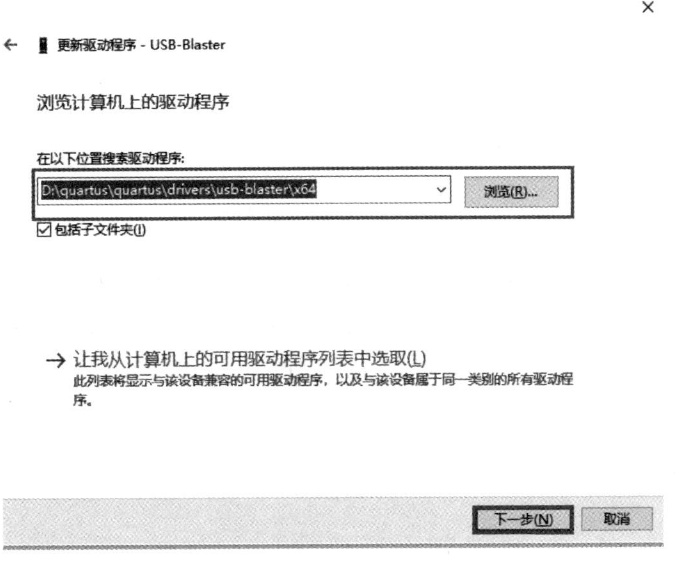

图 2.12　选择更新驱动程序位置

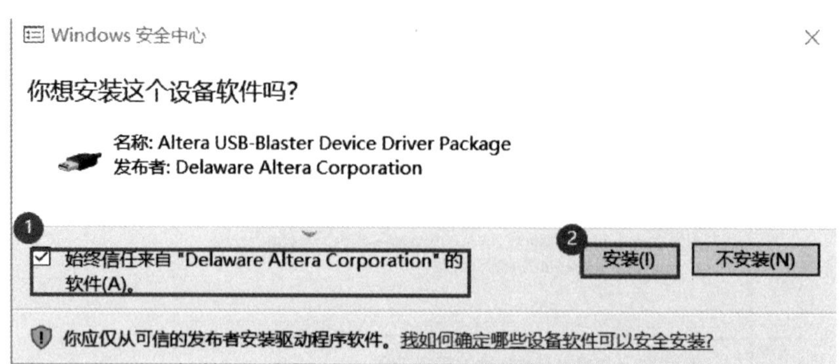

图 2.13　安装设备驱动

在弹出的安全提示框里，选中“始终信任...”前面的复选框，然后点击【安装】按钮开始安装驱动程序，安装程序完成后出现如图 2.14 所示的界面。

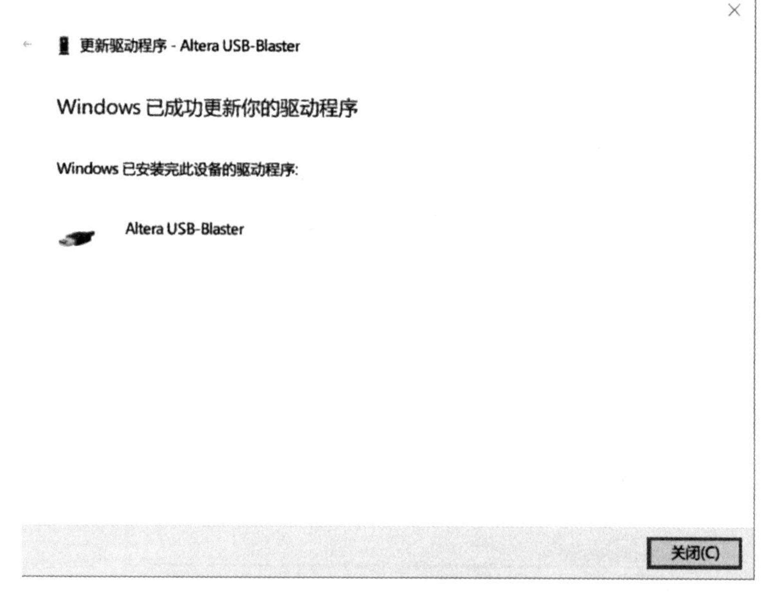

图 2.14　更新驱动完成

在图 2.14 中我们可以看到，Altera USB-Blaster 驱动程序更新完成，然后直接点击【关闭】即可。这时刷新一下设备管理器，在如图 2.15 所示的通用串行总线控制器里出现了 Altera USB-Blaster，并且图标前面的感叹号消失，表示下载器可以正常使用。

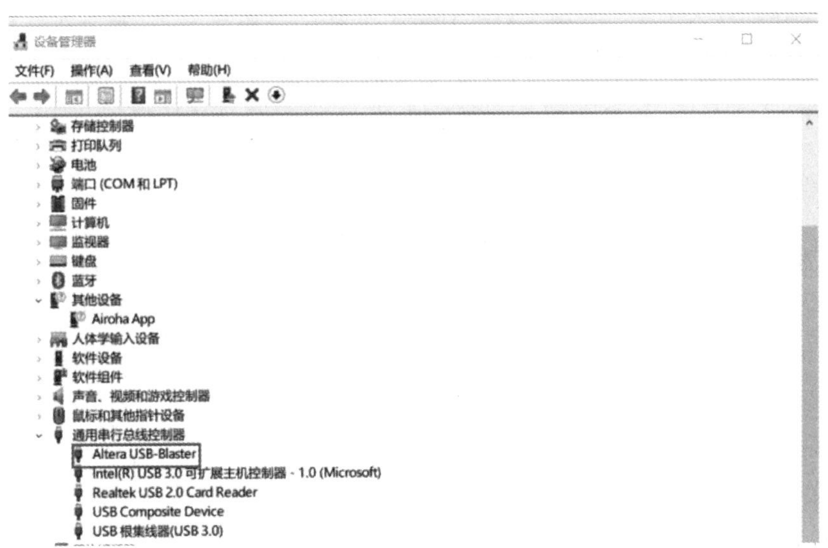

图 2.15　驱动程序更新完成

2.3　Quartus II 软件开发流程

在开始介绍 Quartus 软件的使用之前，需要先了解 Quartus 软件使用的一般流程，如图 2.16 所示。

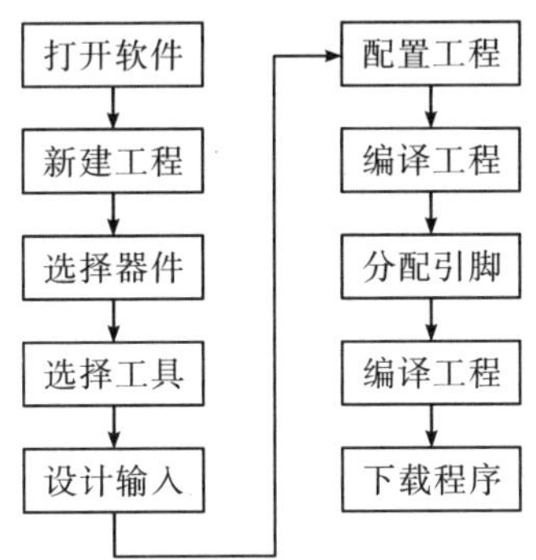

图 2.16　Quartus 软件使用流程

从图 2.16 可知，首先打开 Quartus 软件，然后新建一个工程，在新建工程的时候，可以通过创建工程向导的方式来创建工程。工程建立完成后，需要新建一个 Verilog 顶层文件，将设计的代码输入新建的 Verilog 顶层文件中，并对工程进行配置。接下来对设计文件进行分析与综合，此时 Quartus II 软件会检查代码，如果代码出现语法错误，那么 Quartus II 软件将会给出相关错误提示，如果代码没有语法错误，Quartus II 软件将会显示编译完成。工程编译完成后，还需要给 FPGA 芯片分配引脚，引脚分配完成后，再编译整个工程。在编译过程中，Quartus II 软件会重新检查代码，如果代码及其他配置都正确，Quartus II 软件会生成一个用于配置 FPGA 芯片的后缀名为 sof 的文件。最后，通过下载工具将编译生成的 sof 文件下载到开发板 FPGA，即完成整个开发流程。

下面将以呼吸流水灯实验为例，详细介绍 Quartus II 软件的使用。

2.3.1 新建工程

创建工程之前，先在硬盘中新建一个文件夹用于存放 Quartus 工程，工程目录路径名只能由字母、数字和下划线组成，且以字母为首字符，不能包含中文和其他符号。例如在电脑 F 盘 projects 文件夹中创建一个 LSHXD 文件夹，用于存放流水灯实验的工程。工程文件夹命名应能反映出工程实现的功能，本例是流水灯实验，故将文件夹命名为 LSHXD，并在 LSHXD 文件夹下创建 4 个子文件夹，分别命名为 doc、par、rtl 和 sim。doc 文件夹存放项目相关的文档，par 文件夹存放 Quartus II 软件的工程文件，rtl 文件夹存放源代码，sim 文件夹存放仿真文件。创建的文件夹目录如图 2.17 所示。

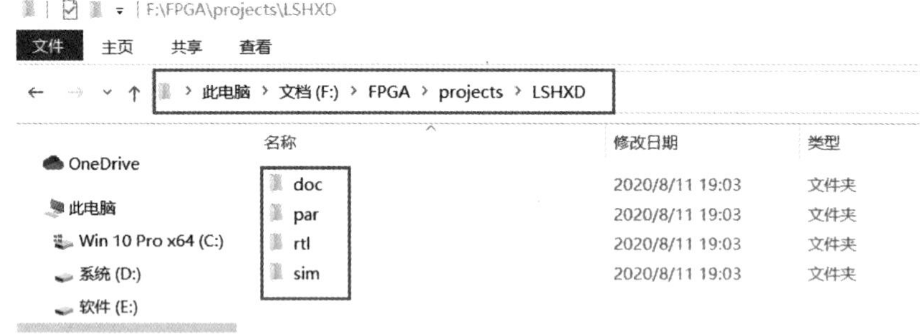

图 2.17 工程目录

建议开始创建工程之前先创建这 4 个文件夹，简单工程不需要相关文档或者仿真文件，doc 文件夹和 sim 文件夹可以为空，但对于复杂工程，相关文档和仿真文件几乎是必不可少的。接下来启动 Quartus II 软件，直接双击桌面上的 Quartus II 13.0sp1(64-bit)软件图标［如果是 32 位系统则为 Quartus II 13.0aq1(32-bit)］，打开 Quartus II 软件，Quartus II 软件主界面如图 2.18 所示。Quartus II 13.0 软件默认由菜单栏、工具栏、工程文件导航窗口、编译流程窗口、主编辑窗口以及信息提示窗口组成。

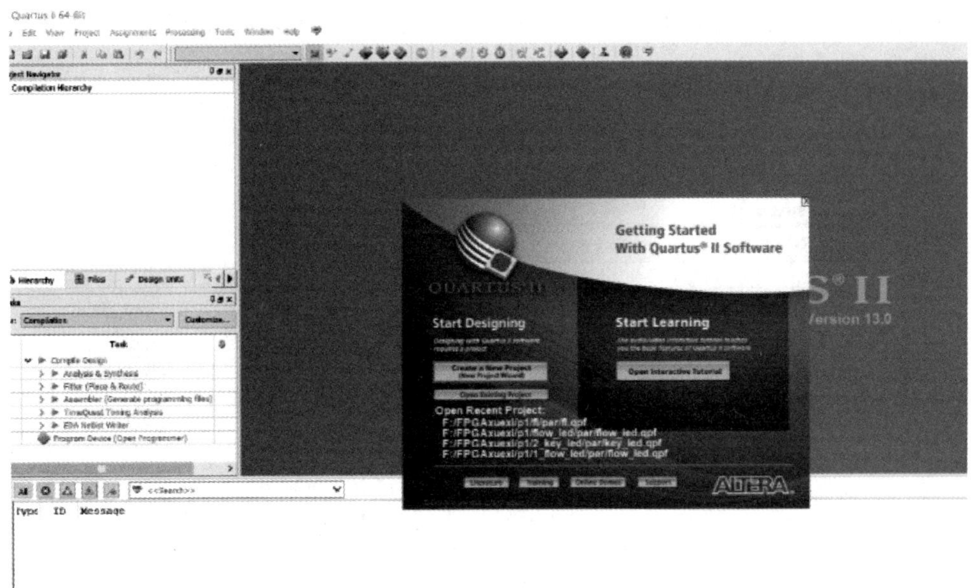

图 2.18　Quartus II 软件主界面

如图 2.19 所示新建工程向导说明界面主要介绍了新建工程的过程中所要完成的 5 个步骤：①工程的命名以及指定工程的路径；②指定工程的顶层文件名；③添加已经存在的设计文件和库文件；④指定器件型号；⑤EDA 工具设置。

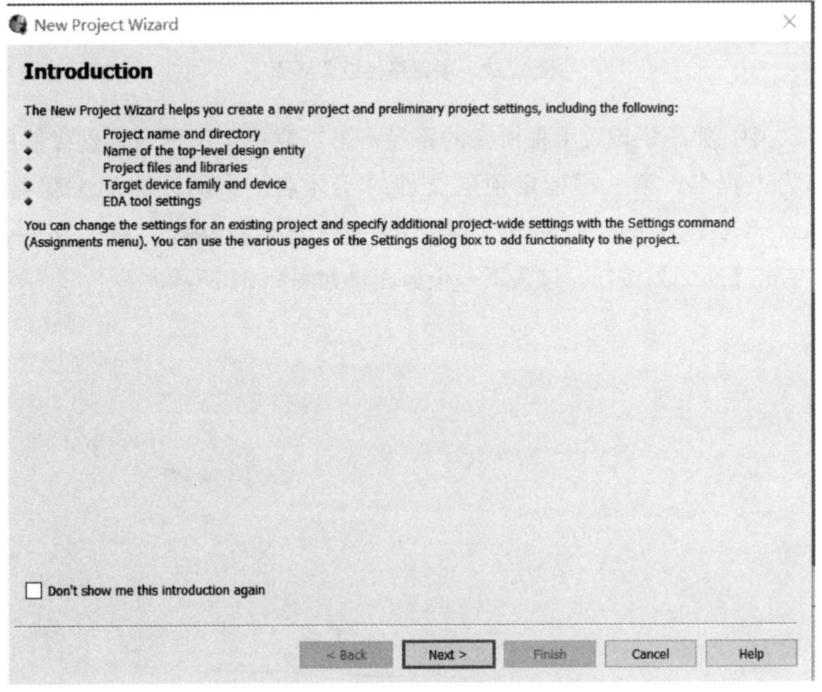

图 2.19　新建工程向导说明界面

单击图 2.19 所示界面的【Next>】按钮，进入图 2.20 所示的项目路径设置界面。

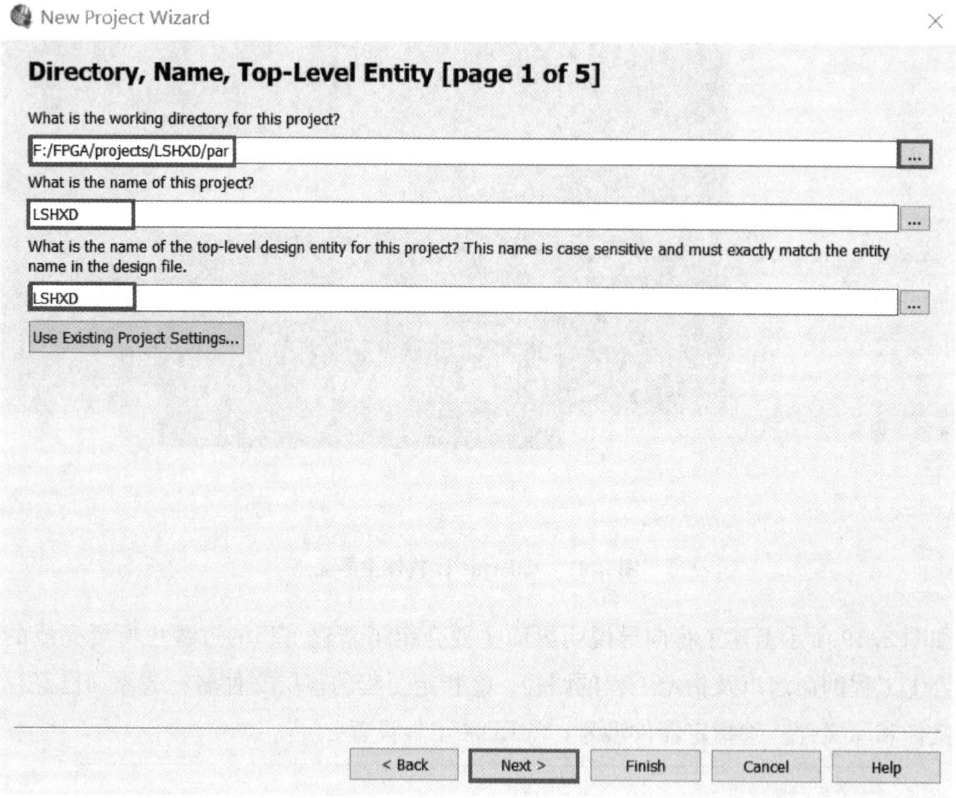

New Project Wizard

Directory, Name, Top-Level Entity [page 1 of 5]

What is the working directory for this project?

F:/FPGA/projects/LSHXD/par

What is the name of this project?

LSHXD

What is the name of the top-level design entity for this project? This name is case sensitive and must exactly match the entity name in the design file.

LSHXD

Use Existing Project Settings...

< Back　Next >　Finish　Cancel　Help

图 2.20　项目路径设置界面

在图 2.20 中，第一栏设置工程所在的路径；第二栏指定工程名，直接使用顶层文件的实体名作为工程名；第三栏指定顶层文件的实体名。本例设置的工程路径为 F：/FPGA/projects/LSHXD/par，工程名与顶层文件的实体名同为 LSHXD。文件名和路径设置完成后，单击【Next】按钮，进入下一个界面，如图 2.21 所示。

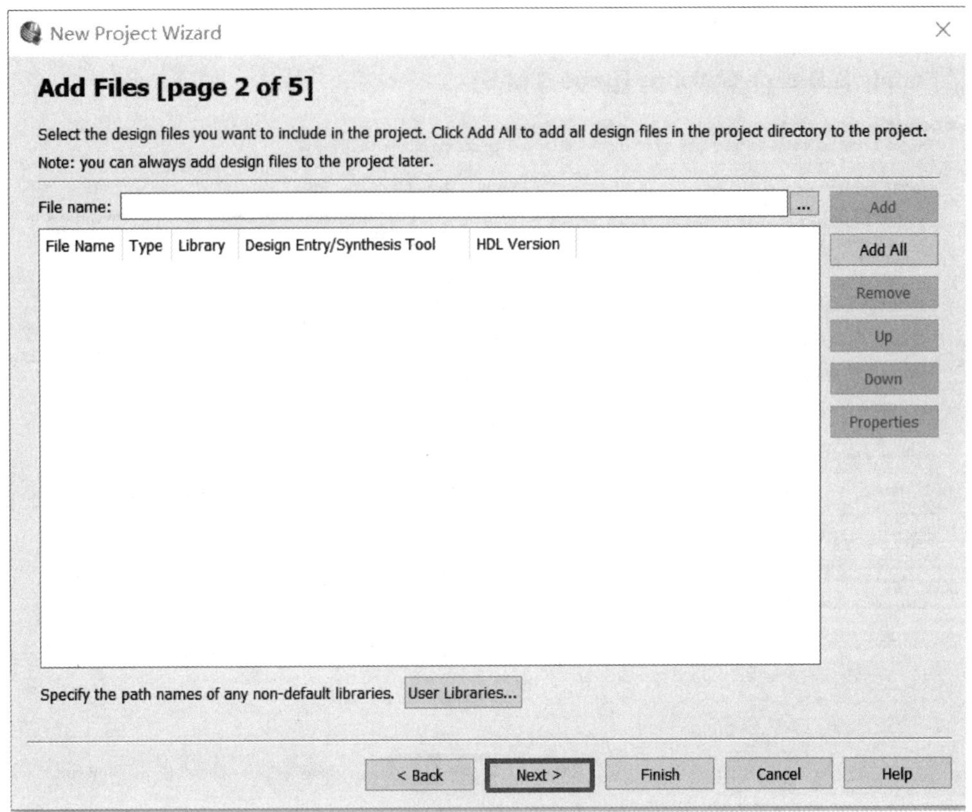

图 2.21　创建工程向导—添加设计文件

在该界面中，可以通过点击【…】符号按钮添加已有的工程设计文件(Verilog 或 VHDL 文件)，由于本例是一个完全新建的工程，没有任何预先可用的设计文件，因此不用添加，直接单击【Next】，如图 2.22 所示。

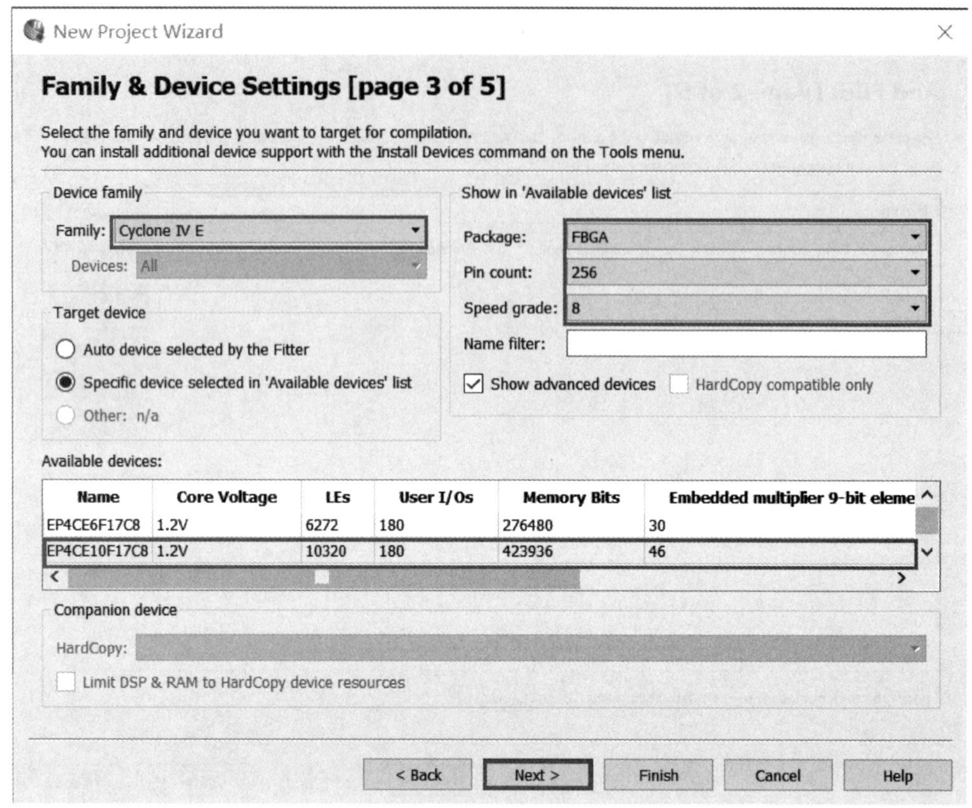

图 2.22 创建工程向导——器件选择

在图 2.22 所示的器件选择界面中，根据项目拟选用的 FPGA 型号来选择目标器件，项目使用 ARM_FPGA 开发板，其 FPGA 主芯片是 Cyclone IV E 系列的 EP4CE10F17C8。因此在 Device familys 一栏中选择“Cyclone IV E”。Cyclone IV E 系列的产品型号较多，为了在 Available devices 一栏中快速找到开发板的芯片型号，可在 Package 一栏中选择 FBGA 封装，Pin count 一栏中选择 256 引脚，Speed grade 一栏中选择 8，之后在可选择的器件中只能看见 4 个符合要求的芯片型号了，选中“EP4CE10F17C8”，再单击【Next】按钮进入如图 2.23 所示的 EDA 工具设置界面。

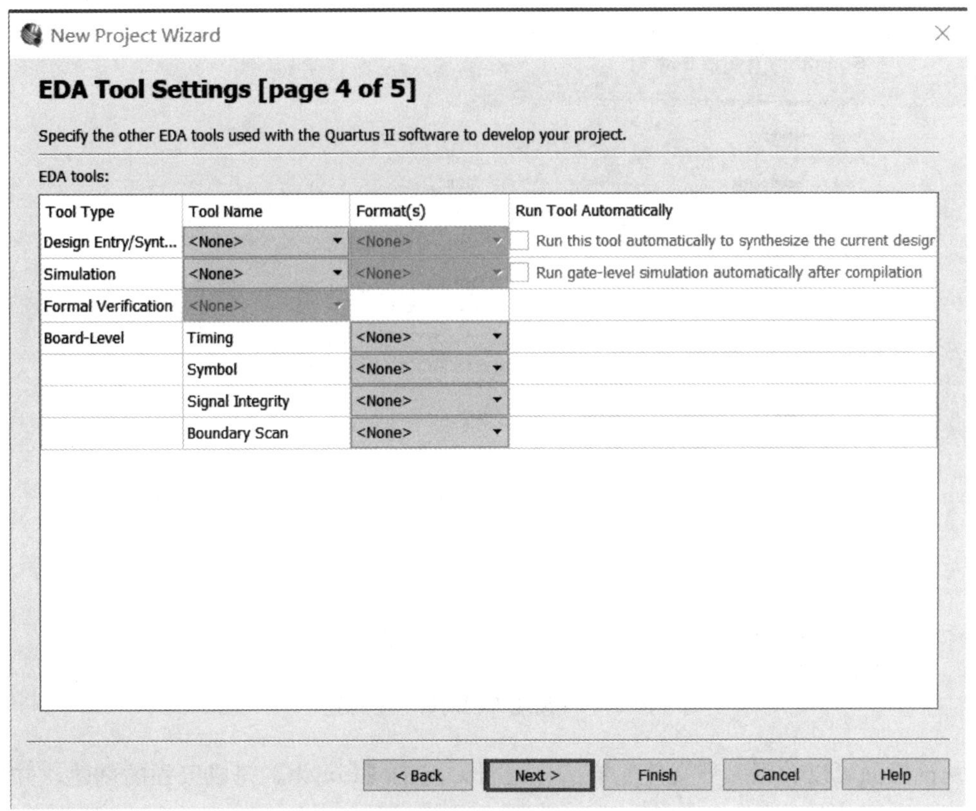

图 2.23　创建工程向导——EDA 工具设置

如图 2.23 所示，在“EDA Tool Settings”界面中，可以设置工程各个开发环节中需要用到的第三方 EDA 工具，如仿真工具 ModelSim、综合工具 Synplify 等。由于本例尚未使用任何的 EDA 工具，故此界面保持默认不添加第三方 EDA 工具，直接单击【Next>】进入图 2.24 所示的综述界面。

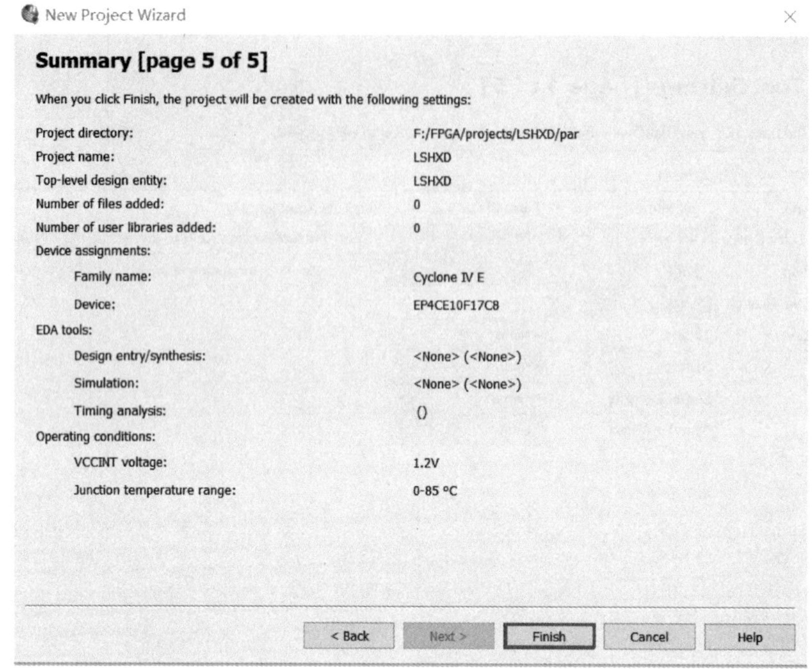

图 2.24 创建工程向导——综述

从该界面可以看到工程文件配置信息报告，点击【Finish】完成工程的创建，并返回到 Quartus II 软件界面。在工程文件导航窗口中可以看到新建的 LSHXD 工程，如果此时需要修改器件，直接双击工程文件导航窗口中的“Cyclone IV E：EP4CE10F17C8”即可，Quartus II 显示界面如图 2.25 所示。

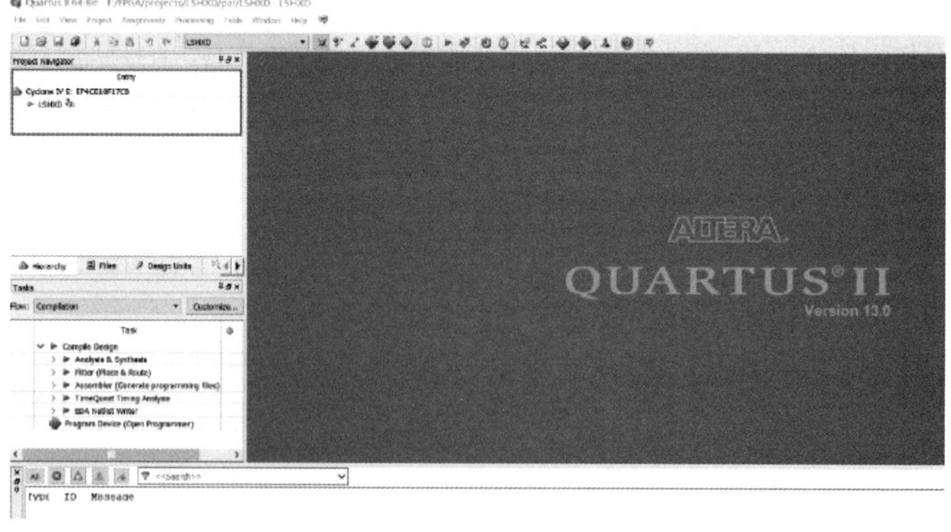

图 2.25 Quartus II 显示界面

2.3.2　设计输入

工程创建后就可以进行设计输入了。首先创建顶层文件。在图 2.26 所示的菜单栏中找到【File】→【New】，单击【New】按钮将弹出如图 2.27 所示的文件类型选择界面。

图 2.26　新建设计文件操作界面

在图 2.27 所示的文件类型选择界面中，本例采用 Verilog HDL 语言作为工程的输入设计文件，所以在 Design Files 一栏中选择 Verilog HDL File，并点击【OK】按钮，弹出如图 2.28 所示的 Verilog HDL 源程序输入编辑区界面。

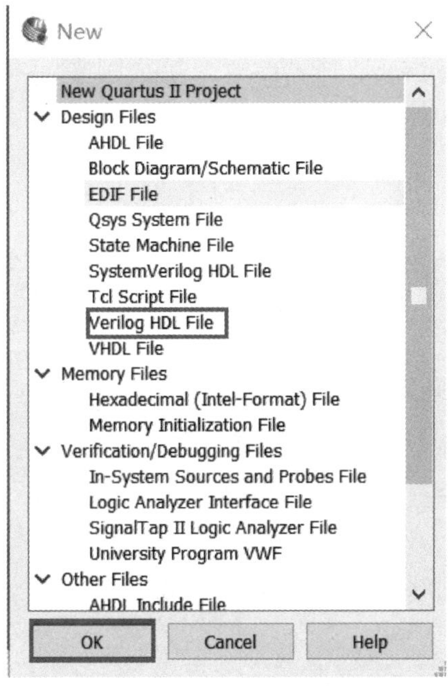

图 2.27　文件类型选择界面

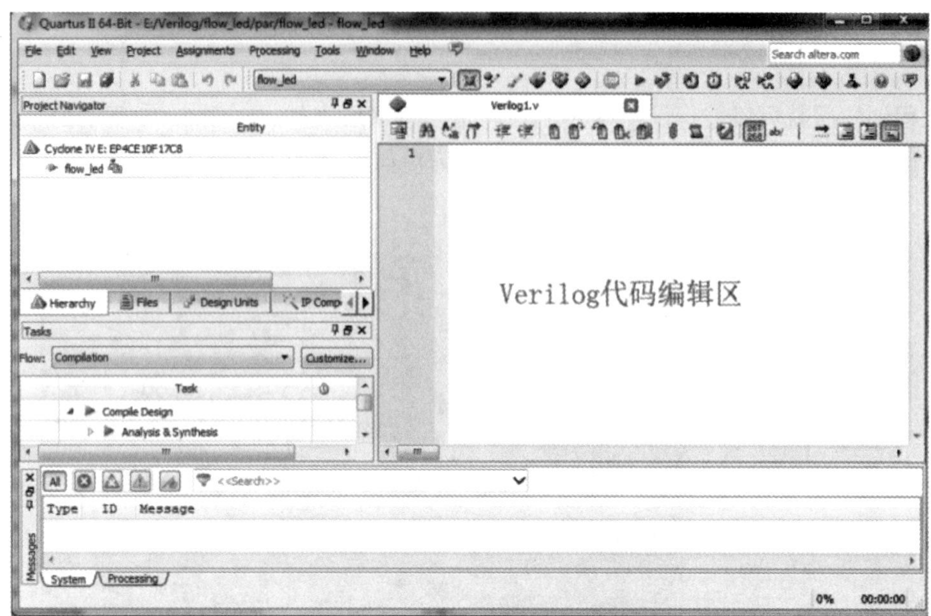

图 2.28　Verilog HDL 源程序输入编辑区界面

该界面是 Verilog1. v 文件的设计界面，用于输入 Verilog 代码。

2.3.3　编写程序

接下来在该文件中编写流水呼吸灯代码，代码如下。

```
module LSHXD(
input  wire    sclk,
input  wire    rst _ n,
output reg   led1,
output reg   led2,
output reg   led3,
output reg   led4 );
reg        flag; //由亮到灭、由灭到亮的标志位
reg [6: 0]  cnt _ 2μs; //2μs 的计数器
reg [9: 0]  cnt _ 2ms; //2ms 的计数器
reg [9: 0]  cnt _ 2s; //2s 的计数器
reg [2: 0]  cnt; //每 2s+1 的计数器，共 8s
//计数器 cnt
always @(posedge sclk or negedge rst _ n)
  begin
```

```
        if(rst _ n == 1'b0)
         cnt <= 3'd0;
        else if(cnt == 3'd7 && cnt _ 2s == 10'd999 && cnt _ 2ms == 10'd999 && cnt
_ 2us == 7'd99)
          cnt <= 3'd0;
        else if(cnt _ 2s == 10'd999 && cnt _ 2ms == 10'd999 && cnt _ 2us == 7'd99)
         cnt <= cnt + 1'b1;
      end
    //flag
    always @(posedge sclk or negedge rst _ n)
      begin
        if(rst _ n == 1'b0)
      flag <= 1'b0;
        else if(cnt _ 2s == 10'd999 && cnt _ 2ms == 10'd999 && cnt _ 2us == 7'd99)
         flag <= ~flag;
        else
         flag <= flag;
    end
    //计数器 cnt _ 2us
    always @(posedge sclk or negedge rst _ n)
    begin
          if(rst _ n == 1'b0)
          cnt _ 2us <= 7'd0;
          else if(cnt _ 2us == 7'd99)
          cnt _ 2us <= 7'd0;
          else
          cnt _ 2us <= cnt _ 2us + 1'b1;
    end
    //cnt _ 2ms
    always @(posedge sclk or negedge rst _ n)
    begin
          if(rst _ n == 1'b0)
            cnt _ 2ms <= 10'd0;
          else if(cnt _ 2us == 7'd99 && cnt _ 2ms == 10'd999)
```

```
        cnt_2ms <= 10'd0;
       else if(cnt_2us == 7'd99)
        cnt_2ms <= cnt_2ms + 1'b1;
end
//cnt_2s
always @(posedge sclk or negedge rst_n)
begin
       if(rst_n == 1'b0)
       cnt_2s <= 10'd0;
      else if(cnt_2s == 10'd999 && cnt_2ms == 10'd999 && cnt_2us == 7'd99)
      cnt_2s <= 10'd0;
     else if(cnt_2us == 10'd99 && cnt_2ms == 10'd999)
     cnt_2s <= cnt_2s + 1'b1;
end
//led1
always @(posedge sclk or negedge rst_n)
begin
       if(rst_n == 1'b0)
       led1 <= 1'b0;
       else if(cnt == 0 ) //在刚开始时，led1 由灭到亮呼吸
       begin
        if( flag == 1'b0 && cnt_2s >= cnt_2ms)
    led1 <= 1'b1;
       else if( flag == 1'b0&& cnt_2s < cnt_2ms)
    led1 <= 1'b0;
       end
      else if(cnt == 1)  //在 cnt=1 时，led1 由亮到灭呼吸
      begin
        if ( flag == 1'b1 && cnt_2s >= cnt_2ms)
    led1 <= 1'b0;
      else if( flag == 1'b1 && cnt_2s < cnt_2ms)
    led1 <= 1'b1;
       end
   else if(cnt == 6)  //在 cnt=6 时 led1 由灭到亮呼吸
```

```
        begin
          if ( flag == 1'b0 && cnt _ 2s >= cnt _ 2ms)
      led1 <= 1'b1;
        else if( flag == 1'b0 && cnt _ 2s < cnt _ 2ms)
      led1 <= 1'b0;
        end
else if(cnt == 7) //在 cnt=7 时，led1 由亮到灭呼吸
        begin
          if ( flag == 1'b1 && cnt _ 2s >= cnt _ 2ms)
      led1 <= 1'b0;
        else if( flag == 1'b1 && cnt _ 2s < cnt _ 2ms)
      led1 <= 1'b1;
        end
else
    led1 <= 1'b0;
end
//led2
always @(posedge sclk or negedge rst _ n)
begin
         if(rst _ n == 1'b0)
          led2 <= 1'b0;
else if(cnt == 1) //每个 led 模块同理
         begin
        if ( flag == 1'b1 && cnt _ 2s >= cnt _ 2ms)
       led2 <= 1'b1;
        else if ( flag == 1'b1&& cnt _ 2s < cnt _ 2ms)
      led2 <= 1'b0;
         end
else if(cnt == 2)
        begin
           if ( flag == 1'b0 && cnt _ 2s >= cnt _ 2ms)
      led2 <= 1'b0;
         else if( flag == 1'b0 && cnt _ 2s < cnt _ 2ms)
      led2 <= 1'b1;
```

```
end
else if(cnt == 5)
        begin
          if ( flag == 1'b1 && cnt _ 2s >= cnt _ 2ms)
      led2 <= 1'b1;
        else if( flag == 1'b1 && cnt _ 2s < cnt _ 2ms)
      led2 <= 1'b0;
         end
else if(cnt == 6)
         begin
           if ( flag == 1'b0 && cnt _ 2s >= cnt _ 2ms)
      led2 <= 1'b0;
          else if( flag == 1'b0 && cnt _ 2s < cnt _ 2ms)
      led2 <= 1'b1;
         end
else
        led2 <= 1'b0;
end
//led3
always @(posedge sclk or negedge rst _ n)
begin
if(rst _ n == 1'b0)
        led3 <= 1'b0;
else if(cnt == 2)
        begin
       if ( flag == 1'b0 && cnt _ 2s >= cnt _ 2ms)
      led3 <= 1'b1;
       else if( flag == 1'b0&& cnt _ 2s < cnt _ 2ms)
      led3 <= 1'b0;
        end
else if(cnt == 3)
        begin
          if ( flag == 1'b1 && cnt _ 2s >= cnt _ 2ms)
      led3 <= 1'b0;
```

```
        else if( flag == 1'b1 && cnt _ 2s< cnt _ 2ms)
      led3 <= 1'b1;
end
else if(cnt == 4)
        begin
          if ( flag == 1'b0 && cnt _ 2s >= cnt _ 2ms)
      led3 <= 1'b1;
        else if( flag == 1'b0 && cnt _ 2s< cnt _ 2ms)
      led3 <= 1'b0;
        end
else if(cnt == 5)
        begin
          if ( flag == 1'b1 && cnt _ 2s >= cnt _ 2ms)
      led3 <= 1'b0;
        else if( flag == 1'b1 && cnt _ 2s< cnt _ 2ms)
      led3 <= 1'b1;
        end
else
        led3 <= 1'b0;
end
//led4
always @(posedge sclk or negedge rst _ n)
begin
       if(rst _ n == 1'b0)
       led4 <= 1'b0;
       else if(cnt == 3)
       begin
      if( flag == 1'b1 && cnt _ 2s >= cnt _ 2ms)
      led4 <= 1'b1;
      else if( flag == 1'b1&& cnt _ 2s< cnt _ 2ms)
      led4 <= 1'b0;
       end
       else if(cnt == 4)
      begin
```

```
    if ( flag == 1'b0 && cnt _ 2s >= cnt _ 2ms)
   led4 <= 1'b0;
   else if( flag == 1'b0 && cnt _ 2s < cnt _ 2ms)
   led4 <= 1'b1;
    end
else
   led4 <= 1'b0;
end
endmodule
```

代码输入完成后，保存编辑完成的代码，按快捷键【Ctrl】+【S】或选择【File】→【Save】，将会弹出对话框提示输入文件名和保存路径，默认文件名会与所命名的 module 名称一致，默认路径也会是当前的工程文件夹，修改保存路径为 rtl 文件夹，如图 2.29 所示。

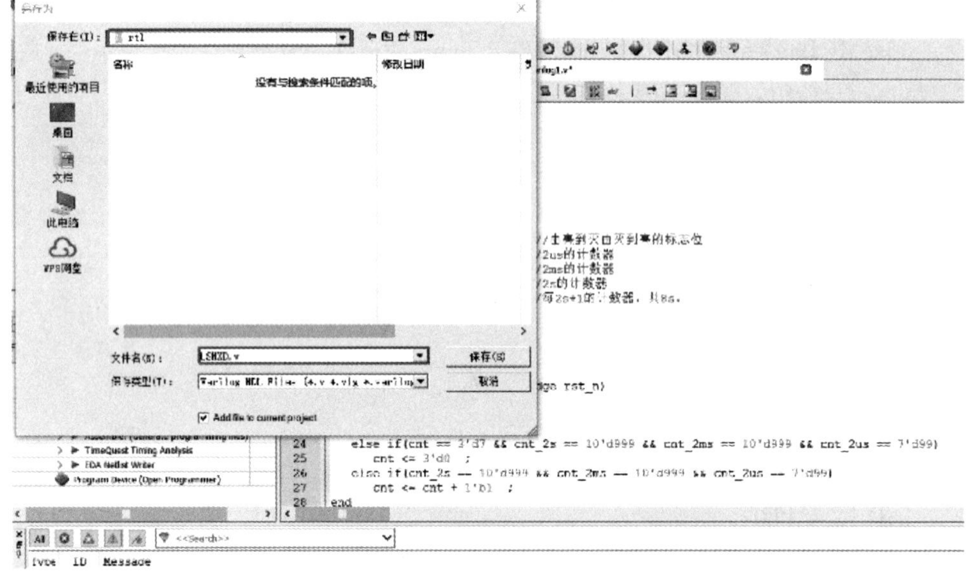

图 2.29　保存文件对话框

在设计软件中显示的界面如图 2.30 所示。

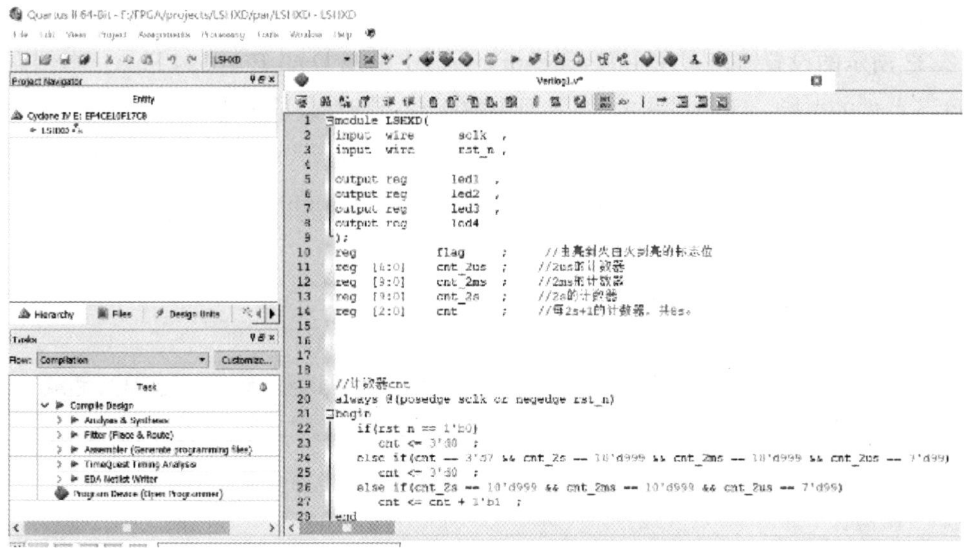

图 2.30　设计软件导航窗口中的文件

2.3.4　配置工程

设计输入完成后需要对工程进行配置，即配置第二功能复用的引脚。首先我们在 Quartus 软件的菜单栏中找到【Assignments】→【Device...】，出现如图 2.31 所示的界面。

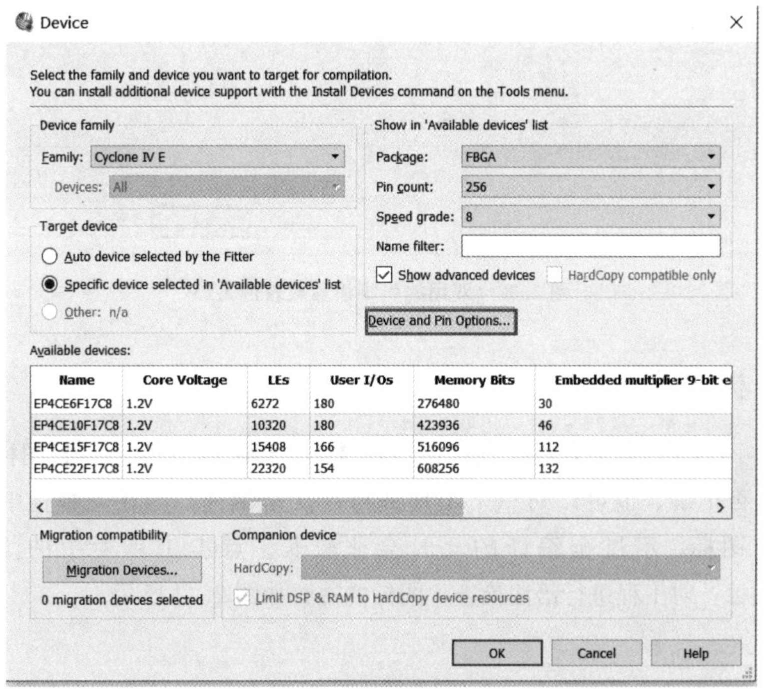

图 2.31　器件选择界面

在该界面可以重新选择器件，这里点击【Device and Pin Options...】按钮，会弹出如图 2.32 所示的设置窗口，在左侧 Category 一栏中选择 Dual-Purpose Pins。本例需要使用 EPCS 器件的引脚，于是将图 2.32 界面中的所有引脚都改成 Use as regular I/O，如果不确定工程中是否用到 EPCS 器件时，可以全部修改。本例实验只修改了 nCEO 一栏中的引脚功能，将其 Use as programming pin 修改为 Use as regular I/O，修改完成后，点击【OK】按钮完成设置。

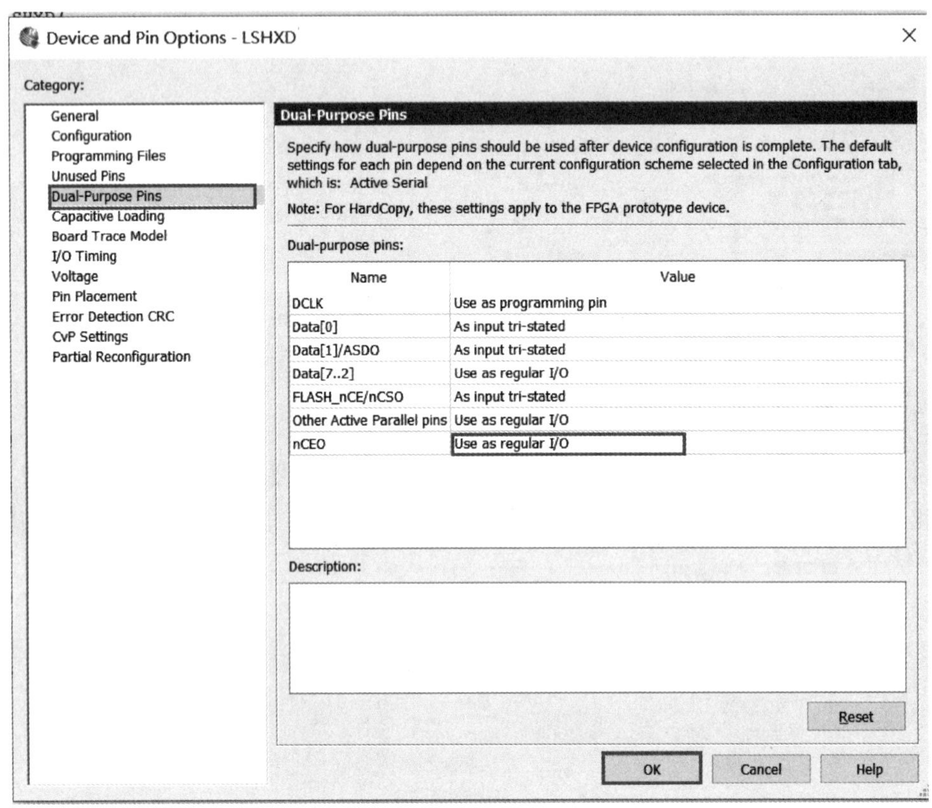

图 2.32 双用的引脚设置成普通 I/O

2.3.5 分析与综合(编译)

完成项目 FPGA 配置后，在工具栏中选择【Analysis & Synthesis】图标来验证设计输入的语法是否正确，也可以对整个工程进行一次全编译，即在工具栏中选择【Start Compilation】图标，不过全编译的耗时会比较长。点击工具栏中的【Analysis & Synthesis】图标，对工程进行语法检查，图标的位置如图 2.33 所示。

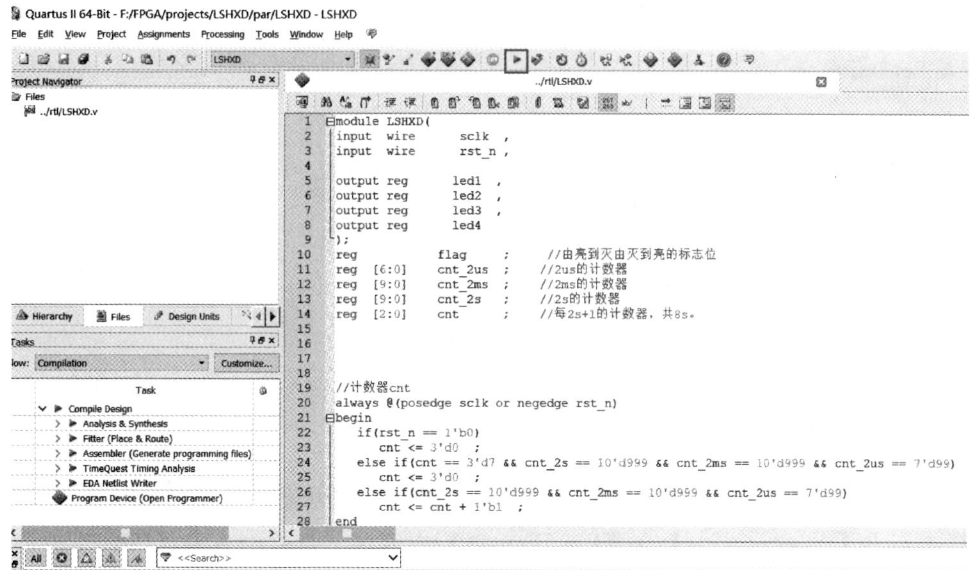

图 2.33　**分析与综合工具图标**

在编译过程中如果没有语法错误，则编译流程窗口【Analysis & Synthesis】前面的问号会变成对勾，表示编译通过，如图 2.34 所示。

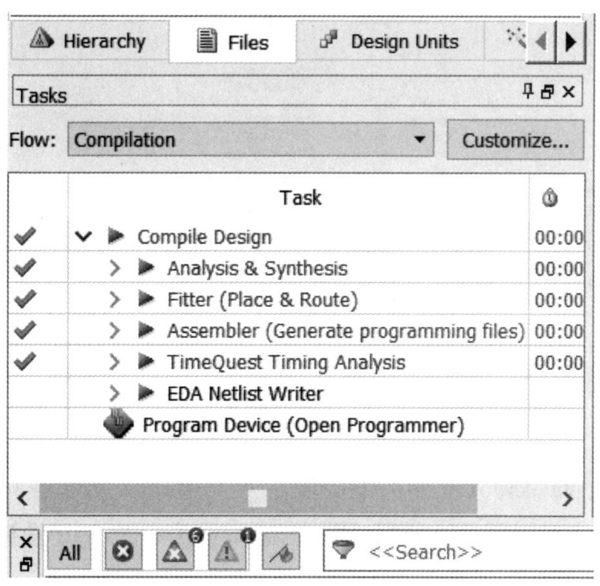

图 2.34　**编译完成界面**

可以打开如图 2.35 所示的“Processing”窗口查看信息，信息包括各种“Warning”和“Error”。“Error”是必须处理的，表示代码中有语法错误，不改正后续的编译将无法继续。如果出现语法错误可以双击错误信息，此时编辑器会定位到语法错误的位置，修改完成后，需重新开始编译；而“Warning”则不一定是必须处理的，有些潜在的问题可以从“Warning”中寻找，有些“Warning”信息对设计没有什么影响，也可以忽略它。

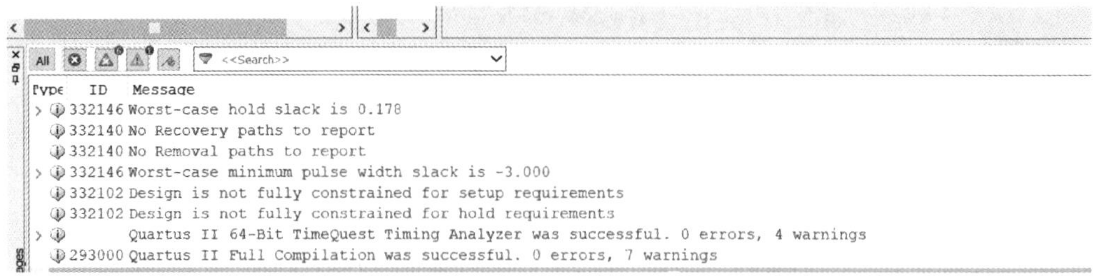

图 2.35　信息提示窗口界面

2.3.6　分配引脚

编译通过后，需要对工程中的输入/输出端口进行引脚分配。可以在如图 2.36 所示的菜单栏中点击【Assignments】→【Pin Planner】或者在工具栏中点击【Pin Planner】按钮，如图 2.36 所示，将弹出引脚分配界面。

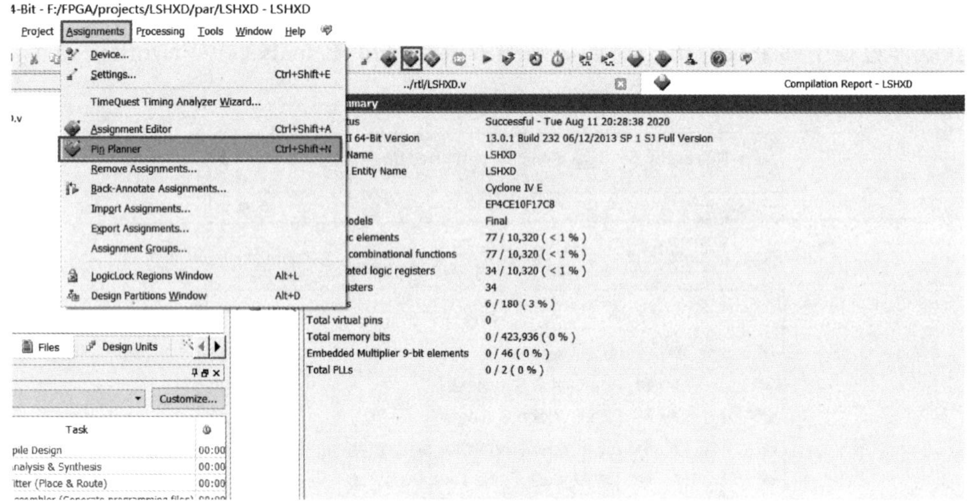

图 2.36　引脚分配操作窗口

在如图 2.37 所示的引脚分配界面中出现了 6 个端口，分别是 4 个 LED、时钟和复位，可以参考原理图来对引脚进行分配。图 2.38 所示为 FPGA 开发板的时钟和复位引脚的原理图。

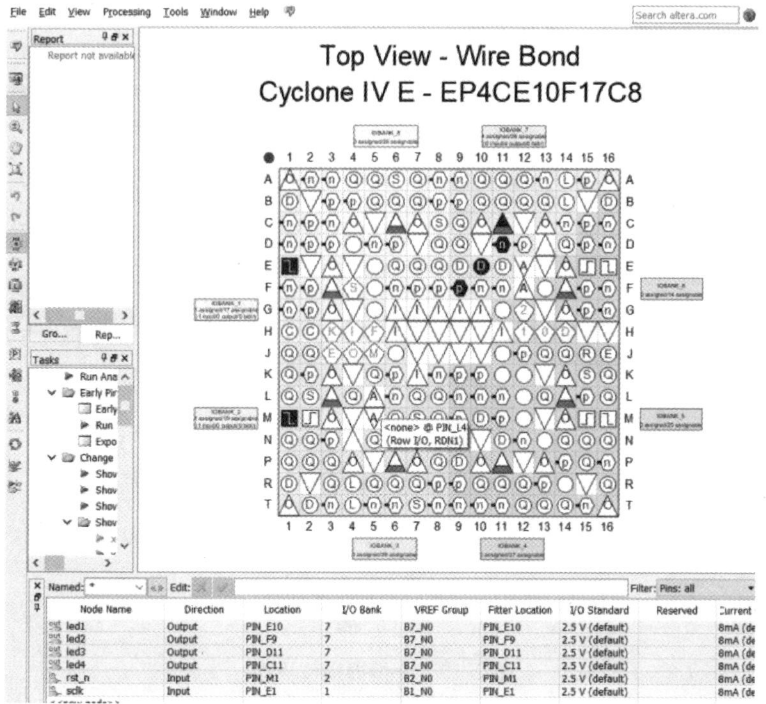

图 2.37　引脚分配界面

U14I
FPGA_CLK　CLK1　E1　CLK1, DIFFCLK_0n
KEY2　CLK2　M2　CLK2, DIFFCLK_1p
RESET　CLK3　M1　CLK3, DIFFCLK_1n
KEY1　CLK4　E15　CLK4, DIFFCLK_2p
KEY0　CLK5　E16　CLK5, DIFFCLK_2n
REMOTE_IN　CLK6　M15　CLK6, DIFFCLK_3p
KEY3　CLK7　M16　CLK7, DIFFCLK_3n

图 2.38　FPGA 开发板的时钟和复位引脚原理图

在图 2.38 中，网络标识符“FPGA_CLK”指示的信号线连接 FPGA 的引脚 E1 和晶振，“RESET”连接 FPGA 的引脚 M1 和复位按键，所以在对引脚进行分配时，输入的时钟 sys_clk 引脚分配到 E1，sys_rst_n 引脚分配到 M1，LED 的引脚查看和分配采用同样的方法，在此不再累述。引脚分配完成后，直接关闭引脚分配窗口，软件会在工程所在位置生成一个.qsf 文件用来存放引脚信息。

2.3.7　编译工程

分配完引脚后，需要对整个工程进行一次全编译，在工具栏中选择【Start Compilation】图标，操作界面如图 2.39 所示。

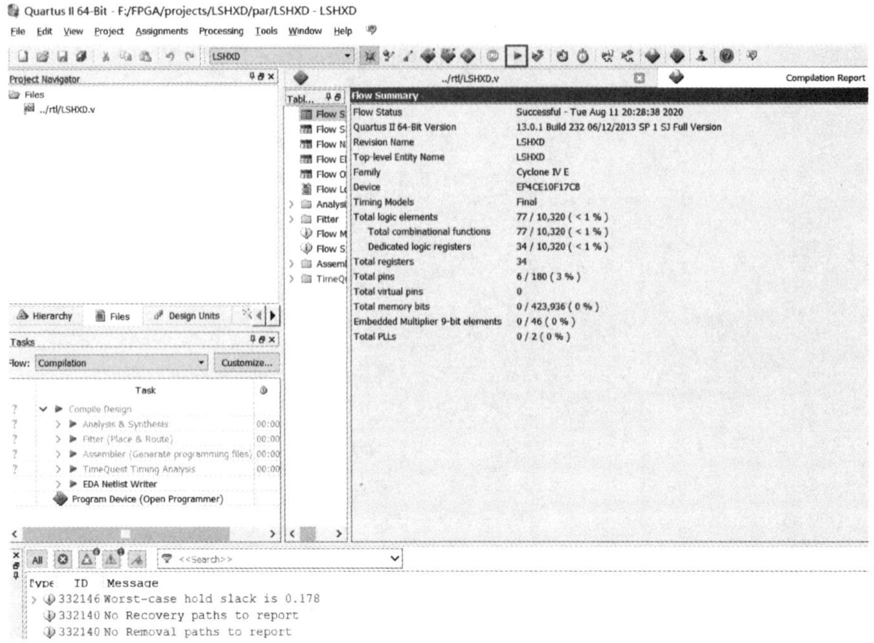

图 2.39　全编译操作界面

编译完成后将出现如图 2.40 所示的窗口，窗口左侧编译流程全部显示打钩，说明工程编译通过，右侧 Flow Summary 显示 FPGA 资源使用的情况。

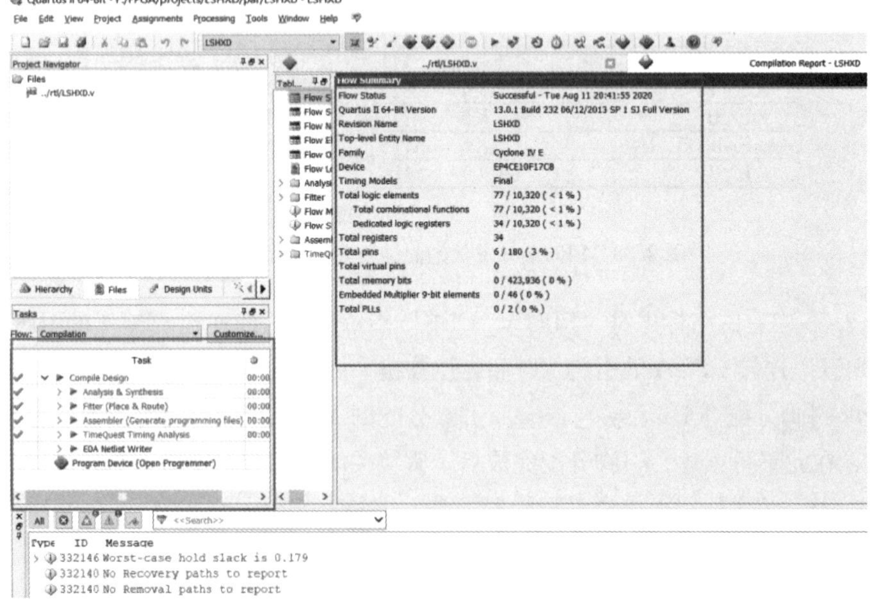

图 2.40　全编译完成界面

2.3.8　下载程序

编译完成后就可向开发板下载程序，验证设计程序能否正常运行。首先将 USB Blaster 下载器一端连接电脑，另一端与开发板上的 JTAG 接口相连接；然后连接开发板电源线，并打开电源开关。在如图 2.41 所示的工具栏上找到【Programmer】按钮，或者选择菜单栏【Tools】→【Programmer】，将弹出如图 2.42 所示的 FPGA 程序下载窗口。

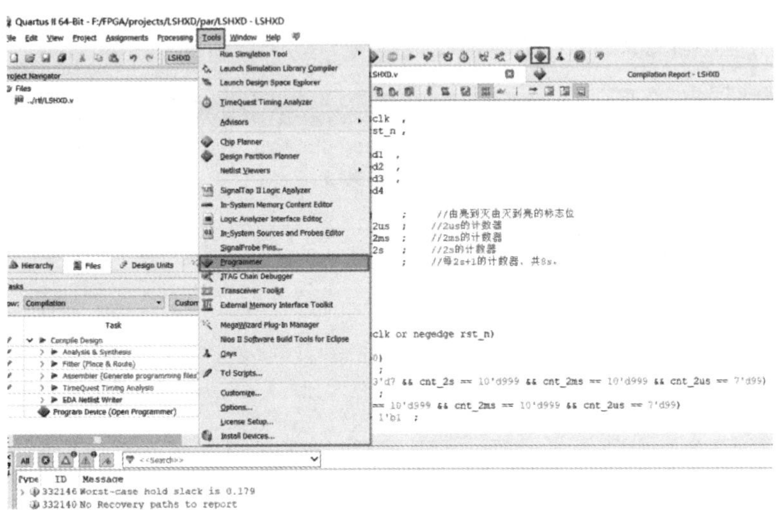

图 2.41　**程序下载操作**

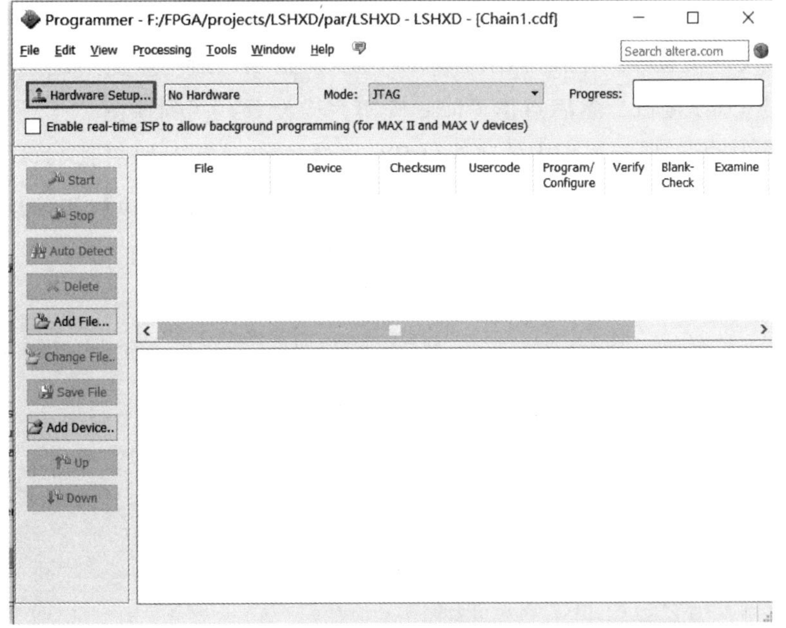

图 2.42　FPGA **程序下载界面**

点击图 2.42 所示界面中的【Hardware Setup...】按钮，选择“USB-Blaster”，将出现如图 2.43 所示的编程硬件设置界面。

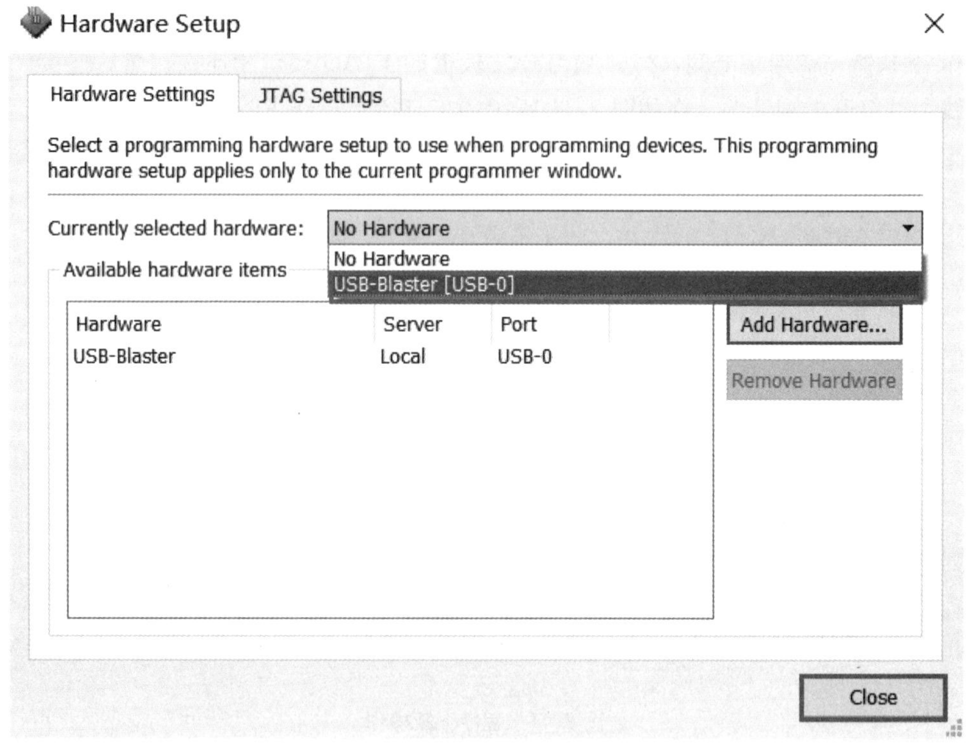

图 2.43　编程硬件设置界面

若在编程硬件设置界面中没有出现 USB-Blaster 选项，请检查是不是 USB-Blaster 没有插入电脑的 USB 接口。然后点击 Close 按钮完成设置，回到如图 2.42 所示的下载窗口，点击如图 2.44(a)所示界面中的【Add File...】按钮，并在如图 2.44(b)所示的路径中找到“output_files”下面的“LSHXD.sof”文件，点击【Open】，添加用于下载 sof 类型的程序文件。

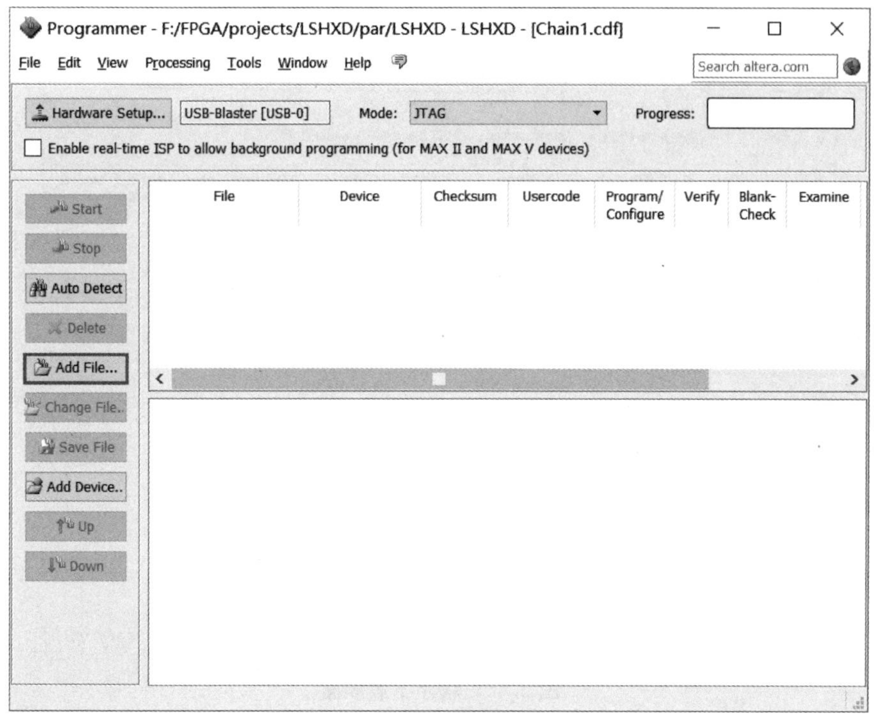

(a)程序下载界面

(b)选择 sof 类型文件

图 2.44　程序下载相关界面

在 sof 文件添加成功后，在如图 2.45 所示的窗口中就可以实现 FPGA 的编程了。接下来我们点击【Start】按钮下载程序。

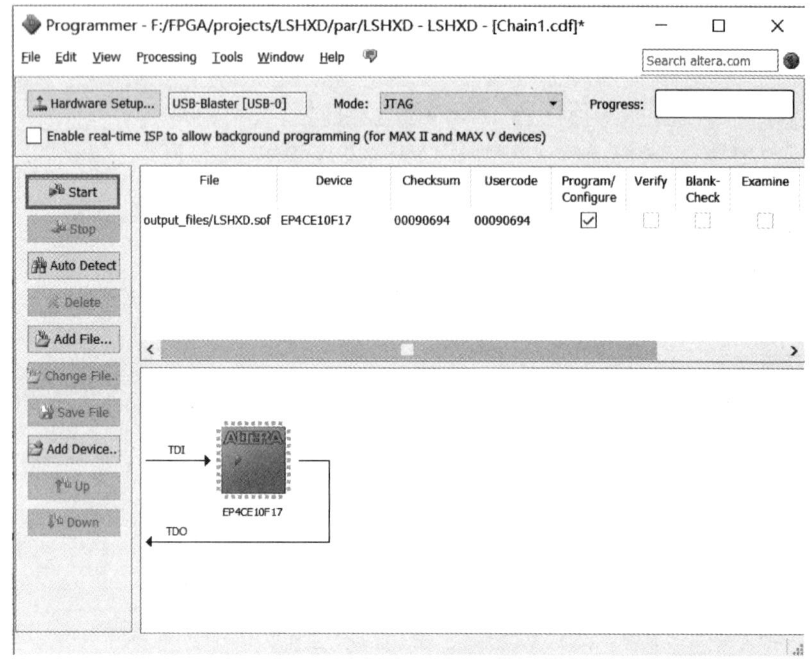

图 2.45 程序下载界面

下载程序时可以在 Process 状态栏中观察下载进度，程序下载完成后，可以看到下载进度为 100%，如图 2.46 所示。

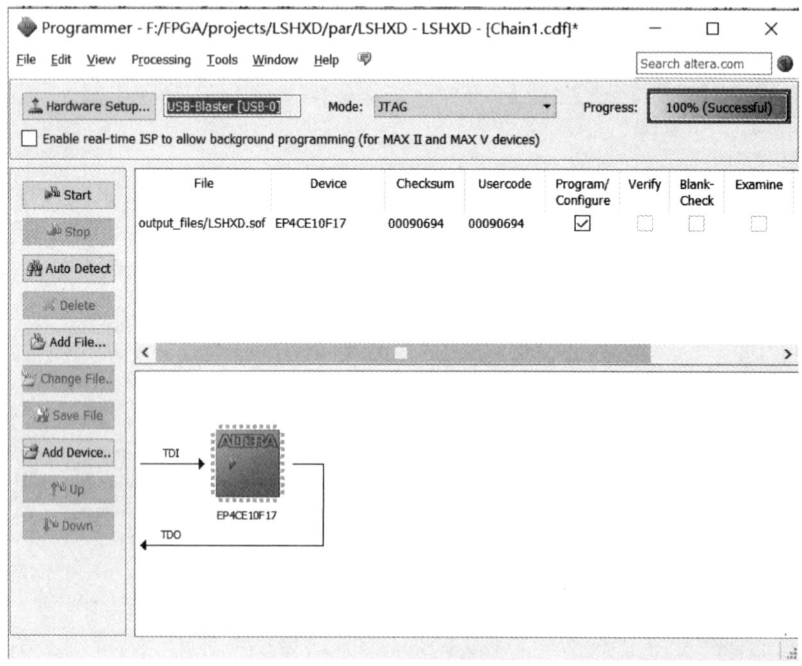

图 2.46 程序下载完成界面

2.3.9　固化程序

上述下载的程序是 .sof 文件格式，开发板断电后程序将会丢失。如果想要使程序在断电后不丢失，则必须将程序保存在开发板的片外 Flash 中。Flash 的引脚和 FPGA 固定的引脚相连接，FPGA 会在上电后自动读取 Flash 中存储的程序。需要提前在 Quartus II 软件中将 .sof 文件转换成 jic 文件，再通过 JTAG 将 .jic 文件下载到 Flash 芯片中。在如图 2.47(a)所示的 Quartus II 软件的菜单栏中，单击【File】→【Convert Programming Files...】选项，弹出如图 2.47(b)所示的编程文件转换窗口。

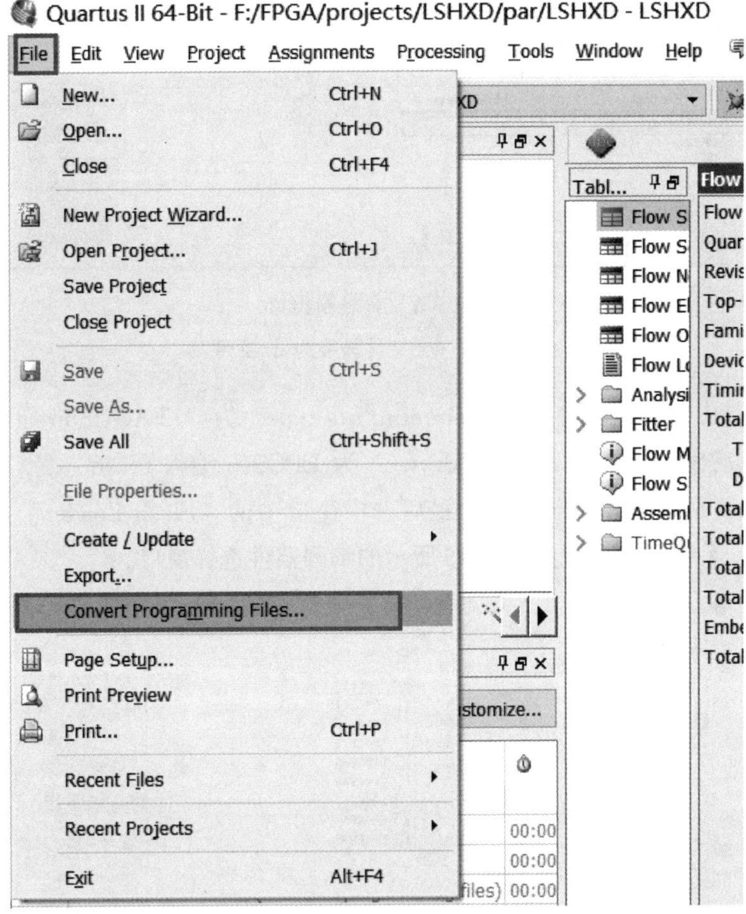

(a)Quartus II 软件界面

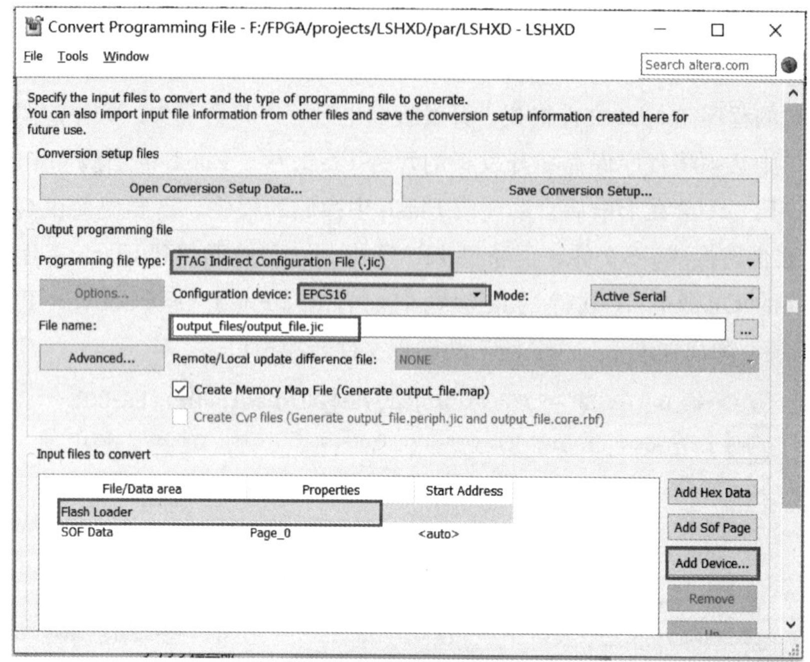

(b)编程文件转换窗口

图 2.47　sof 文件转换为 jic 文件

在转换窗口中，首先修改“programming file type”为“JTAG Indirect Configuration File(.jic)”，然后修改“Configuration device”为 EPCS16 编程 Flash 芯片(开拓者开发板 Flash 型号 M25P16，兼容 EPCS16)，最后选中窗口中的“Flash Loader”并点击右边的【Add Device...】按钮，出现如图 2.48 所示的编程器件选择窗口。

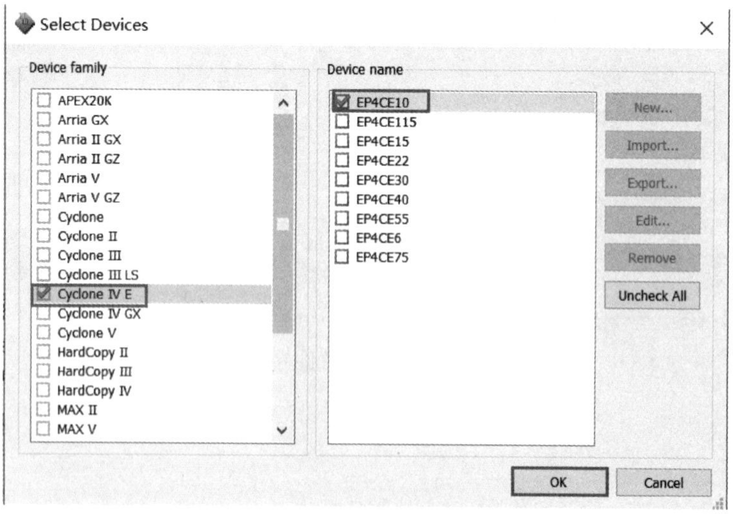

图 2.48　编程器件选择窗口

选择开发板 FPGA 芯片器件(开拓者开发板为 Cyclone IV E EP4CE10)，点击【OK】按钮。然后选中“SOF Data”，点击如图 2.49 所示窗口中的按钮【Add File...】，弹出 sof 文件路径指定窗口。

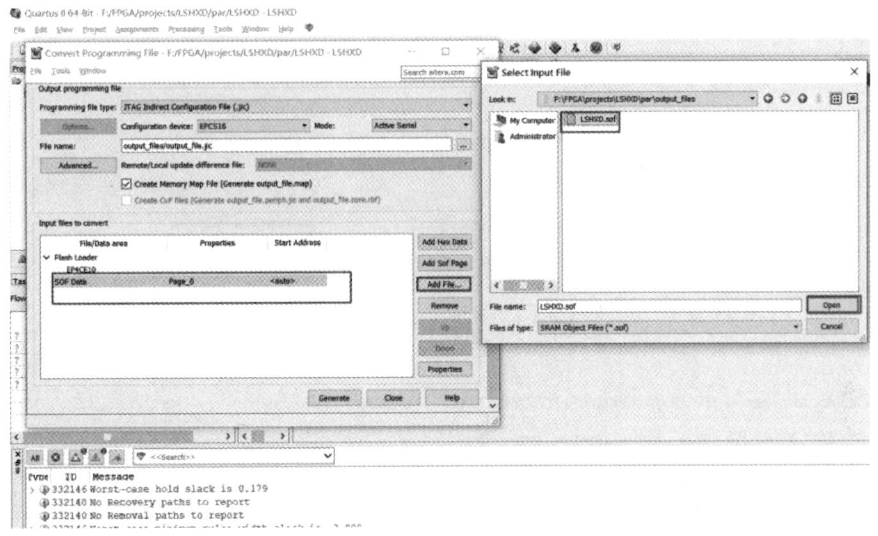

图 2.49 添加 sof 文件窗口

在 sof 路径指定窗口中找到“output _ files”下面的“LSHXD. sof”文件，点击【Open】即可。完成所有设置后，界面如图 2.50 所示。

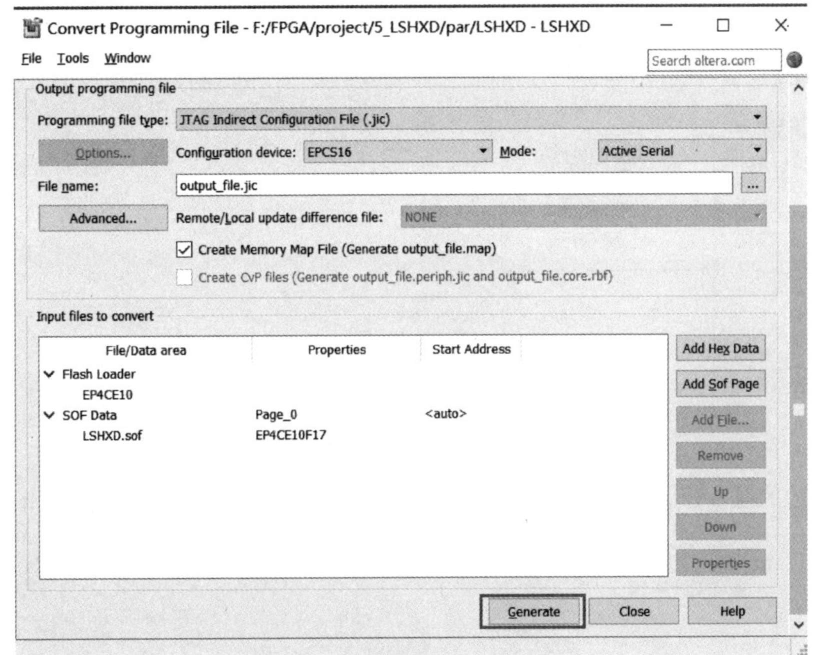

图 2.50 转换设置完成后的窗口

完成所有设置后，点击【Generate】按钮出现如图 2.51 所示的文件转换成功对话框。点击【OK】按钮后，.jic 文件就已经生成，关闭“Convert Programming File”界面。单击菜单栏【Tools】下的【Programmer】，选中 .sof 文件，点击左侧按钮【Delete】删去之前添加的 sof 文件，如图 2.52 所示。

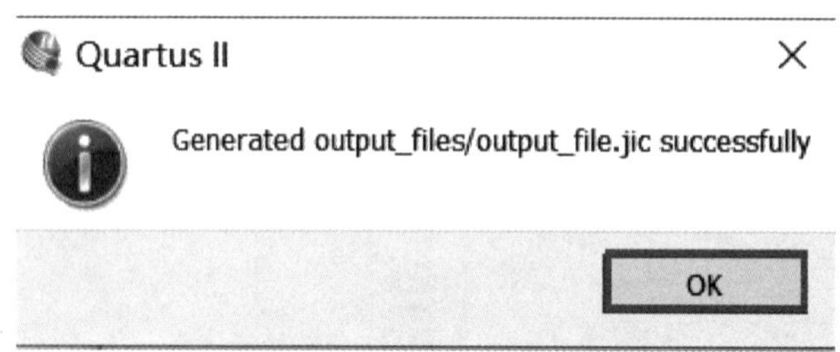

图 2.51　转换成功对话框

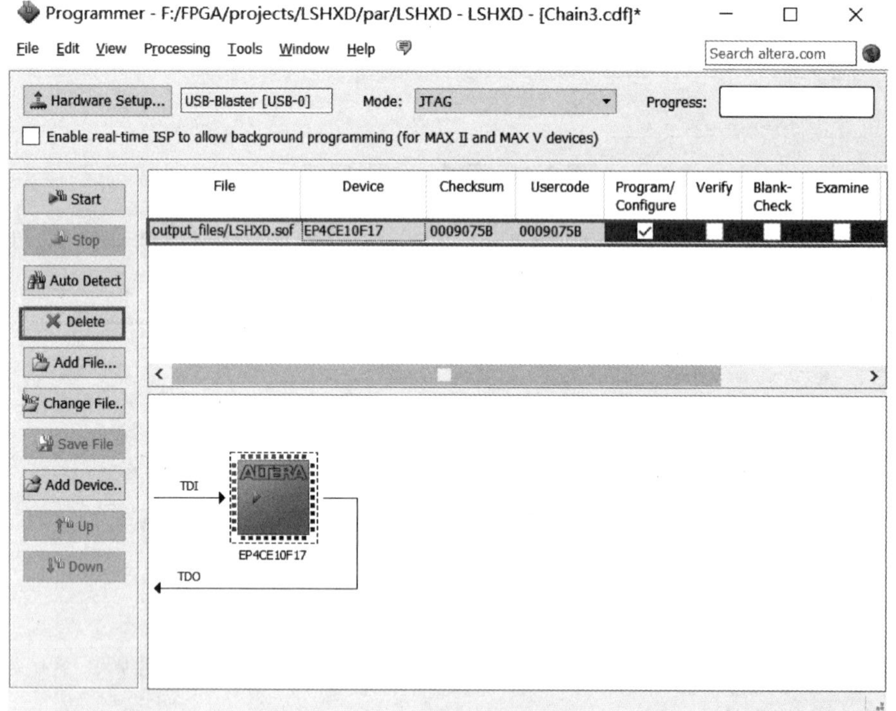

图 2.52　删除 sof 文件界面

点击左边的【Add File...】找到“output _ files”文件下的“output _ file.jic”，如图 2.53 所示。

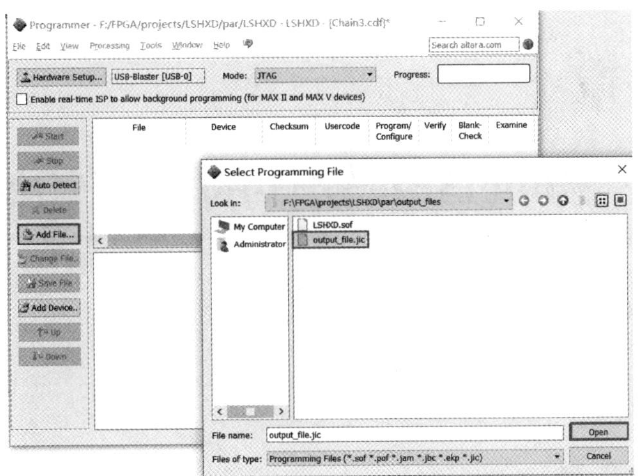

图 2.53　**选择 .jic 文件窗口**

添加完成后发现【Start】不能点击，需要在【Program/Configure】方框下面点击打勾，如图 2.54 所示。点击【Start】，开始固化程序，当下载进度为 100%，即表示固化成功。关闭开发板电源，然后再一次打开开发板电源，LED 板再次呈现出流水呼吸灯的效果。

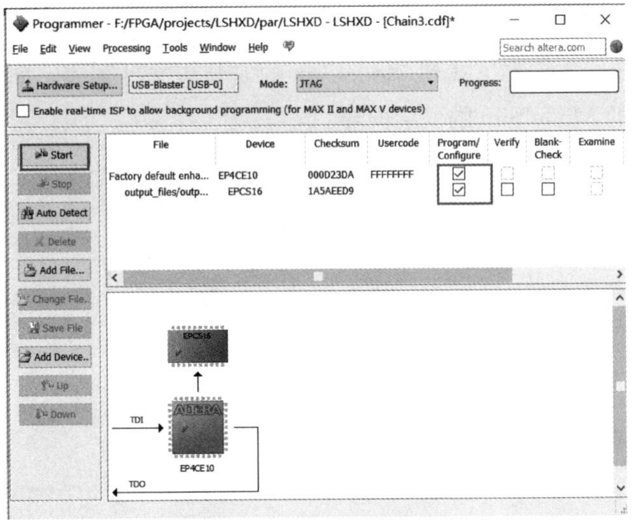

图 2.54　**程序下载界面**

本章习题

1. 下载 Quartus II 13.0 软件，并参考书中的程序熟悉基于 Quartus II 软件的 FPGA 开发流程。

2. 读懂双向流水呼吸灯程序，按书中流程，完成从程序输入到程序下装的全部流程。

3. FPGA 程序的下装方式有哪些？分别要用到哪些配置文件？尝试完成 FPGA 编程固化文件的转换。

第3章 ModelSim软件的安装和使用

3.1 ModelSim的安装

ModelSim有几种常见的版本，包括SE(System Edition)、PE(Personal Edition)、OEM(Original Equipment Manufacture)，其中SE是最高级版本，而集成在Altera、Xilinx以及Lattice等FPGA厂商设计工具中的ModelSim均是OEM版本。本章介绍功能最完善的ModelSim SE版本的安装与使用。

首先在ModelSim文件夹下找到ModelSim的安装包文件列表，如图3.1所示。然后进入如图3.2所示的ModelSim的安装向导。

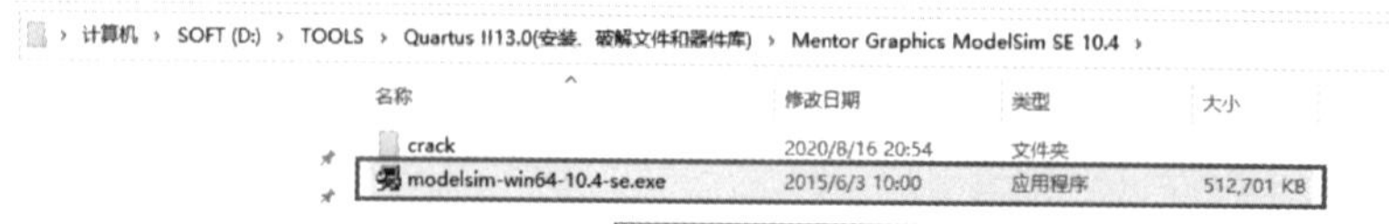

图3.1 ModelSim安装包文件列表

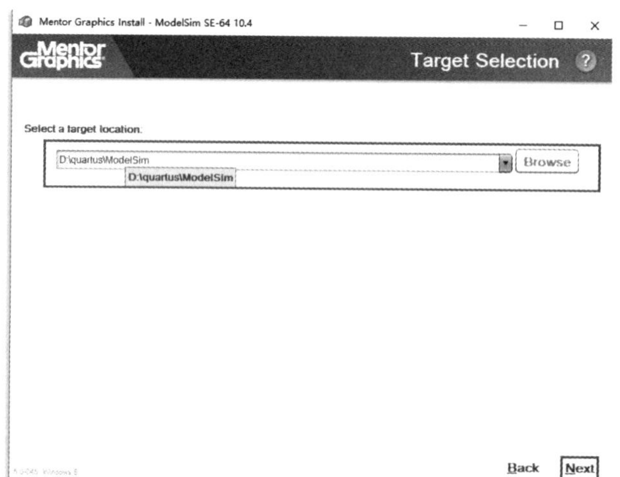

图3.2 ModelSim安装向导界面

这里在图 3.2 所示界面中设置安装路径为 D 盘，读者可根据电脑使用情况设置自己的安装路径，然后点击【Next】进入图 3.3 所示的安装协议窗口。

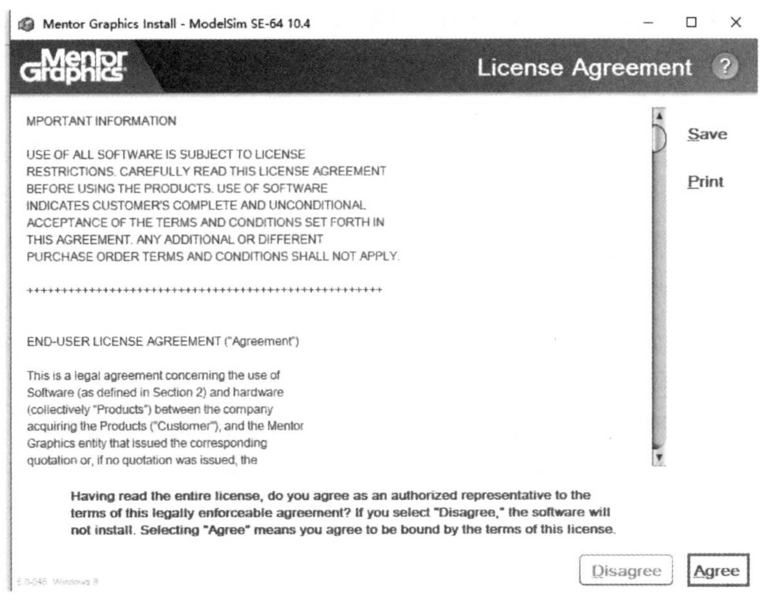

图 3.3　安装协议窗口

选择【Agree】，进入图 3.4 所示的自动安装过程窗口。

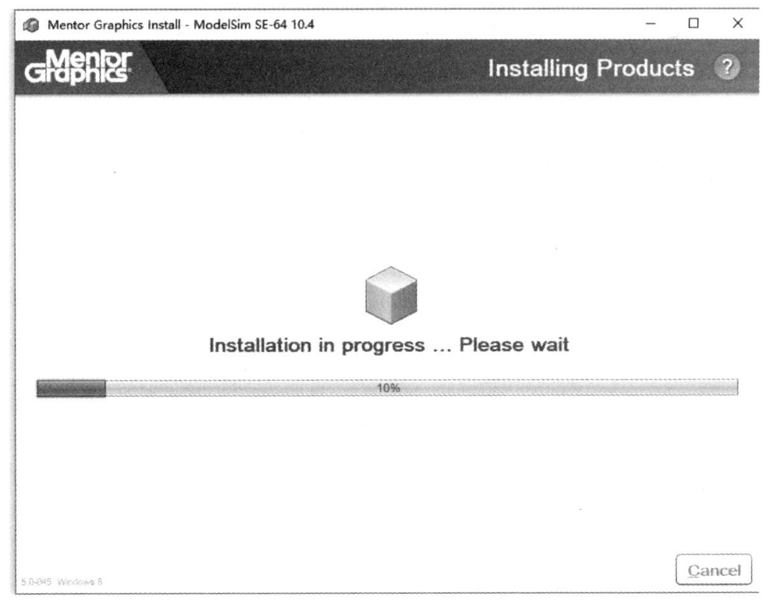

图 3.4　自动安装过程窗口

在安装过程中会出现两次信息提示对话框，第一次出现如图 3.5 所示的提示是否在桌面创建快捷方式对话框，点击【Yes】会创建桌面快捷方式，点击【No】则不创建桌面快捷方式。

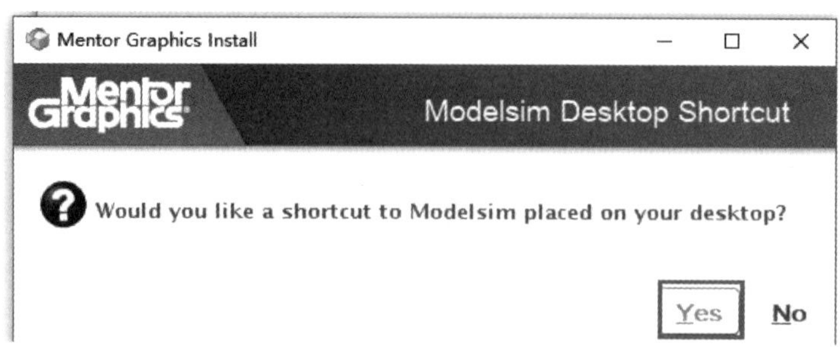

图 3.5　桌面快捷方式创建提示

第二次会出现如图 3.6 所示的是否将 ModelSim 可执行文件放入 Path 变量提示对话框，选择【No】时可以从 DOS 提示符执行 ModelSim，选择【Yes】则添加 Path 变量。

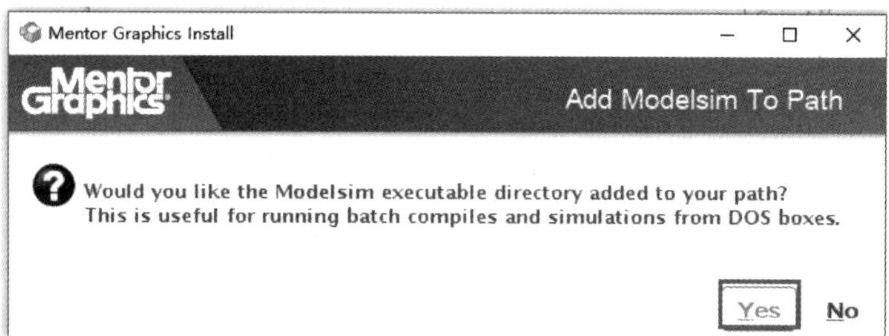

图 3.6　添加 ModelSim 到 Path 变量

安装完成后将出现如图 3.7 所示的授权安装窗口，选择【Yes】将会为 ModelSim-64 使用 HW 安全 Key 安装一个软件驱动，这里选择【No】即可。

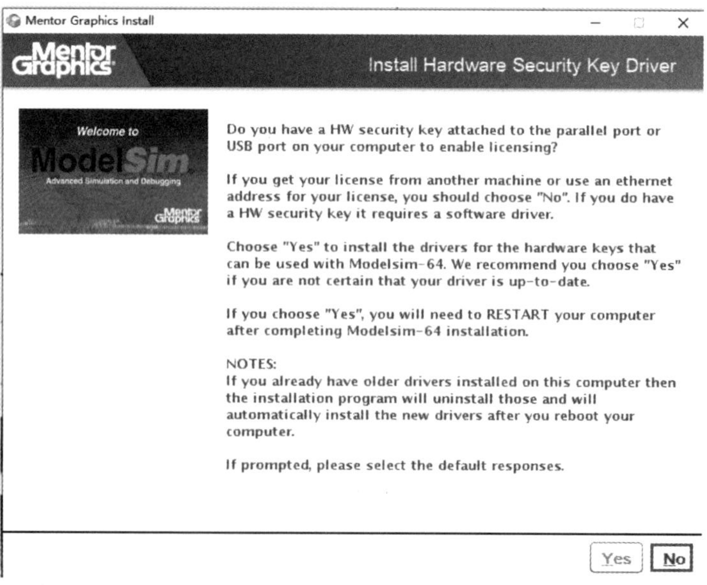

图 3.7　安装硬件安全 Key 驱动选择窗口

选择不安装硬件 Key 后，弹出如图 3.8 所示的安装完成信息对话框，点击【Done】完成 ModelSim 软件的安装。

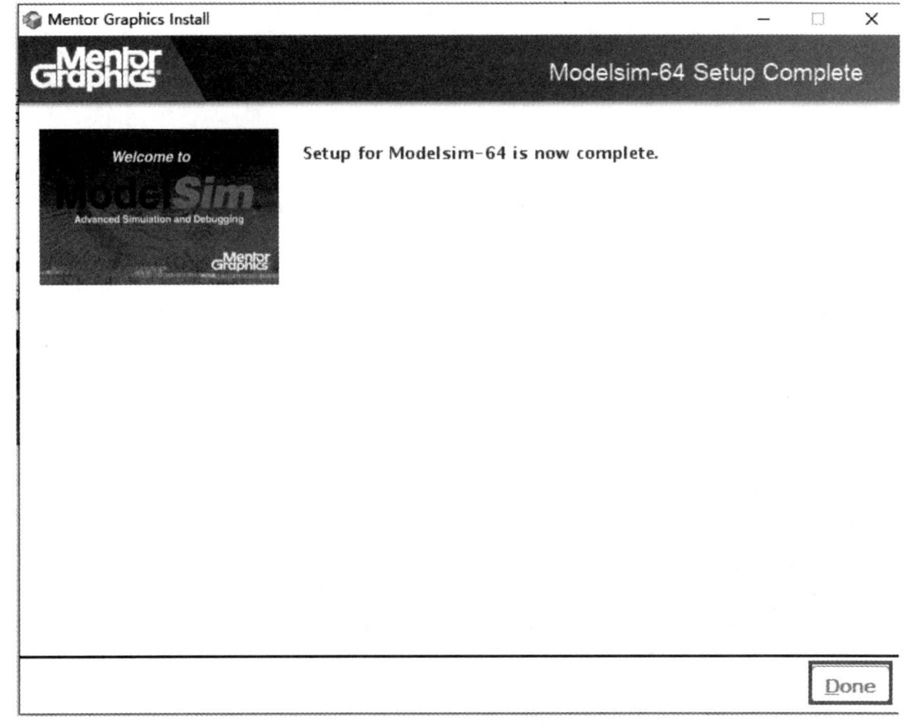

图 3.8　安装完成信息对话框

ModelSim 的授权没有正确安装时，打开 ModelSim 将出现如图 3.9 所示的出错对话框。故使用 ModelSim 前请参考说明资料正确安装授权文件。

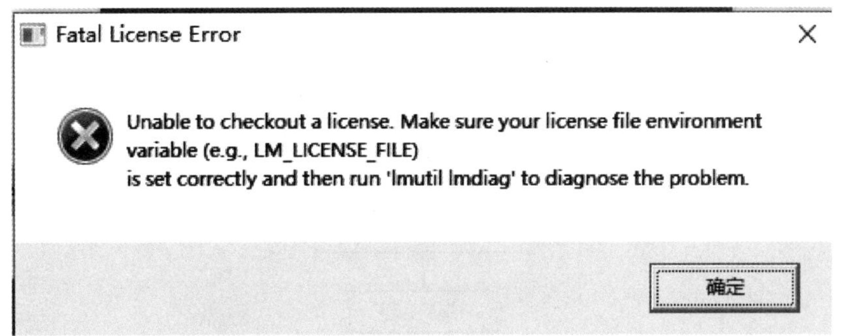

图 3.9　授权未正确安装时显示的错误信息

3.2　ModelSim 的使用

本节主要介绍 ModelSim 的使用，首先熟悉一下典型的 FPGA 设计流程，如图 3.10

所示。

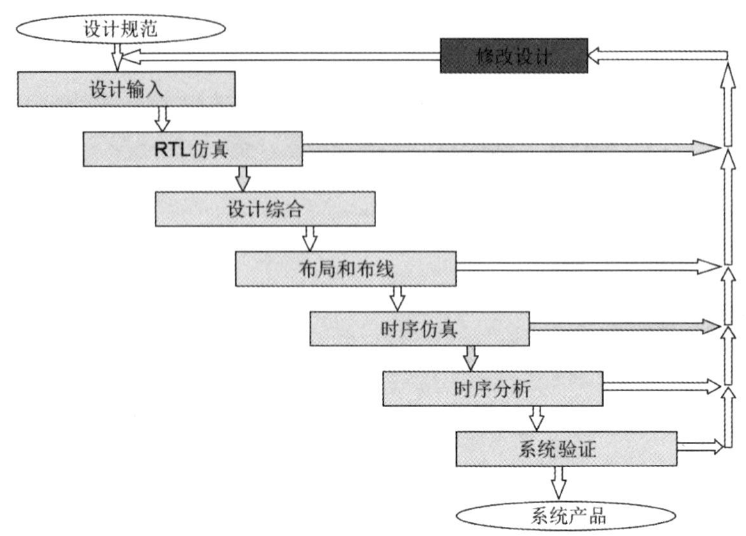

图 3.10　FPGA 的设计流程

按照 FPGA 的设计流程，在完成源程序文件后和设计综合前，需进行 RTL 级仿真，也称为前仿真或功能仿真。前仿真直接对代码进行仿真，检测源代码是否符合功能要求。其主要验证电路的功能是否符合设计要求，并不考虑电路门延迟与线延迟。而在布局布线后进行的仿真称为后仿真或时序仿真。时序仿真可以较真实地反映设计时延与功能，综合考虑布线路径与门延迟的影响，验证电路能否在一定时序条件下满足设计构想，检测时序是否违规。

ModelSim 的使用主要有手动仿真和联合仿真两种方法。手动仿真是直接使用 ModelSim 软件进行仿真；联合仿真是通过其他的 EDA 工具，如 Quartus II 调用 ModelSim 进行仿真。不管使用哪种方法，都遵循如图 3.11 所示的 5 个步骤。

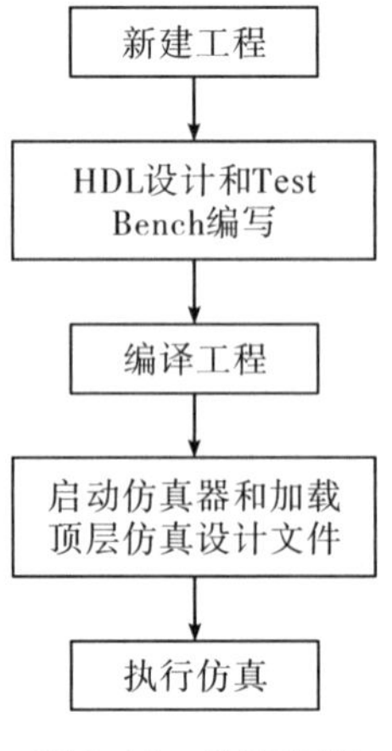

图 3.11　仿真步骤

功能仿真需要的文件包括 HDL 设计源代码(VHDL 语言或 Verilog 语言)，TestBench 测试激励代码，以及器件供应商提供的模块仿真模型/库，如 FIFO、ADD _ SUB 等。执行功能仿真后，ModelSim 根据设计文件和仿真文件生成波形图，设计者观察仿真结果波形，判断设计程序功能是否满足设计要求。前仿真完成后，根据需要进行后仿真，后仿真需要添加仿真库、网表、延时文件等。

3.2.1　手动仿真

本节通过对 LED 流水呼吸灯 Verilog HDL 设计的 ModelSim 手动仿真的详细介绍，演示仿真过程的每个步骤，让读者对 ModelSim 的基本使用流程有个大致的了解。

3.2.1.1　建立 ModelSim 工程

在上述 LED 流水呼吸灯设计目录中“sim”文件夹下新建文件夹“tb”，双击桌面 ModelSim 图标，启动 ModelSim 软件。在 ModelSim 主界面中选择 File→Change Directory，弹出如图 3.12 所示的对话框，更改仿真项目的路径，这里选择路径为新建的 tb 文件夹。

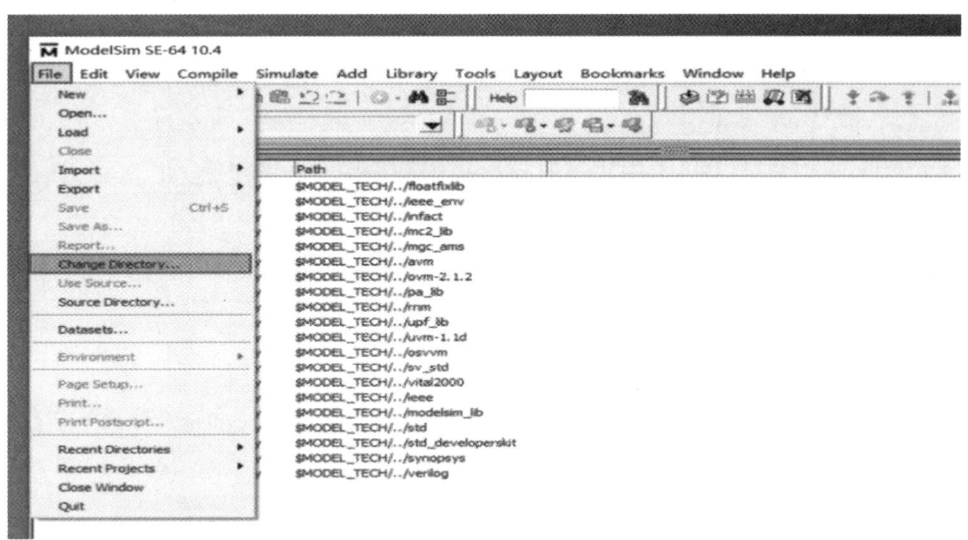

图 3.12　更改仿真路径对话框

在 ModelSim 中新建 Project，在如图 3.13 所示的窗口中选择 File→New→Project，弹出如图 3.14 所示的对话框。

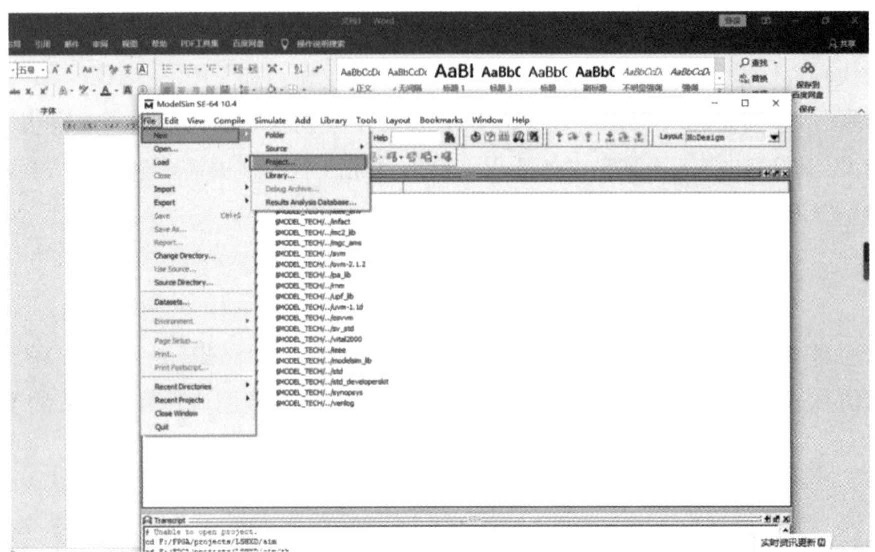

图 3.13　创建工程窗口

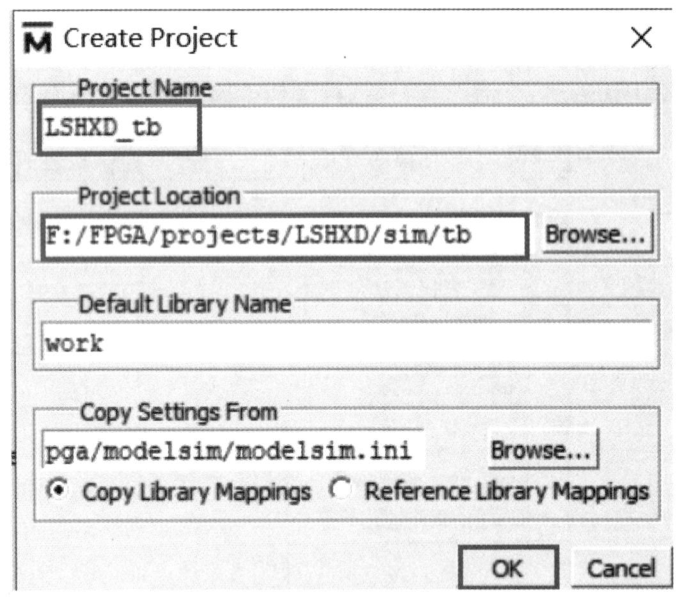

图 3.14　编辑工程名和路径对话框

在“Project Name”栏中填写工程名，工程命名为“LSHXD _ tb”，即在流水呼吸灯模块名“LSHXD”后面添加“ _ tb”。“Project Location”是工程路径，可以根据需要设置不同的路径。根据上述设置的项目路径，这里保持默认即可。下面两个文本框用于设置仿真库名称和路径，这里使用默认设置即可。

3.2.1.2　添加仿真文件

根据图 3.14 的提示，设置工程名与工程位置后，点击【OK】按钮，弹出如图 3.15 所示的添加和创建工程文件窗口。

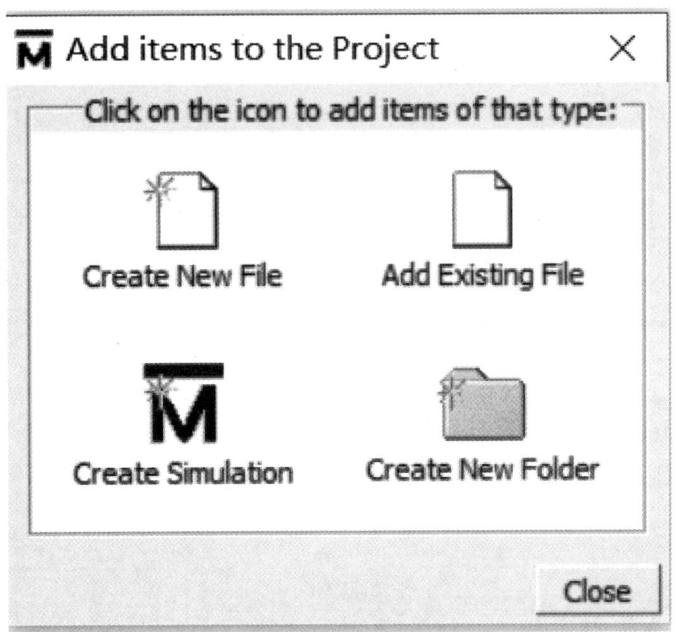

图 3.15　添加和创建工程文件窗口

在图 3.15 所示的窗口中共有 4 种添加文件到仿真项目的方式，即 Create New File(创建新文件)、Add Existing File(添加已有文件)、Create Simulation(创建仿真)和 Create New Folder(创建新文件夹)。

这里选择“Add Existing File”(添加已有文件)的方式给仿真项目加入 Verilog HDL 文件。在如图 3.16 所示的对话框中，点击【Browse】按钮选择“LSHXD.v”文件，其他选项保持默认设置，然后点击【OK】按钮。

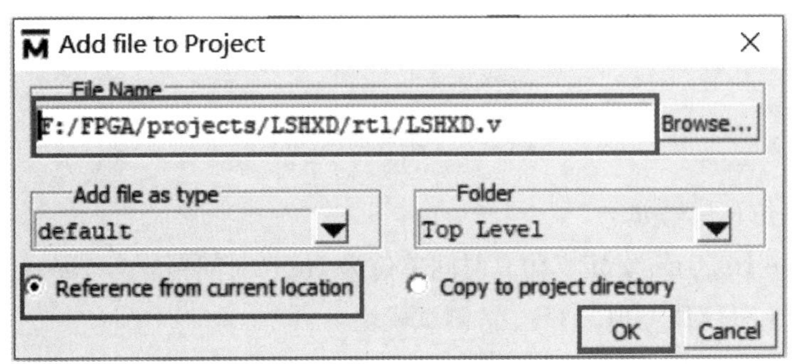

图 3.16　添加工程文件

3.2.1.3 建立 Test Bench 仿真文件

选择“Create New File”创建新文件，如图 3.17 所示。在“File Name”栏中输入与工程名一致的文件名“LSHXD _ tb”。 “Add file as type”栏中选择文件类型为“Verilog”，然后点击【OK】按钮。

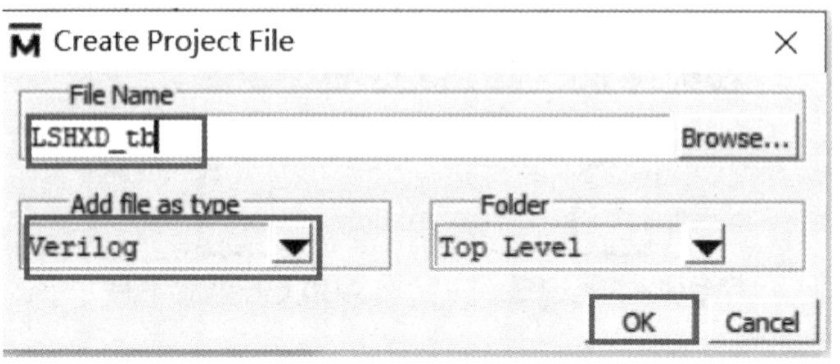

图 3.17 创建工程文件

关闭【Add items to the Project】对话框，两个文件“LSHXD. v”和“LSHXD _ tb. v”已添加到 ModelSim 仿真工程中，结果如图 3.18 所示。

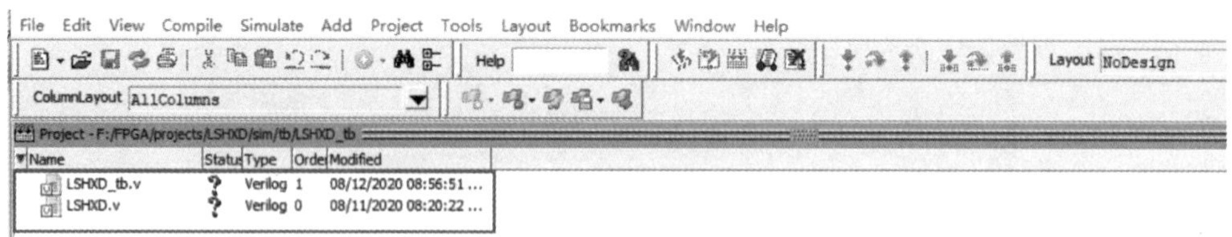

图 3.18 添加工程文件至仿真项目

双击“LSHXD _ tb. v”文件，弹出如图 3.19 所示的窗口，在该窗口完成 Test Bench 代码编辑。

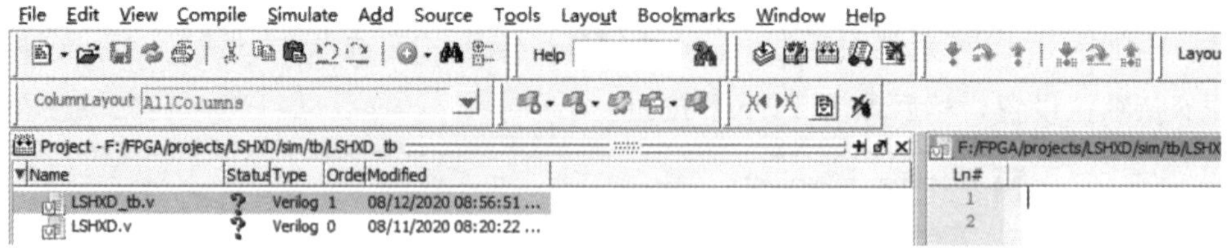

图 3.19 编写测试代码

Test Bench 仿真代码如下。

```
`timescale 1ns/1ns // 定义仿真时间单位为 1ns，时间精度为 1ns
module LSHXD _ tb( );    // 测试模块
//parameter define
parameter T = 20; // 时钟周期为 20ns
```

```
//reg define
reg  sys_clk;          //时钟信号
reg  sys_rst_n;        // 复位信号
//wire define
wire[3:0] led;
//*****************************************************
//** main code
//*****************************************************
//输入信号赋予初值
initial
begin
sys_clk = 1'b0;
sys_rst_n = 1'b0; //复位
#(T+1) sys_rst_n  = 1'b1; //在第 21ns 时，复位信号被拉高
end
//50MHz 的时钟，周期为 1/50MHz=20ns，因此每 10ns 电平取反一次
always #(T/2) sys_clk = ~sys_clk;
//例化 LSHXD 模块
LSHXD u0_LSHXD(
sys_clk(sys_clk),
sys_rst_n(sys_rst_n),
led(led)
);
endmodule
```

编辑完成后，单击如图 3.20 所示窗口中的保存按钮，保存测试代码。

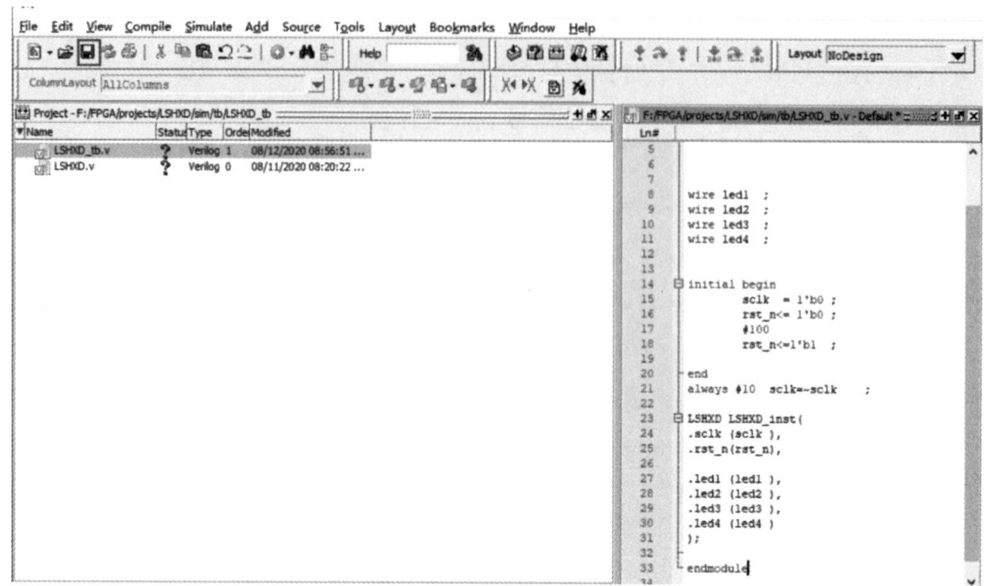

图 3.20 保存测试代码

3.2.1.4 编译仿真文件

在 Quartus II 软件中实现的功能是 LED 流水呼吸灯效果，时间间隔是 200ms，要仿真这个功能，仿真软件运行时间最低为 200ms。因为仿真时间单位是 1ns，所以 200ms 的仿真时间很长，为了便于仿真，需要修改“LSHXD. v”文件的代码，将计数器 counter 的计数值设为 10，如图 3.21 所示，箭头处为修改的位置，仿真结束后再把计数值改为原来的值。

```
//计数器对系统时钟计数，计时0.2秒
always @(posedge sys_clk or negedge sys_rst_n) begin
    if (!sys_rst_n)
        counter <= 24'd0;
    else if (counter < 24'd10)
        counter <= counter + 1'b1;
    else
        counter <= 24'd0;
end

//通过移位寄存器控制IO口的高低电平，从而改变LED的显示状态
always @(posedge sys_clk or negedge sys_rst_n) begin
    if (!sys_rst_n)
        led <= 4'b0001;
    else if(counter == 24'd10)
        led[3:0] <= {led[2:0],led[3]};
    else
        led <= led;
end
```

图 3.21 修改计数器的计数值

仿真文件的编译方式有“Compile Selected”(选择编译)和“Compile All”(全部编译)两种。选择编译功能需要先选中一个或几个文件，执行该命令可以完成对选中文件的编译。全部编译功能不需要选中文件，该命令是按编译顺序对工程中的所有文件进行编译。在如图 3.22 所示的菜单栏【Compile】中找到这两个命令，也可以在快捷工具栏或者在工作区中单击右键弹出的菜单中找到这两个命令。这里单击 Compile All(全部编译)。

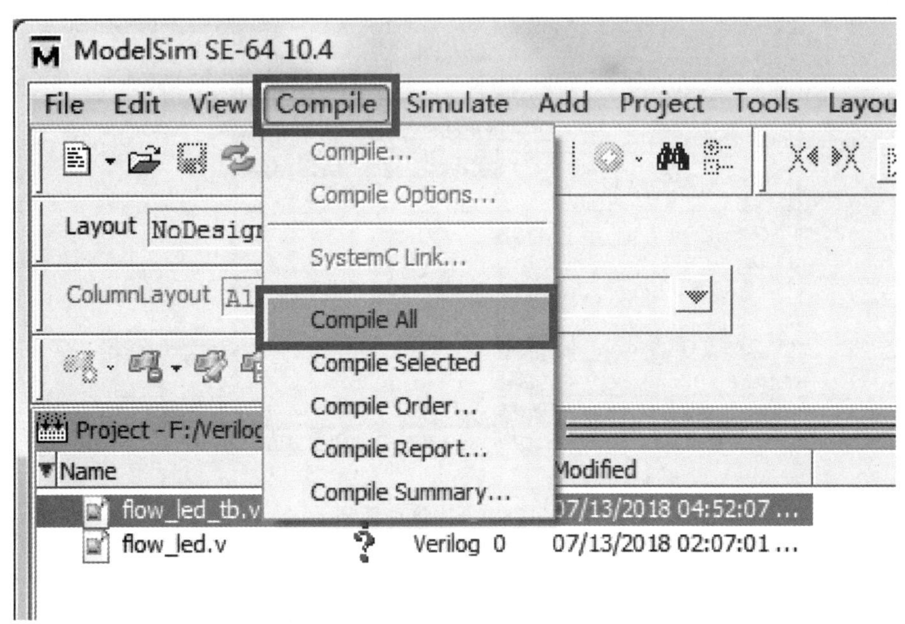

图 3.22　编译工程

编译完成后，结果如图 3.23 所示。文件编译后，“Status”栏可能会有三种不同的状态。用“√”表示编译通过状态，用红色的“×”表示编译错误状态，用黄色的三角符号表示包含警告的编译通过状态。

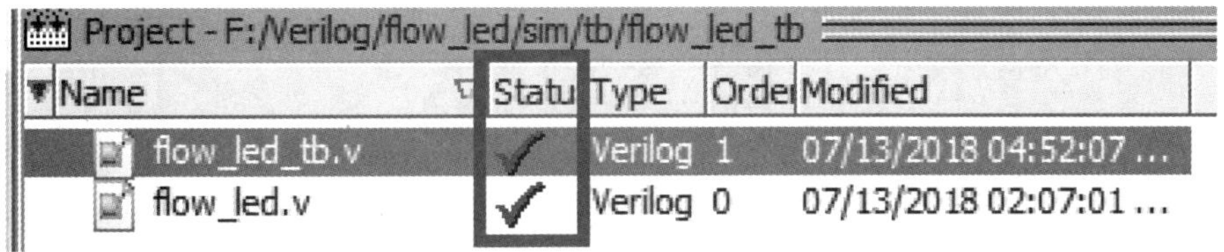

图 3.23　编译完成

编译错误即 ModelSim 无法完成文件的编译工作，被编译文件中包含明显的语法错误，ModelSim 会识别出这些语法错误并提示，开发者可根据 ModelSim 的提示信息进行修改。编译警告是一种比较特殊的状态，被编译的文件虽没有明显的语法错误，但可能包含一些影响最终输出结果的因素，这类信息一般在功能仿真的时候不会带来明显的影响，但是可能会在后续的综合和时序仿真中造成无法估计的错误，因此出现这种状态时建议读者也要根据警告信息修改代码，以确保后续流程的稳定。

3.2.1.5 配置仿真环境

编译完成后即可配置仿真环境，在如图 3.24 所示的 ModelSim 菜单栏中找到【Simulate】→【Start Simulation...】菜单，并点击该菜单，弹出如图 3.25 所示的窗口。

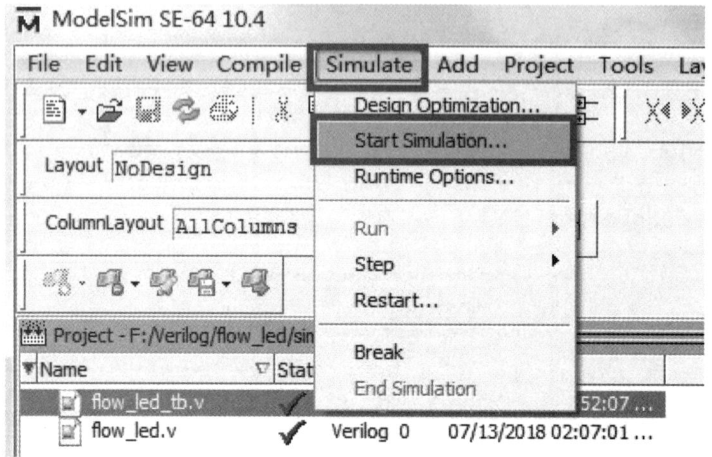

图 3.24 开始仿真菜单

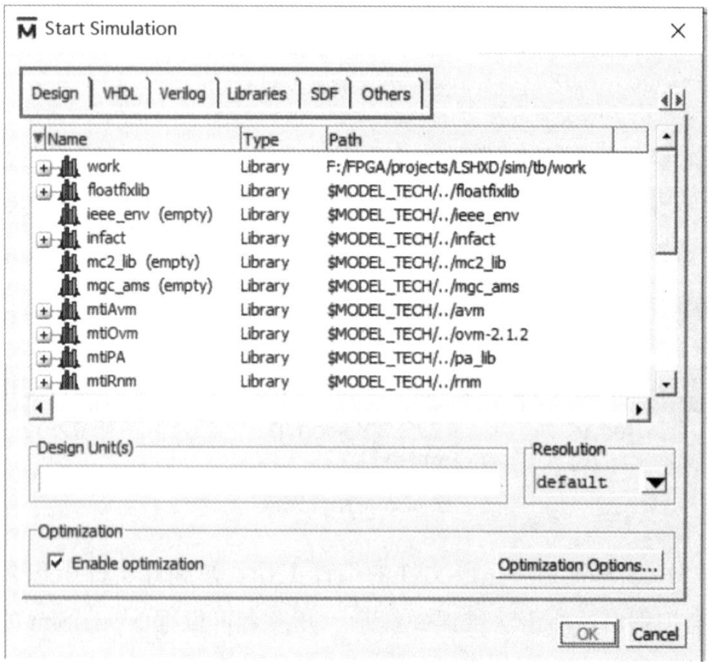

图 3.25 开始仿真配置选项

在如图 3.25 所示的仿真功能配置页面中包含了 Design、VHDL、Verilog、Libraries、

SDF 和 Others 六个标签。这六个标签中最常用的是 Design、Libraries 和 SDF 这三个标签，本节对这三个常用标签进行详细介绍。

Design 标签对应下拉框居中的部分是 ModelSim 中当前包含的全部库，展开可看到库中包含的设计单元，这些库和单元是为仿真服务的。使用者根据需要选择仿真设计单元并进行仿真，被选中的仿真单元名字就会出现在下方的 Design Unit(s)位置。ModelSim 支持对多个文件同时仿真，使用 Ctrl 和 Shift 键来选择多个文件，被选中的文件名均会出现在 Design Unit(s)区域。在 Design Unit(s)区域的右侧是 Resolution 选项，该选项用于设置仿真时间精度。ModelSim 进行仿真时，有一个最小的时间单位(如 1ns)，仿真器在工作时以 1ns 为单位进行仿真，对小于 1ns 发生的信号变化不予考虑或不予显示，仿真最小时间单位也是仿真时间精度。Resolution 选项一般设置为默认状态，ModelSim 根据仿真设计文件中指定的最小时间刻度来进行仿真，如果设计文件中没有指定，则按 1ns 来进行仿真。最下方是 Optimization 区域，可以在仿真开始的时候使能优化。

如图 3.26 所示为 Libraries 标签。该标签中有 Search Libraries 和 Search Libraries First 两种方式用于设置搜索库。两种搜索方式的功能基本一致，唯一不同的是 Search Libraries First 会在指定用户库之前进行搜索。

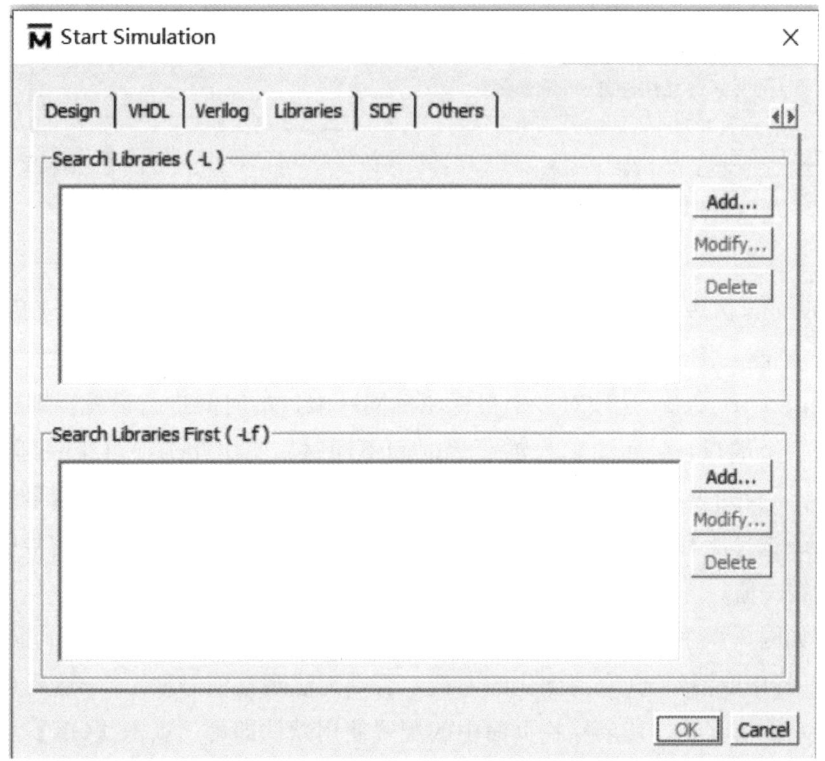

图 3.26　Libraries 标签选项

图 3.27 所示为 SDF 标签。SDF 是 Standard Delay Format(标准延迟格式)的缩写，内

部包含了各种延迟信息，也是用于时序仿真的重要文件。SDF Files 区域用来添加 SDF 文件，可以选择 Add 按钮进行添加，选择 Modify 按钮进行修改，选择 Delete 按钮删除添加的文件。

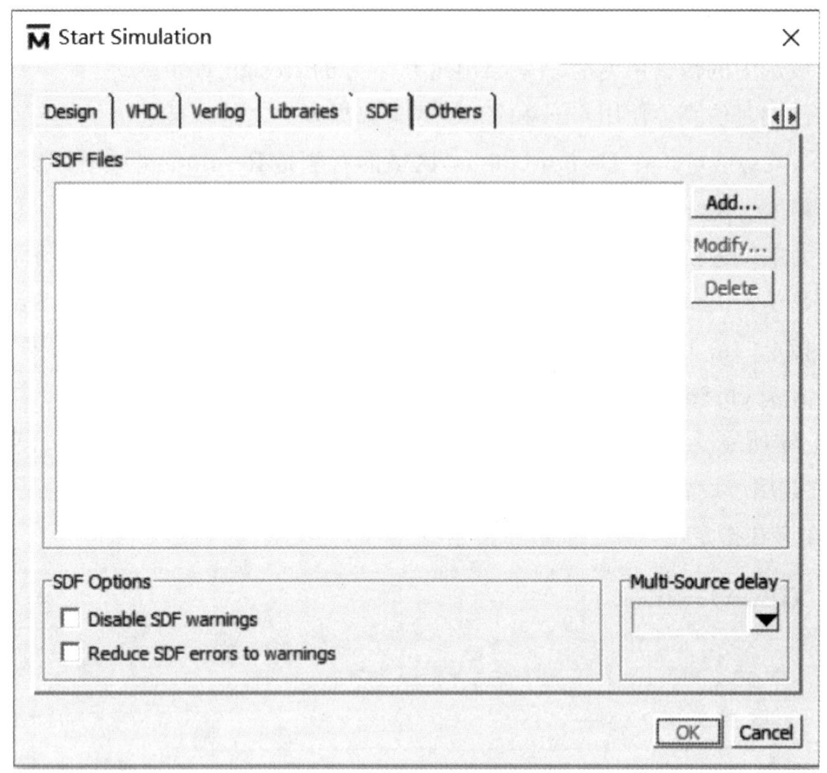

图 3.27 SDF 标签选项

SDF Options 区域设置 SDF 文件的 warning 和 error 信息。"Disable SDF warnings"是禁用 SDF 警告，"Reduce SDF errors to warnings" 是把所有的 SDF 错误信息变成警告信息。Multi-Source delay 选项对多个目标驱动同一端口的时间进行设置，即有多个信号同时驱动同一个端口，且每个信号的延迟时间不同时，使用此选项可统一延迟。Multi-Source delay 下拉列表中有 latest、min 和 max 三个选项，latest 选择最后信号的延迟作为统一值，max 选择所有信号中的最大延迟时间作为统一值，min 选择所有信号中的最小延迟时间作为统一值。

本例在如图 3.28 所示的 Design 标签窗口选择 work 库中的 LSHXD _ tb 模块，在 Optimization 一栏中取消勾选(取消优化的勾选，否则无法观察信号波形)，然后点击【OK】就可以进行功能仿真了，其余标签页面中的配置使用默认即可，点击【OK】后弹出如图 3.29 所示的仿真窗口。

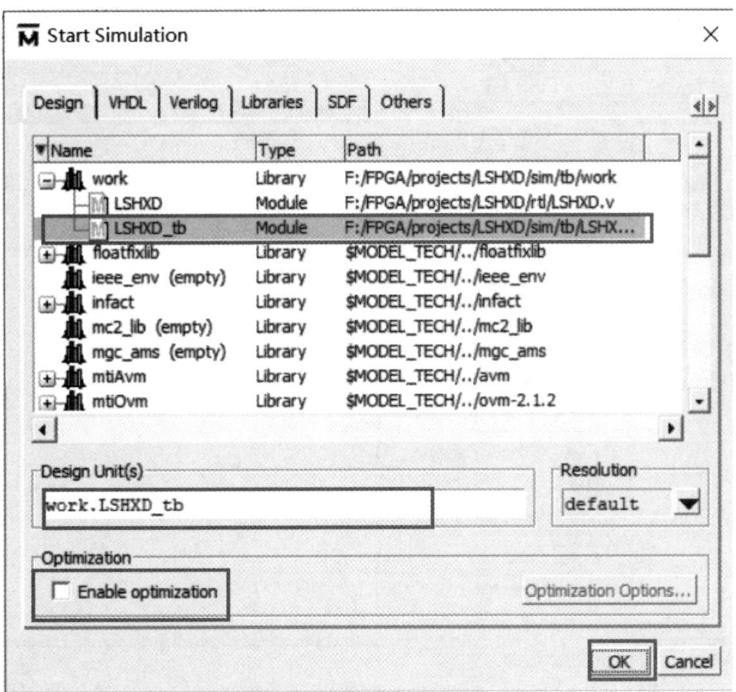

图 3.28　Design 窗口选项设置

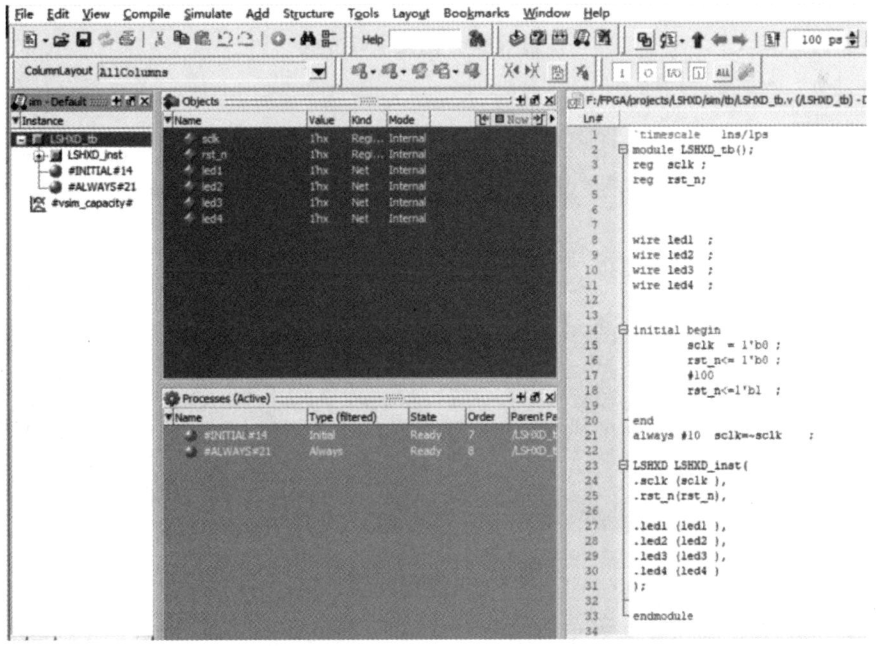

图 3.29　ModelSim 仿真窗口

在如图 3.30 所示的窗口中，鼠标右键单击“u0 _ LSHXD”，选择“Add Wave”选项添加信号波形，弹出如图 3.31 所示的仿真波形窗口。

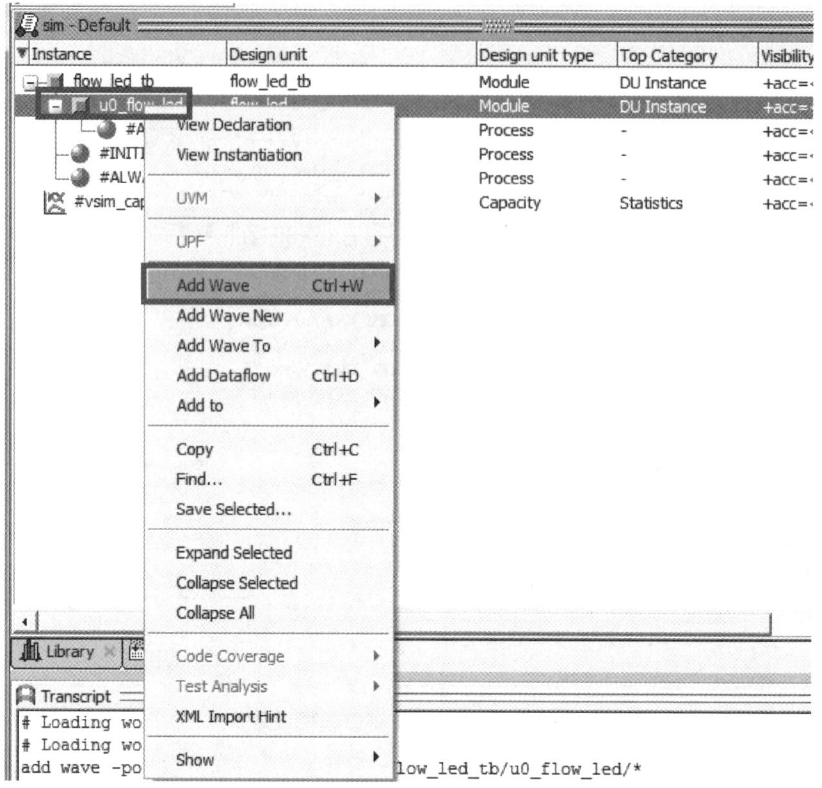

图 3.30 添加信号波形

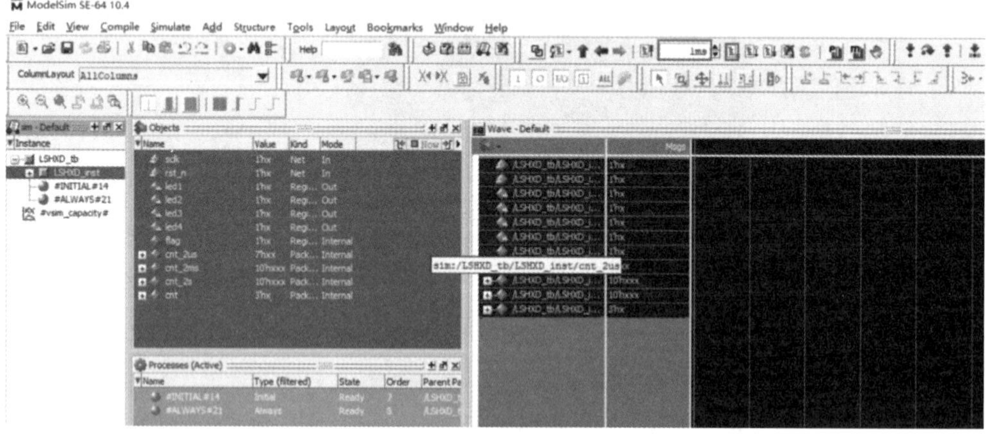

图 3.31 仿真波形窗口

在图 3.31 所示的仿真波形窗口中可以看到需要仿真的信号已经添加到左边的信号列表中，右边是信号对应的波形窗口。在该窗口如图 3.32 所示的工具栏中设置仿真时间为 1ms，单击右边的运行按钮进行仿真，弹出如图 3.33 所示的仿真波形结果。

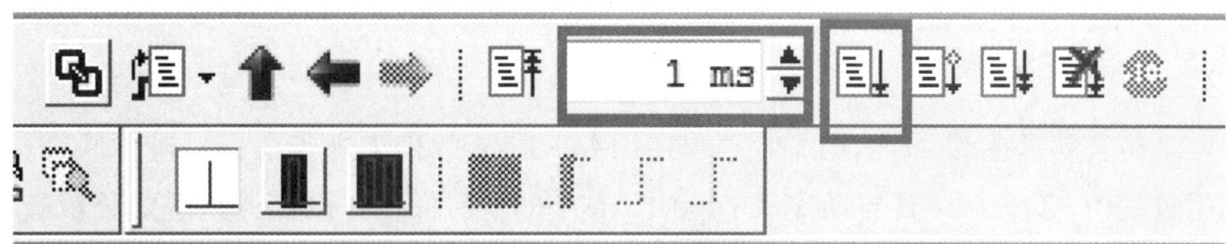

图 3.32　设置仿真时间

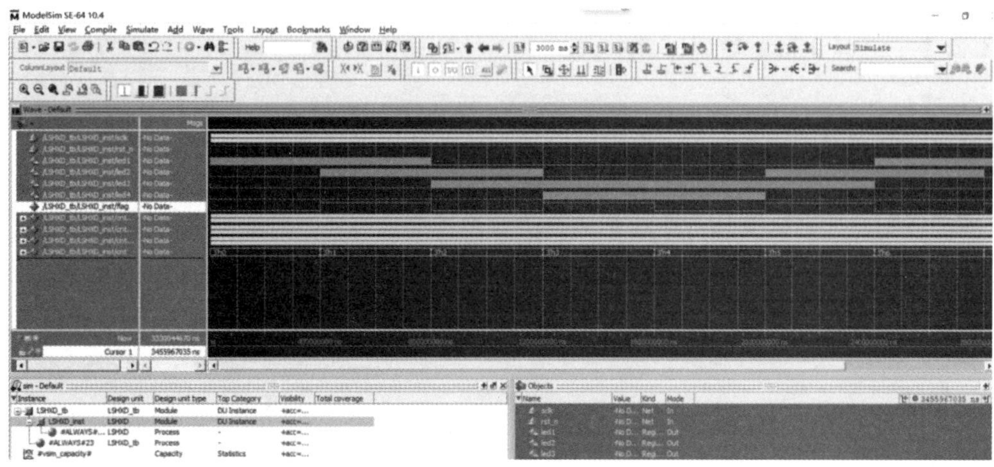

图 3.33　仿真波形结果

为了更容易观察波形和检查结果是否符合设计预期，现介绍 ModelSim 软件中如图 3.34 所示的几个常用小工具。

图 3.34　常用小工具

如图 3.34 所示，第一个边框中的工具依次为放大、缩小和局部显示功能，鼠标移到图标上会显示出它们的快捷键。第二个边框中的黄色图标是用来在波形图上添加标志的黄色竖线，紧跟其后的是将添加的黄色竖线对齐到信号的下降沿和上升沿。利用上述工具在图 3.35 所示的仿真结果中，可以观察到当计时器 counter 的值为 10 时，led [0] 由高电平变成低电平，led [1] 由低电平变成高电平，且 counter 清零，循环到最初流水态，符合设计预期。

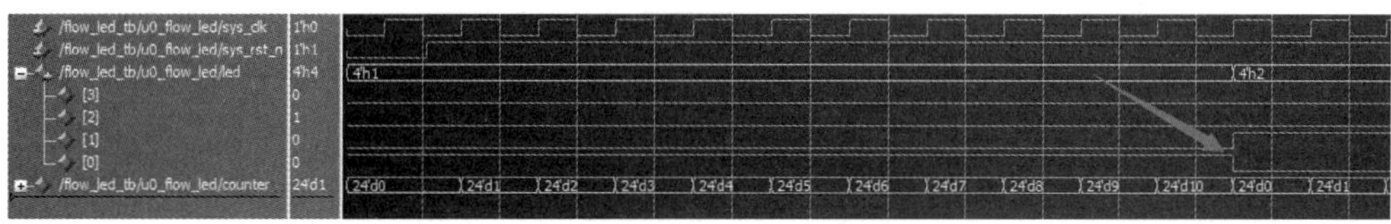

图 3.35　仿真结果局部显示

3.2.2 自动仿真

自动仿真就是在 Quartus II 软件中调用 ModelSim 软件来进行仿真，也称联合仿真。在调用过程中，Quartus II 自动完成 ModelSim 中的所有操作，设计者只需要分析最后的仿真结果。下面以 Quartus II 的安装和使用章节中创建的 Quartus II 软件工程为例，进行联合仿真演示。

3.2.2.1 选择 EDA 仿真工具

首先打开之前的 Quartus II 工程，在图 3.36 所示的菜单栏中找到【Tool】中的【Options…】选项，点击该选项，弹出如图 3.37 所示的 EDA 仿真工具设置窗口。

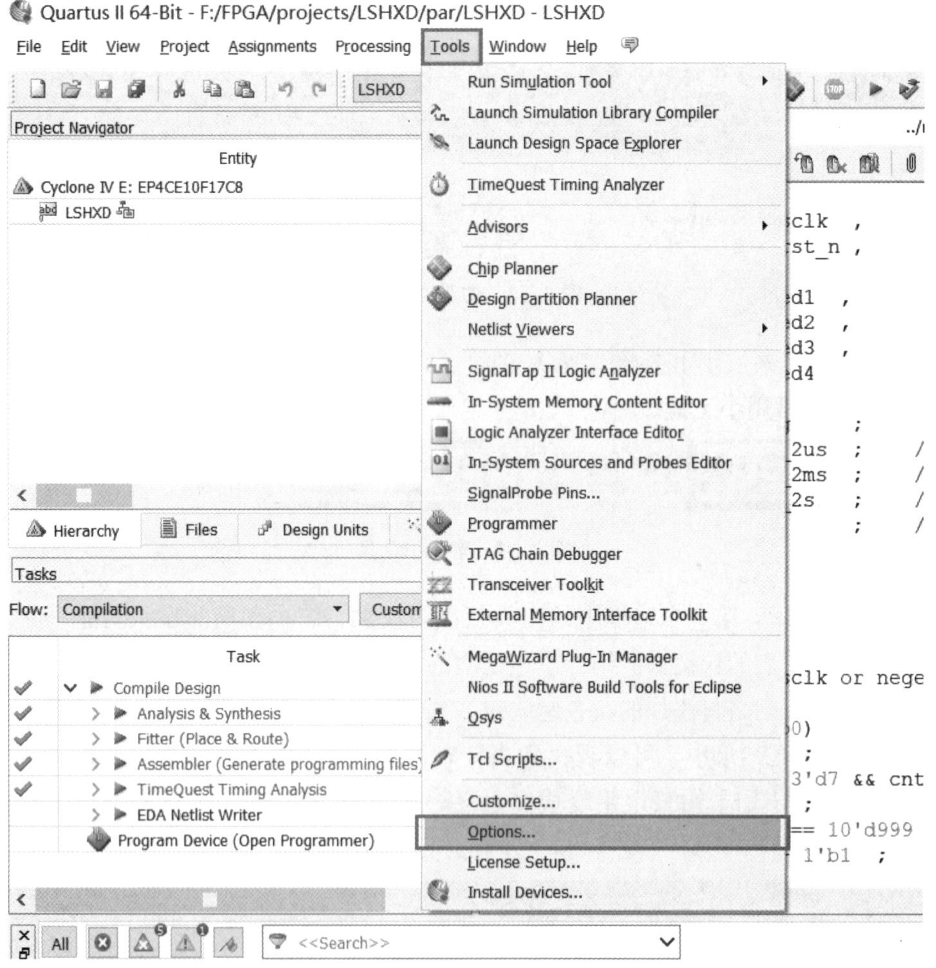

图 3.36 选择 Options 选项

然后在设置选项窗口的目录中找到“EDA Tool Options”选项并点击，在 ModelSim

栏中设置可执行文件的路径，设置完成后，点击【OK】返回到如图 3.38 所示的 Quartus II 软件界面。

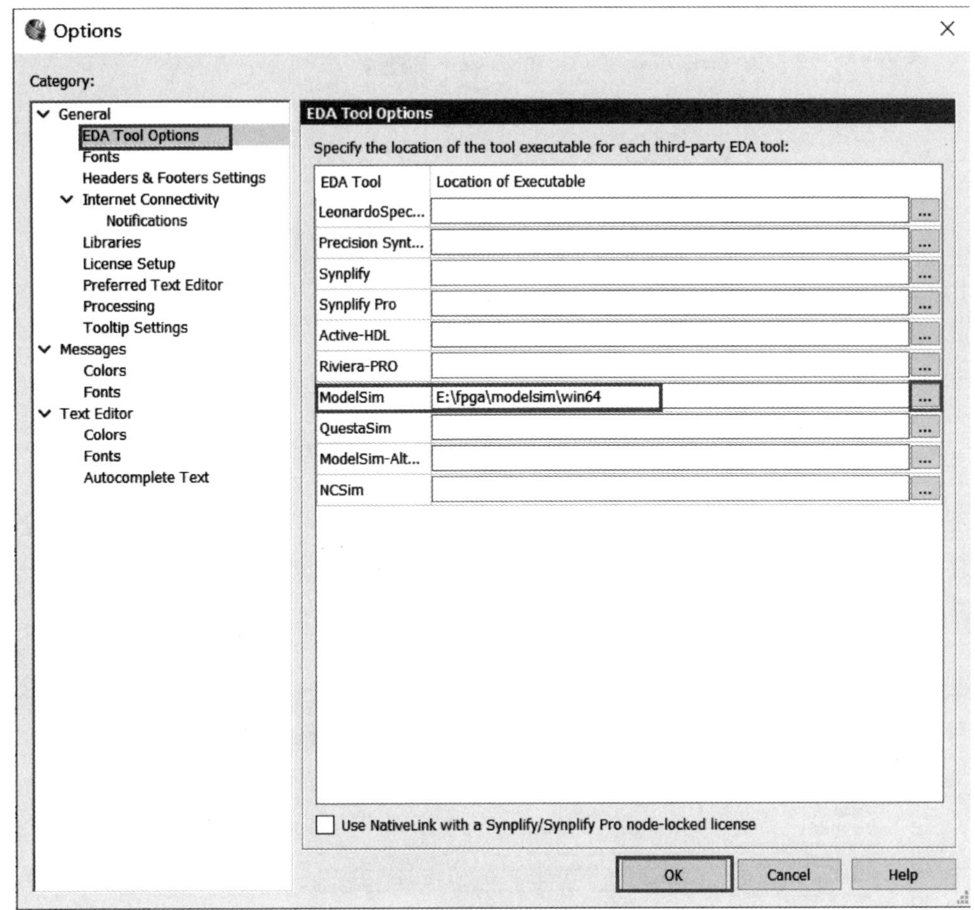

图 3.37　EDA 仿真工具设置窗口

在如图 3.38 所示的 Quartus II 软件界面的菜单栏中找到【Assignments】→【Settings】按钮。点击【Settings】按钮弹出如图 3.39 所示的“EDA Tool Settings”选项窗口。

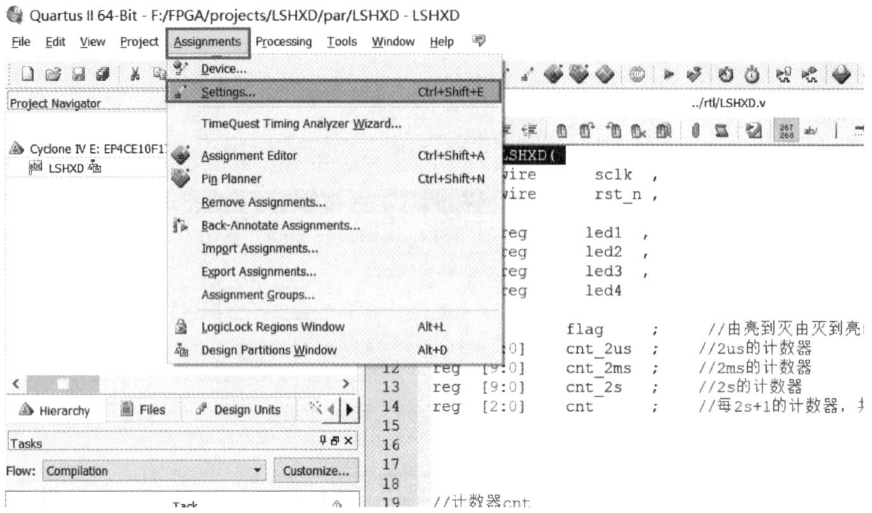

图 3.38　Quartus II 中 Settings 选项设置

在如图 3.39 所示的“EDA Tool Settings”选项窗口中“Simulation”一栏设置仿真工具为 ModelSim，格式设置为 Verilog HDL。设置完成后，点击【OK】，返回 Quartus II 软件界面。

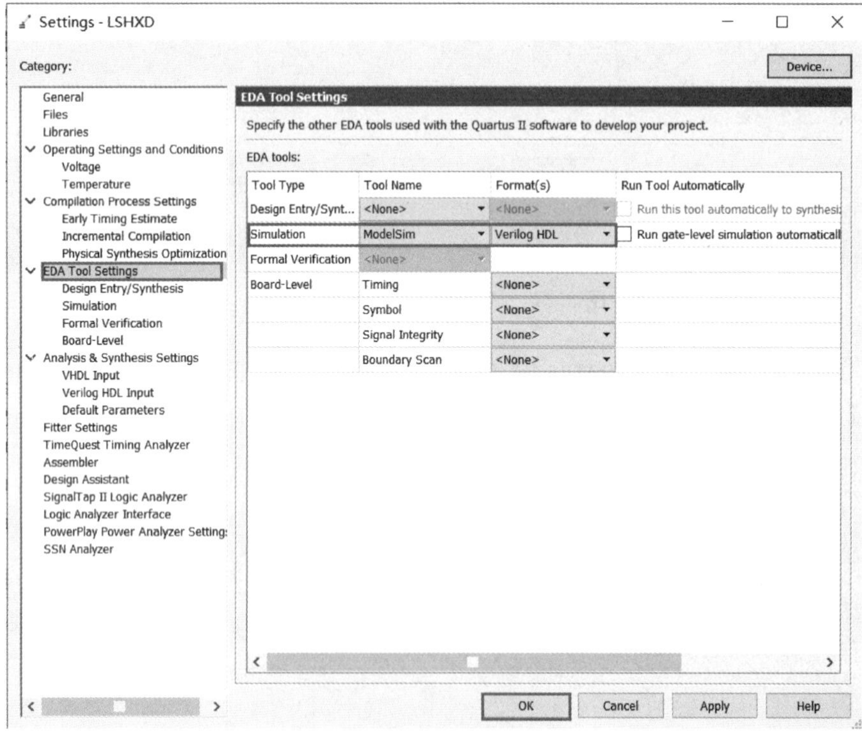

图 3.39　选择 ModelSim 仿真

3.2.2.2　编写 Test Bench

完成 Quartus II 仿真设置后，需要编写 Test Bench 仿真文件，在手动仿真一节已经编写好了 Test Bench。在此介绍如何使用 Quartus II 软件生成 Test Bench 模板，方便编写仿真文件。在如图 3.40 所示的 Quartus II 软件界面中点击【Processing】→【Start】→【Start Test Bench Template Writer】按钮，弹出如图 3.41 所示的提示信息。

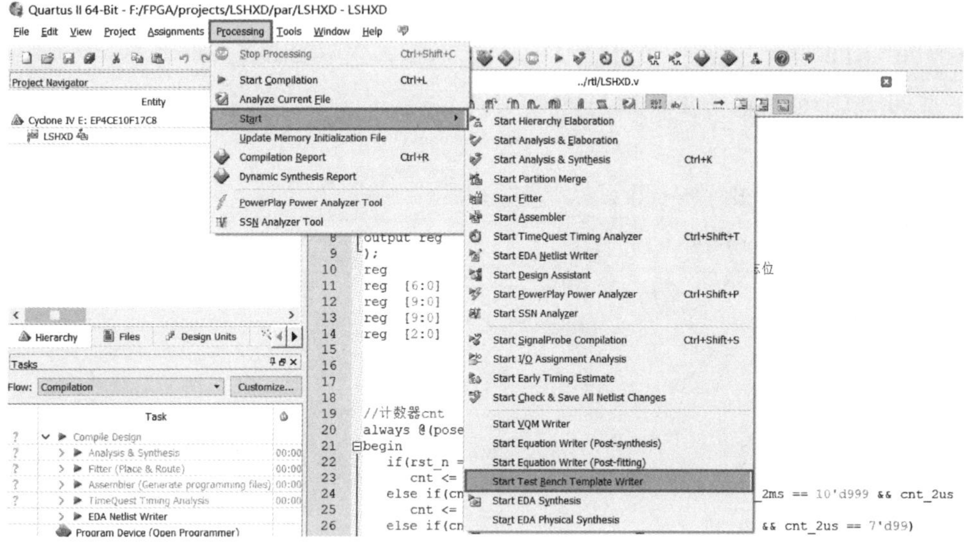

图 3.40　生成 Test Bench 模板

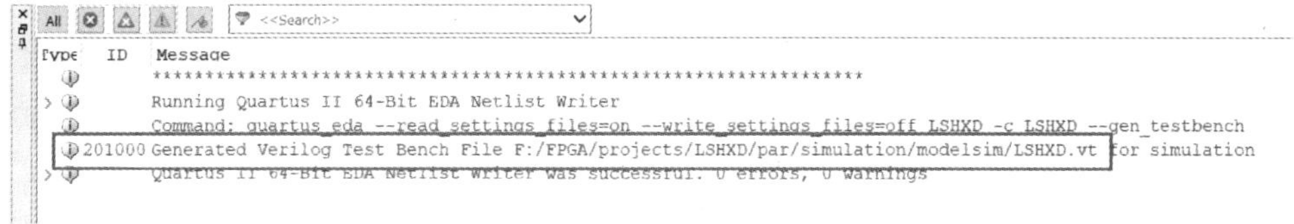

图 3.41　Test Bench 模板提示信息

在图 3.41 所示的提示信息窗口中，可以看到 Quartus II 软件已自动生成了一个 Test Bench 模板，并显示该模板的存放路径。设计者只需找到这个模板并稍做修改就可以直接使用。由存放模板路径找到该模板，用记事本或 Quartus II 打开，代码如下所示。

```
`timescale 1ns/1ns
module LSHXD_tb();
// parameter define
parameter T =4;

reg sclk;
```

```
reg  rst _ n;
wire led1;
wire led2;
wire led3;
wire led4;
initial begin
sclk  = 1'b0;
rst _ n = 1'b0;
   #(T+1) rst _ n  = 1'b1;
end
always #(T/2) sclk=~sclk;
LSHXD LSHXD _ inst(
sclk (sclk ),
rst _ n(rst _ n),
led1 (led1 ),
led2 (led2 ),
led3 (led3 ),
led4 (led4 )
);
endmodule
```

从上面可以看到，Quartus II 软件已经完成了一些基本工作，包括端口部分的代码、变量的声明以及例化测试的工程等，设计者要做的就是在这个模板里添加需要的测试代码（即激励）。eachvec 和@eachvec 是多余信号，可以将它们删除，也可以保留。最后将代码另存为 LSHXD _ tb. vt，以保持文件名与模板名一致。

3.2.2.3 配置仿真环境

在 Quartus II 软件中配置仿真环境，首先要在 Quartus II 软件界面的菜单栏找到【Assignement】→【Settings】按钮，并打开如图 3.42 所示的 Settings 窗口。

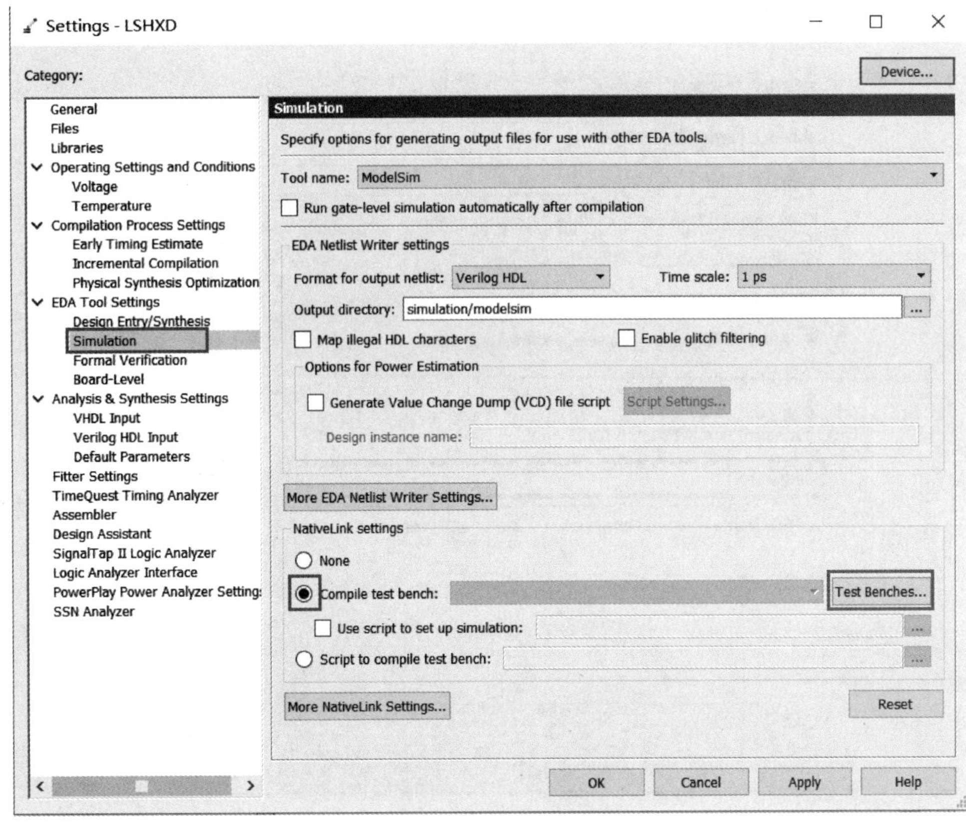

图 3.42　Settings 窗口

点击如图 3.42 所示窗口中左侧的 Simulation，选中“Compile test bench”，然后单击后面的【Test Benches…】按钮，则出现如图 3.43 所示的“Test Benches”窗口。单击【New…】按钮，弹出如图 3.44 所示的“New Test Bench Settings”窗口。

图 3.43　添加 Test Benches 窗口

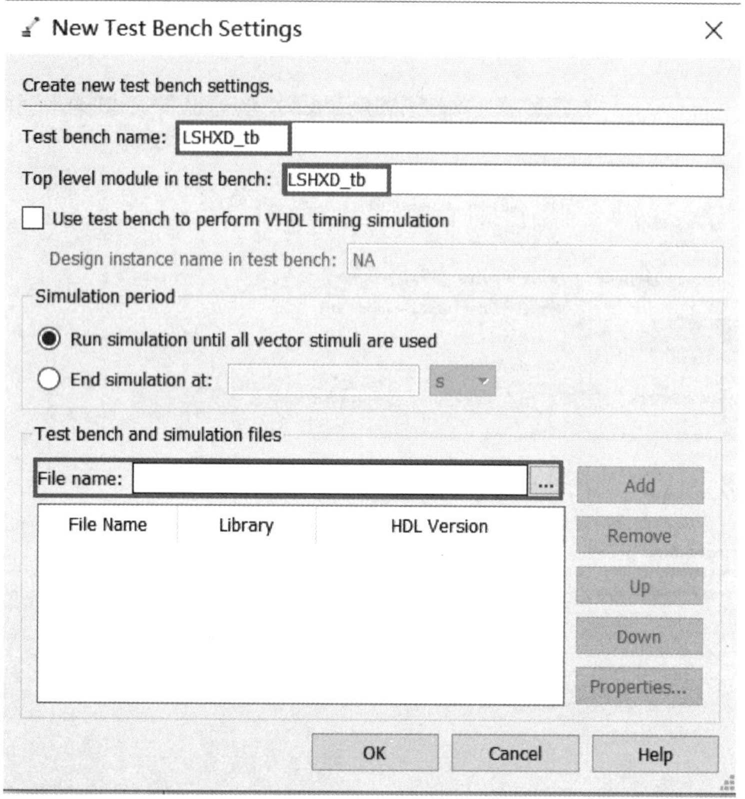

图 3.44 设置 Test Bench 窗口

在“New Test Bench Settings”窗口中，将 Test Bench 文件名输入“Test bench name”栏中，将 Test Bench 顶层模块名输入“Top level module in test bench”栏中。一般情况下，Test Bench 文件名和顶层模块名相同，因此这里只需在“Test bench name”栏中输入即可，软件会自动同步添加“Top level module in test bench”。在“Test bench and simulation files”列表框中添加 Test Bench 仿真文件，这里我们选择 Quartus II 生成的 Test Bench 模板文件“LSHXD _ tb. vt”。

也可以在如图 3.45 所示的窗口中，手动添加已写好的“LSHXD _ tb. v”文件。

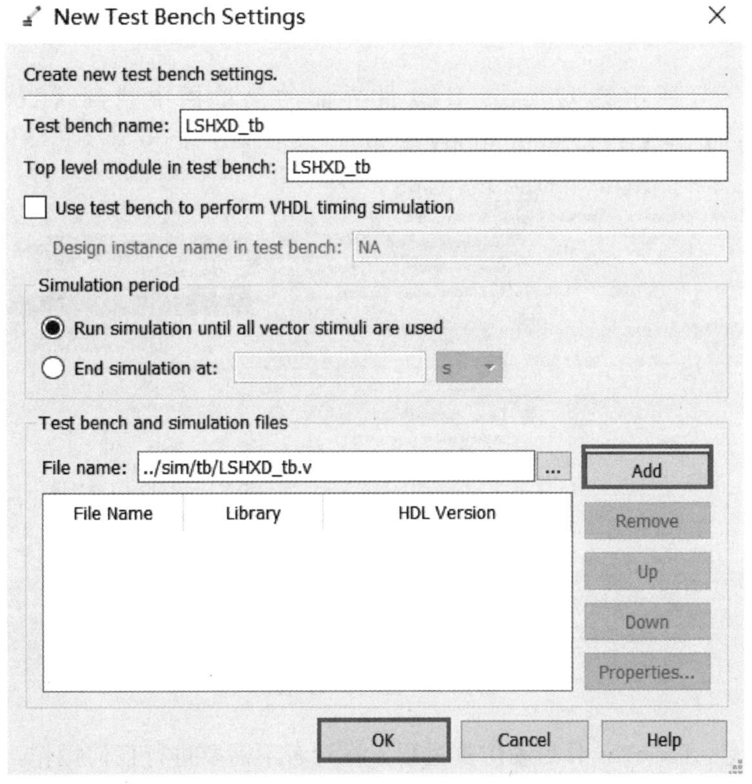

图 3.45　**手动添加** Test Bench **仿真文件**

单击【Add】按钮后，文件添加到界面下部的列表中。完成后单击【OK】按钮，便可看到如图 3.46 所示的“Test Benches”窗口的列表中出现了刚才添加的仿真文件相关信息。单击【OK】按钮，返回到 Quartus II 软件界面，至此仿真文件添加完成。

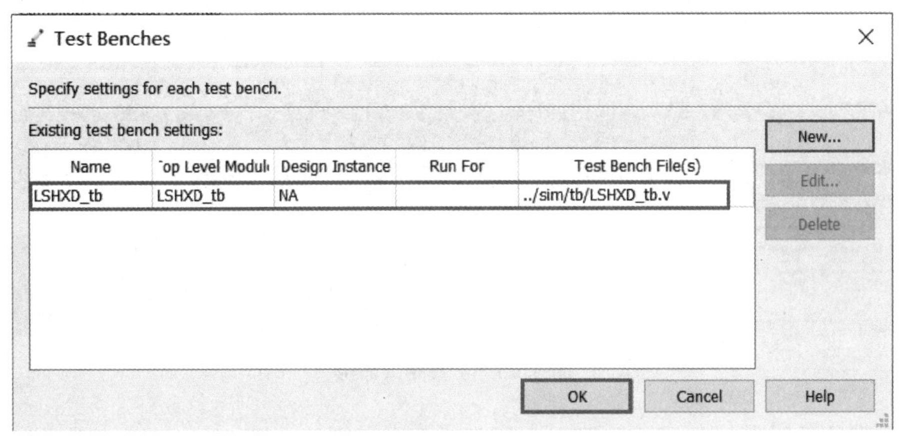

图 3.46　**成功添加** Test Bench **仿真文件**

单击【OK】按钮，返回到 Quartus II 软件界面。

3.2.2.4 运行 RTL 仿真(功能仿真)

在如图 3.47 所示的 Quartus II 软件界面的菜单栏中找到【Tools】→【Run Simulation Tool】→【RTL Simulation】菜单。

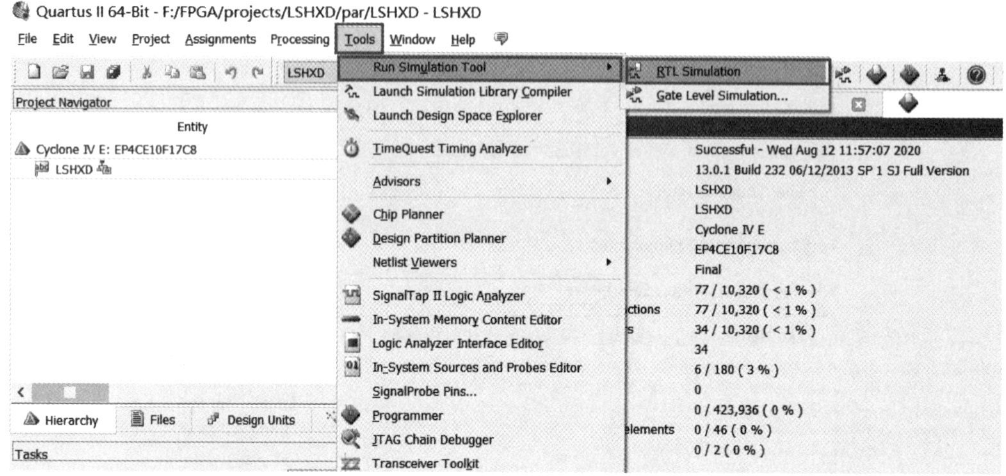

图 3.47 运行 RTL 仿真

单击该菜单，Quartus II 启动仿真过程，设计者不需要进行任何操作，Quartus II 会自动完成仿真，并弹出如图 3.48 所示的仿真波形。

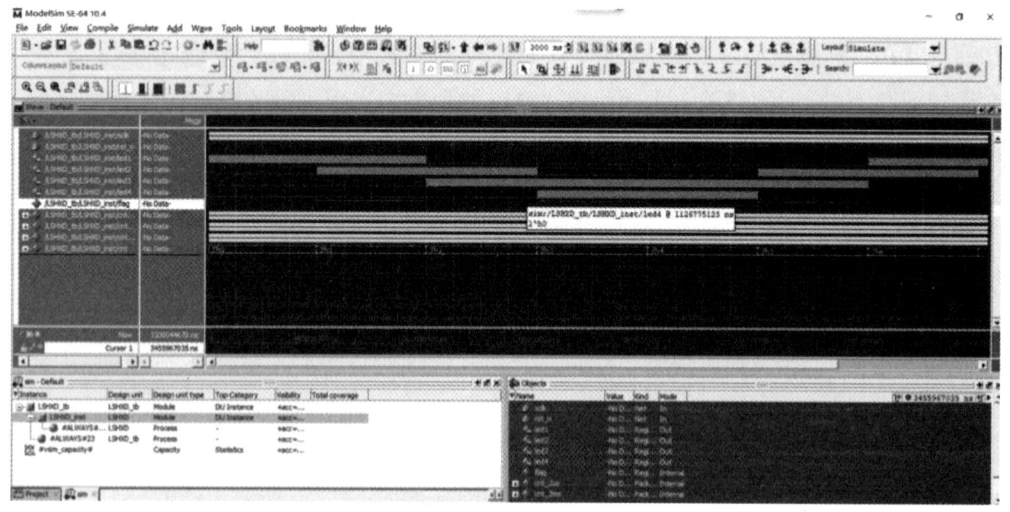

图 3.48 仿真结果波形

在仿真结果图中单击 LED，可以在局部视图中观察到，当 310ns 时 led [0] 由高电平变成低电平，led [1] 由低电平变成高电平，形成了最初的流水态；然后经过 220ns led [1] 由高电平变成低电平，led [2] 由低电平变成高电平。

3.3　testbench 文件的编写

ModelSim 的手动仿真在项目开发中是比较常用的，设计者需要手动编写 testbench 文件。初学者可能觉得编写 testbench 文件比较困难，其实按照 testbench 的结构，编写基本的激励文件还是比较容易的。在编写完 testbench 文件后，如果需要仿真其他模块，只需在此基础上修改即可。

编写 testbench 文件的主要目的是对使用硬件描述语言(Verilog HDL 或者 VHDL)设计的电路模块进行仿真验证，测试设计电路的功能、部分性能是否与预期的目标相符。基本的 testbench 文件结构如下。

```
`timescale 仿真单位/仿真精度
module test_bench();
  //通常 testbench 没有输入与输出端口
  信号或变量定义声明
  使用 initial 或 always 语句产生激励波形
  例化设计模块
endmodule
```

3.3.1　声明仿真的单位和精度

激励文件的开头要声明仿真的单位和仿真的精度，声明的关键字为 timescale，声明方法如下。

```
`timescale  1ns/1ns
#10.001 rst_n=0;
```

注意`timescale 声明仿真单位和仿真精度，不需要以分号结尾。“/”之前的 1ns 表示仿真的单位是 1ns,“/”之后的 1ns 表示仿真的精度是 1ns。代码中的“#10”代表延时 10ns，由于仿真精度为 1ns，因此最高延时精度只能到 1ns，如果想要延时 10.001ns，则需要更改仿真的精度(1ns=1000ps)，代码如下：

```
`timescale 1ns/1ps
```

3.3.2　定义模块名

设置完仿真单位和仿真精度声明后就可以定义模块名，定义模块名的关键字为 module，格式如下：

```
module LSHXD_tb();
```

模块名的命名方式一般在被测模块名后面加上“_tb”，表示为哪个模块提供激励测试文件，通常激励文件不需要定义输入和输出端口。

3.3.3 信号或变量定义

代码中定义的常量有时需要频繁修改，为便于修改，可以把常量定义成参数的形式，定义参数的关键字为parameter，格式如下：

```
parameter  T=20;
```

Verilog代码中，常用的声明信号或变量的关键字为reg和wire，在initial语句或者always语句中使用的变量须定义成reg类型，在assign语句或者用于连接被例化模块名的信号须定义成wire类型，reg和wire的声明格式如下：

```
//reg define
regsys_clk; //时钟信号
regsys_rst_n; //复位信号
//wire define
wire [3:0] led;
```

使用initial或always语句可产生激励信号波形，如产生时钟激励信号波形的代码如下：

```
always #10 sys_clk=~sys_clk;
```

上述代码表示每10ns(假设仿真单位是1ns)，sys_clk的电平状态翻转一次，由于一个完整的时钟周期包括一个高电平和一个低电平，因此sys_clk的时钟周期为20ns，占空比为50%。如果要生成其他占空比时钟，代码如下：

```
always begin
   #6 sys_clk=0;
   #4 sys_clk=1;
end
```

需要注意的是，在always语句中设置了sys_clk的时钟周期，而并没有设置初始值，因此sys_clk需要在initial语句中进行初始化，初始化的格式如下：

```
initialbegin
   sys_clk=1'b0; //时钟初始值
   sys_rst_n=1'b0; // 复位初始值
   #20 sys_rst_n=1'b1; // 在21ns时复位信号被拉高
   end
```

3.3.4 例化设计模块

例化的设计模块是指被测模块，例化被测模块的目的是把被测模块和激励模块实例化起来，并且把被测模块的端口与激励模块的端口进行相应的连接，使得激励可以输入被测模块。如果被测模块是由多个模块组成的，那么激励模块中只需要例化多个模块的顶层模块，代码如下：

```
        LSHXD u0 _ LSHXD(
    . sys _ clk(sys _ clk),
    . sys _ rst _ n(sys _ rst _ n),
    . led(led));
```

在实例化模块中，左侧带“.”的信号为 LSHXD 模块定义的端口信号，右侧括号内的信号为激励模块中定义的信号，其信号名可以和被测模块中的信号名一致，也可以不一致，命名一致的好处是便于理解激励模块和被测模块信号之间的对应关系。在实例化被测模块后，以 endmodule 结束。完整的 testbench 文件代码如下：

```
`timescale 1ns/1ns //定义仿真时间单位为 1ns，仿真时间精度为 1ns
module LSHXD _ tb()；//测试模块
  //parameter define
parameter T=20；//时钟周期为 20ns
  //reg define
regsys _ clk；//时钟信号
regsys _ rst _ n；//复位信号

//wire define
wire [3：0] led;

//* * * * * * * * * * * * * * * * * * * * * * * * * * * * * * * * * * * * * * * * * * * * * * * * * * * *
//* * main code
//* * * * * * * * * * * * * * * * * * * * * * * * * * * * * * * * * * * * * * * * * * * * * * * * * * * *
//给输入信号赋初值
initialbegin
sys _ clk=1'b0;
sys _ rst _ n=1'b0；// 复位
#(T+1)sys _ rst _ n=1'b1；//在 21ns 时复位信号被拉高
end
```

```
  //50MHz 的时钟，周期则为 1/50MHz=20ns，所以每 10ns 电平取反一次
always#(T/2)sys_clk=~sys_clk;

  //例化 LSHXD 模块
LSHXD   u0_LSHXD(
  sys_clk      (sys_clk),
  sys_rst_n(sys_rst_n),
  led(led)
);
```

本章习题

1. ModelSim 仿真分为哪几个层次？每个层次的仿真目的是什么？
2. 编写 testbench 文件时需要注意的基本要点有哪些？
3. 仿真时，生成激励信号有哪些方法？

第 4 章 Verilog HDL 语言基础

4.1 Verilog HDL 语言概述

Verilog HDL 是一种硬件描述语言(Hardware Description Language)，它以文本形式描述数字系统硬件的结构和行为。它可以描述设计的行为特性、设计的数据特性、设计的结构组成，亦可描述设计响应监控与验证方面的时延和波形产生的机制。所有这些都使用同一种语言建模。此外，它还提供了编程语言接口，通过该接口可以在仿真、验证期间从设计外部访问设计，包括仿真的控制和运行。

Verilog HDL 语言不仅定义了语法，而且对每个语法结构都定义了清晰的模拟、仿真语义。因此，用这种语言编写的模型能够使用 Verilog HDL 仿真器进行验证。Verilog HDL 语言从 C 编程语言中继承了多种操作符和结构。

典型的 Verilog 程序如下例，其包括：宏定义、模块定义、端口定义、过程定义、块定义、功能描述性语句，以及各种注释语句。

```
`define  add    3'd0
`define  minus  3'd1
`define  band   3'd2     宏定义
`define  bor    3'd3
`define  bnot   3'd4
```

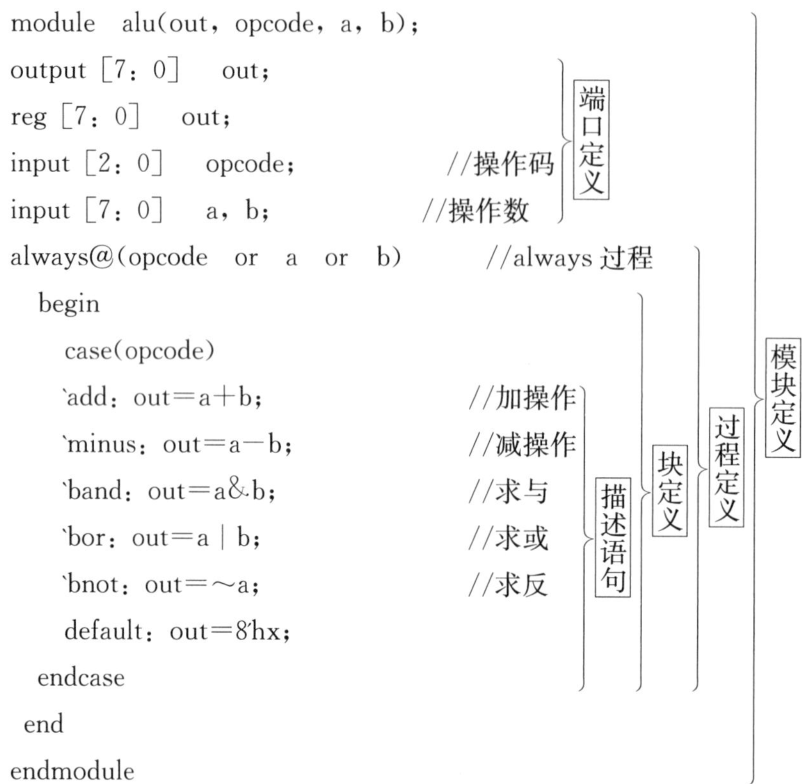

4.2 模　块

模块(module)是 Verilog 的基本描述单位，用于描述某个设计的功能或结构，以及与其他模块通信的外部端口。模块在概念上可等同于一个器件，如通用器件(与门、三态门等)、通用宏单元(计数器、ALU、CPU)等，因此一个模块可在另一个模块中调用。

一个系统设计可由多个模块组合而成，因此一个模块只是一个系统级工程中某个层次的设计，模块设计可采用多种建模方式。

4.2.1 模块的结构

一个电路系统设计是由多个模块构成的，而一个模块的具体设计如图 4.1 所示。模块的描述由“module”语句指示开始，由“endmodule”语句指示结束，两条语句中间则填充其他描述语句。每个模块实现特定的功能，模块之间可进行嵌套调用，因此可以将大型的数字电路设计分割成大小不一的小模块来实现特定的功能，最后通过由顶层模块调用子模块的方式来实现整体功能，亦即自顶向下(Top-Down)的设计思想。

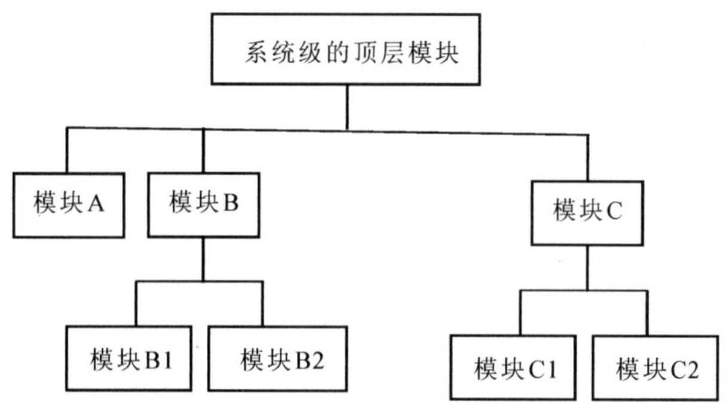

图 4.1 自顶向下的设计思想

模块类比于器件，包括接口描述部分和逻辑功能描述部分。接口部分类比于元件的引脚，实现模块的外部数据交互；逻辑功能描述部分类比于器件的内部功能实现结构，完成模块的功能实现。请参考以下实现简单功能的 Verilog HDL 程序。

例 1 实现三位加法器。

```
module  addr(a, b, cin, count, sum);
  input [2: 0] a;
  input [2: 0] b;
  input cin;
  output count;
  output [2: 0] sum;
  assign {count, sum} =a+b+cin;
endmodule
```

说明：整个模块以 module 开始，以 endmodule 结束。

例 2 实现比较器。

```
Module compare(equal, a, b);
  input [1: 0] a, b; //declare the input signal;
  output equare;     //declare the output signal;
  /* if a=b, output 1, otherwise 0; */
  assign equare=(a==b)? 1: 0;
endmodule
```

说明：/ *…… * / 和//…表示注释部分，注释只是为了便于读懂代码，并不改变编译结果。

例 3 实现三态驱动器。

三态门电路设计：

```
module mytri(din, d_en, d_out);
```

```
    input din;
    input d_en;
    output d_out;
    assign d_out=d_en ? din: 'bz;
endmodule
```

调用三态门电路：

```
module trist(din, d_en, d_out);
    input din;
    input d_en;
    output d_out;
    mytri u_mytri(din, d_en, d_out);
endmodule
```

该例描述了一个三态驱动器。其中三态驱动门在模块 mytri 中描述，而在模块 trist 中调用了 mytri 模块。模块 mytri 对 trist 而言相当于一个已存在的器件，在 trist 模块中对该器件进行实例化，实例化名为 u_mytri。

4.2.1.1 模块端口定义

例如 module addr(a, b, cin, count, sum)，其中 module 是模块的保留字，addr 是模块的名字，相当于器件名。小括号内是该模块的端口声明，定义了该设计模块的引脚名，是该模块与其他模块通信的外部接口，相当于器件的引脚。

4.2.1.2 模块内容设计

模块的内容包括 I/O 说明、内部信号、调用模块等声明语句和功能描述语句。I/O 说明语句如：input [2: 0] a; input [2: 0]; input cin; output count; 其中的 input、output 是保留字，定义了引脚信号的流向，[n: 0] 表示该信号的位宽(总线或单根信号线)。

功能描述语句用来产生各种逻辑(主要包括组合逻辑和时序逻辑)，还可以用来实例化一个器件，该器件可以是厂家器件库中的模块，也可以是设计者用 HDL 设计的模块。在逻辑功能描述中，主要用到 assign 和 always 两个语句，例如：

```
assign d_out=d_en ? din: 'bz;
mytri u_mytri(din, d_en, d_out);
```

在模块内容设计中，首先对每个模块进行端口定义，说明各端口是输入还是输出，定义各个端口的信号流向；然后对模块的功能进行逻辑描述。然而对于仿真测试模块，可以没有输入/输出端口。

Verilog HDL 的书写格式自由，一行可以写几个语句，也可以一个语句分几行写。具体由代码书写规范约束。除 endmodule 语句外，每个语句后面需有分号表示该语句结束。

4.2.2　模块语法

4.2.2.1　模块基本语法

一个模块的基本语法如下：

```
module module_name(port1, port2, …);
  //declarations:
  input, output, inout, reg, wire, parameter, function, task, …
  //statements:
    initial statement
    always statement
    module instantiation
    gate instantiation
    continuous assignment
endmodule
```

模块的结构定义需按上面的顺序进行，声明区用来对信号方向、信号数据类型、函数、任务、参数等进行描述；语句区用来对功能进行描述，如初始语句、always 语句、器件调用(module instantiation)等。

4.2.2.2　书写语法建议

建议一个模块用一个文件，模块名与文件名要相同；一个语句占用一行。信号方向按输入、输出、双向顺序描述。设计模块时可尽量考虑将变量提前在模块头部声明，以提高设计调用的灵活性。

4.2.2.3　时延

信号在电路中传输会有传播延时，如线延时、器件延时等。时延就是对信号延时特性的 HDL 描述。如图 4.2 所示，信号 A 和信号 B 的时延可描述为

```
assign #2  B=A;
```

该语句表示 B 信号在 2 个时间单位后得到 A 信号的值。

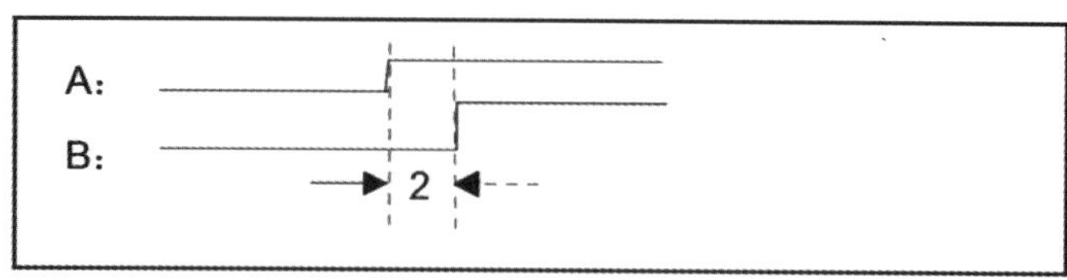

图 4.2 时延

在 Verilog HDL 中，所有时延都必须根据时间单位进行定义，定义方式是在文件头部添加如下语句：

`timescale 1ns /100ps

其中`timescale 是 Verilog HDL 提供的预编译处理命令，1ns 表示时间单位是 1ns，100ps 表示时间精度是 100ps。根据该命令，编译工具才可将#2 作为 2ns 处理。

在 Verilog HDL 的 IEEE 标准中，没有规定时间单位的缺省值，由各仿真工具自行确定。因此在编写代码时必须确定时间单位。

4.3 Verilog HDL 的基本语法

4.3.1 标识符、关键字及其他文字规则

4.3.1.1 标识符

定义：标识符(identifier)是程序代码中给对象(如模块、端口、变量等)取名所用的字符串。

组成：由英文字母、数字字符、下划线“_”和美元符“$”组成，区分大小写，其第一个字符必须是英文字母或下划线。

注意：关键字不能作为标识符使用；一般用简洁而有含义的通用单词或者缩写来命名，用下划线区分单词，增强程序可读性，如 Sum，CPU _ addr 等。亦采用一些有意义的前缀或后缀，如时钟采用 Clk 前缀：Clk _ 50，Clk _ CPU；低电平采用 _ n 后缀：Enable _ n；通用缩写如全局复位信号 Rst。同一信号在不同层次保持一致性，如：同一时钟信号的命名必须在各模块中保持一致；参数(parameter)采用大写，如 SIZE。

4.3.1.2 关键字

Verilog HDL 定义了一系列保留字，叫作关键字。常用的关键字如表 4.1 所示。

表4.1 Verilog HDL 常用关键字

关键字	含义
module	模块开始定义
input	输入端口定义
output	输出端口定义
inout	双向端口定义
parameter	信号的参数定义
wire	wire 信号定义
reg	reg 信号定义
always	产生 reg 信号语句的关键字
assign	产生 wire 信号语句的关键字
begin	语句的起始标志
end	语句的结束标志
posedge/negedge	时序电路的标志
case	case 语句起始标记
default	case 语句的默认分支标志
endcase	case 语句结束标记
if	if/else 语句标记
else	if/else 语句标记
for	for 语句标记
endmodule	模块结束定义

4.3.1.3 注释符号

在 Verilog HDL 中有“/ * * /”和“//”两种注释。第一种形式可以扩展至多行，第二种形式则在本行结束。

4.3.1.4 格式

Verilog HDL 区分大小写，也就是说，大小写不同的标识符是不同的。此外，Verilog HDL 是自由格式的，即结构可以跨越多行编写，也可以在一行内编写。白空(新行、制表符和空格)没有特殊意义。

4.3.2 Verilog HDL 逻辑状态

Verilog HDL 中规定了4种基本的数值类型，即“1”“0”“z”和“x”。它们的含义有多个方面，“0”表示逻辑 0 或“假”，“1”表示逻辑 1 或“真”，“x”表示未知值，“z”表示高阻。需要注意的是，这 4 种值的解释都内置于语句中，如：一个为 z 的值总是意味着高阻抗；一个为 0 的值通常是指逻辑 0；在门的输入或一个表达式中的“z”值，通常解释成“x”；此外，x 值和 z 值都是不分大小写的，也就是说，值 0x1z 与值 0X1Z 相同。

4.3.3 常量

Verilog HDL 中有整数、实数、字符串三种常量。

4.3.3.1 整数

整数的一般表达式为：

＜±＞＜size＞′＜base format＞＜number＞，

其中，size(可省略)表示二进制位宽，缺省值为 32 位；base format 表示数基，可为 2(b)、8(o)、10(d)、16(h)进制，缺省值为 10 进制；number 是所选数基内任意有效数字，包括 x(随机)、z(高阻)两种状态。

当数值 number 溢出时，编译时自动截去高位，如：2′b1101 表示的是 2 位二进制数据，但有效值“1101”超过了指定数据范围，则被自动修改为 2′b01。一个数字可以被定义为负数，只需在位宽表达式前加一个负号，注意必须在数字定义表达式的最前面。下划线符号“_”可以在整数或实数中使用，就数值本身而言，它没有任何意义，但能够提高可读性；唯一的限制是下划线符号不能用来作为常数的首字符。以下为常数的表示方法：

```
a=8′b0001_0000    //位宽为 8 的二进制数
-14               //十进制数-14
16′d255           //位宽为 16 的十进制数 255
8′h9a             //位宽为 8 的十六进制数 9a
′o21              //位宽为 32 的八进制数 21
′hAF              //位宽为 32 的十六进制数 AF
-4′d10            //位宽为 4 的十进制数-10
```

位宽不能为表达式，如下面的表达是错误的：

```
(3+2)′b11001      //非法表示
```

4.3.3.2 实数

(1)十进制格式，由数字和小数点组成(必须有小数点)，且小数点两侧必须有数字，例如 0.1，3.1415，2.0 等为正确数据表示；而 3. 因为小数点右边没有数字，则为错误数据表示。

(2)指数格式，由数字和字符 e(E)组成，e(E)的前面必须有数字，且后面必须为整数，例如：

```
13_5.1e2          //其值为 13510.0
8.5E2             //其值为 850.0(e 与 E 相同)
4E-4              //其值为 0.0004
```

4.3.3.3　字符串

字符串是由双引号括起来的字符序列。字符串必须在一行内写完，如“hello world!”是一个合法字符串。每个字符串(包括空格)被看作 8 位的 ASCII 值序列。存储字符串“hello world!”需要定义一个 8×12 位的变量，如：

```
reg [8*12:1] stringvar;
initial
begin
  stringvar= "hello world";
end
```

除了上述的文字字符串，还有数位字符串，也称为位矢量，代表的是二进制、八进制或者十六进制的数组。

4.3.4　Parameter

在 Verilog HDL 中，为了提高程序的可读性和可维护性，可以使用参数 parameter，参数是一种特殊的常量。参数经常用于定义时延和变量的宽度，且参数只被赋值一次，其定义形式如下：

parameter 参数名 1=表达式，参数名 2=表达式，…，参数名 n=表达式；

parameter 是参数型数据的定义语句，其后跟着一个用逗号分隔开的赋值语句表。参数是局部的，只在其被定义的模块内有效，用来声明运行时的常数。在程序中可用参数名来代替具体的数值，如：

```
module md1(out, in1, in2);
  ……
  parameter cycle=20, p1=8, x_word=16'bx, file= "/user1/jmdong/design/
mem_file.dat";
  wire [p1:0] w1;        //用参数来说明 wire 的位宽
  ……
  initial  begin  $open(file);   …… //用参数来说明文件路径
    #20000  display("%s", file);    $stop
  end
```

```
endmodule
```

参数也常用于定义延迟时间和变量宽度。在模块或实例引用时，可通过参数传递的方式改变在被引用模块或实例中已经定义的参数，例如：

```
module Decode(A, F);
    parameter Width=1, Polarity=1;
    ……
endmodule
module Top;
    wire [3: 0] A4;
    wire [4: 0] A5;
    wire [15: 0] F16;
    wire [31: 0] F32;
    Decode #(4, 0)D1(A4, F16); //可以通过参数的传递来改变定义时已规定的参数值
    Decode #(5)D2(A5, F32);
    defparam   D2.Width=5; //在一个模块中改变另一个模块的参数时
endmodule
```

在一个模块中改变另一个模块的参数时，需要使用 defparam 命令。在进行布线后仿真时，可通过布线工具生成延迟参数文件，利用参数传递方法把布线延迟反标注(Back-annotate)到门级 Verilog 网表上。

4.3.5 数据类型

Verilog 中的数据类型主要可分为两大类：线网类型(net)和寄存器类型(register)。其中线网类型又分为若干个子类型，它们分别是：

(1)wire：标准连线(默认为该类型)；

(2)tri：具备高阻状态的标准连线；

(3)wor：线或类型驱动；

(4)trior：三态线或特性的连线；

(5)wand：线与类型驱动；

(6)triand：三态线与特性的连线；

(7)trireg：具有电荷保持特性的连线；

(8)tri1：上拉电阻(pullup)；

(9)tri0：下拉电阻(pulldown)；

(10)supply0：地线，逻辑 0；

(11)supply1：电源线，逻辑 1。

寄存器类型也分为若干个子类型，它们分别是：

(1)reg：常用的寄存器型变量，用于行为描述中对寄存器类型的说明，由过程赋值语句赋值；

(2)integer：32 位带符号整型变量；

(3)time：64 位无符号时间变量；

(4)real：64 位浮点、双精度、带符号实型变量；

(5)realtime：其特征和 real 型一致；

(6)reg 的扩展类型：memory 类型。

下面将介绍几种常见数据类型的使用。

4.3.5.1　net 线网类型

net 线网类型表示结构实体(如逻辑门)之间的物理连接线，线网类型的变量不能储存值，而且它必须有驱动器(如逻辑门或连续赋值语句 assign)的驱动。如果没有驱动器连接到线网类型的变量上，则该变量的值被默认为高阻状态(z)。net 线网类型变量需要被持续驱动，驱动它的可以是逻辑门和模块，如图 4.3 所示。

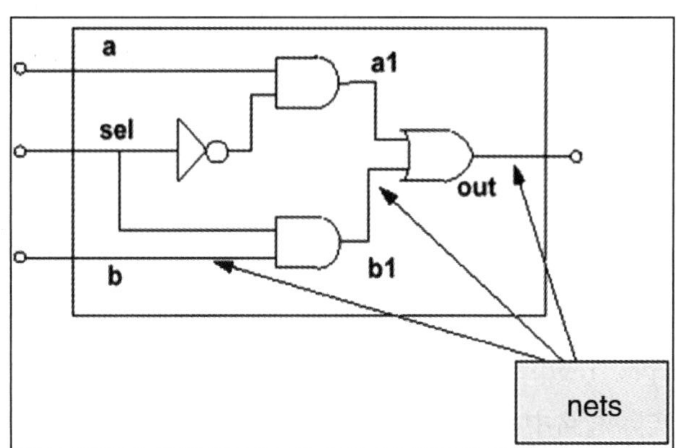

图 4.3　net 网线类型变量驱动

当 net 驱动器的值发生变化时，新值将同步传送到 net 上。例如在图 4.3 中，线网 out 由 or 门驱动，当 or 门的输入信号变化时，其输出结果将同时传送到线网 out 上。

线网类型包含不同的线网子类型，主要有 wire，tri，wor，trior，wand，triand，trireg，tri1，tri0，supply0，supply1 等数种类型。其中常用的线网类型包括 wire 和 tri，这两种类型都被用于连接器件单元，它们具有相同的语法格式和功能，wire 是用来表示单个门驱动或连续赋值语句驱动的线网型数据，tri 则用来表示多驱动器驱动的线网型数据。

4.3.5.2 wire 子类型

wire 子类型变量的声明格式如下：

wire [n−1：0] 变量名 1，变量名 2，…，变量名 n；

wire [n：1] 变量名 1，变量名 2，…，变量名 n；

wire a；　　　　　//定义了一个 1 位的 wire 型数据

wire [7：0] b；　　//定义了一个 8 位的 wire 型向量

wire [4：1] c，d；//定义了两个 4 位的 wire 型向量

wire 型信号可以用作任何方式的输入，也可以用作“assign”语句或实例元件的输出，但不可以在 initial 和 always 模块中被赋值。

Verilog 程序模块中，被声明为 input 或者 inout 型的端口，只能被定义为线网型变量，被声明为 output 型的端口可以被定义为线网型或者寄存器型变量，输入/输出信号类型缺省时自动定义为 wire 类型。

4.3.5.3 寄存器类型(reg)

reg 寄存器是数据储存单元的抽象，通过赋值语句可以改变寄存器的值，其作用与改变触发器储存的值相当。Verilog HDL 提供了功能强大的过程控制语句来控制赋值语句的执行，这些过程控制语句用来描述硬件触发条件，例如时钟的上升沿和多路器的选通信号。reg 类型变量的声明格式如下：

reg [msb：lsb] 变量名 1，变量名 2，…，变量名 n；

例如：

reg　clock；

reg [3：0]　regb；

reg [4：1]　regc，regd；

reg 可以映射为实际电路中的寄存器，具有记忆性，是数据储存单元的抽象，在输入信号消失后它可以保持原有的数值不变。

reg 型变量与 net 型变量的根本区别在于：reg 型变量需要被明确地赋值，并且在被重新赋值前一直保持原值；reg 型变量只能在 initial 或 always 过程中赋值，默认值是 x。注意，在 always 和 initial 模块内被赋值的每一个信号都必须定义成 reg 型。

4.3.5.4 存储器类型

对存储器(如 RAM、ROM)进行建模，可通过扩展 reg 型数据的地址范围来实现。其定义格式如下：

reg [msb：lsb] 存储器名 1 [upper1：lower1]，存储器名 2 [upper2：lower2]，…；

例如：reg [7：0] mem [1023：0]；//定义 1K×8 的存储器 mem；

在 Verilog 中可以说明一个寄存器数组：

```
integer NUMS [7：0]；             //包含 8 个整数数组变量；
time   t_vals [3：0]；            //包含 4 个时间数组变量；
reg [15：0] MEM [0：1023]；       //包含 1K×16 的存储器 MEM；
```

描述存储器时可以使用参数或任何合法表达式，例如：

```
parameter wordsize=16；
parameter memsize=1024；
reg [wordsize-1：0]   MEM3 [memsize-1：0]；
```

4.3.5.5　存储器寻址(memory addressing)

存储器元素可以通过存储器索引(index)寻址，也就是给出元素在存储器中的位置来寻址，例如 mem_name [addr_expr]。Verilog 不支持多维数组，也就是说，只能对存储器中的整个字进行寻址，而无法对存储器中一个字的某一位进行寻址。

```
reg [8：1] mema [0：255]；        // declare memory called mema
reg [8：1] mem_word；             // temp register called mem_word
……
initial
    begin
        $displayb(mema [5])；              //显示存储器中第 6 个字节的内容
        mem_word=mema [5]；                //将这个字节赋值给 men_word
        $displayb(mem_word [8])；          //显示第 6 个字节的最高有效位
    end
endmodule
```

尽管 memory 型数据和 reg 型数据的定义格式很相似，但要注意其不同之处，如一个由 n 个 1 位寄存器构成的存储器组是不同于一个 n 位寄存器的，如：

```
reg [n-1：0] rega；      //一个 n 位寄存器
reg mema [n-1：0]；      //一个由 n 个 1 位寄存器构成的寄存器数组
rega=0；                 //合法赋值语句
mema=0；                 //非法赋值语句
mema [3] =0；            //合法赋值语句
```

4.3.6　端口数据类型

一个端口可以看成是由相互连接的两个部分组成，一部分位于模块的内部，另一部分位于模块的外部。当在一个模块中调用(引用)另一个模块时，端口之间的连接必须遵守一些规则，如表 4.2 所示。

表 4.2 端口 I/O 与数据类型

端口的 I/O	端口的数据类型	
	module 内部	module 外部
input	net	net 或 reg
output	net 或 reg	net
inout	net	net

4.3.6.1 输入端口

从模块内部来讲，输入端口必须连接 net 数据类型的变量；从模块外部来看，输入端口可以连接到 net 或者 reg 数据类型的变量。

4.3.6.2 输出端口

从模块内部来讲，输出端口可以连接 net 或者 reg 数据类型的变量；从模块外部来看，输出必须连接到 net 类型的变量，而不能连接到 reg 类型的变量。

4.3.6.3 输入/输出端口

从模块内部来讲，输入/输出端口必须连接 net 数据类型的变量；从模块外部来看，输入/输出端口也必须连接到 net 数据类型的变量。

4.3.6.4 位宽匹配

在对模块进行调用时，Verilog 允许端口的内、外两个部分具有不同的位宽。一般情况下，Verilog 仿真器会对此发出警告。

4.3.6.5 未连接端口

Verilog 允许模块实例的端口保持未连接的状态。例如，如果模块的某些输出端口只用于调试，那么这些端口就可以不与外部信号连接。

4.3.6.6 端口与外部信号的连接

在对模块进行调用时，可以使用两种方法将模块定义的端口与外部环境中的信号连接起来，即按顺序连接和按名字连接。但两种方法不能混合在一起使用。按端口名字连接时，调用端口名与被引用模块的端口相对应，而不必严格按照端口顺序对应，其方法如下：

模块名(.端口 1 名(信号 1 名),.端口 2 名(信号 2 名)，…)；

按端口顺序连接时，不用表明原模块定义时规定的端口名称，其方法如下：

模块名(连接端口 1 信号名，连接端口 2 信号名，连接端口 3 信号名，…)；

按端口顺序连接时，需要连接到模块实例的信号必须与模块声明时目标端口在端口列表中的位置保持一致，如图 4.4 所示。

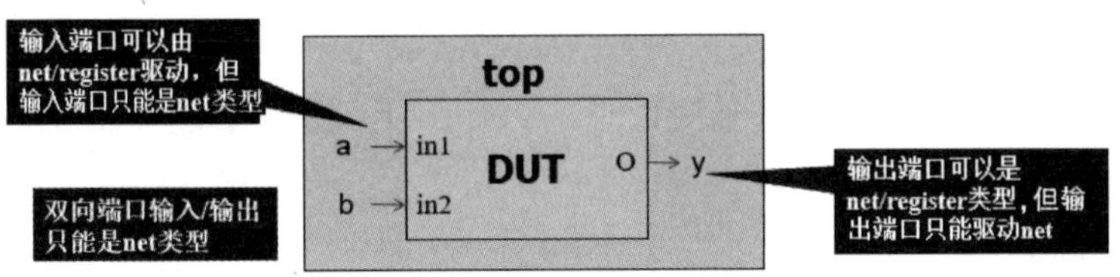

图 4.4　端口类型定义举例

输入端口 in1，in2 可以由 net/reg(A，B)驱动，但输入端口 in1，in2 只能是 net 类型；输出端口 out 可以是 net/reg 类型，但输出端口只能驱动 net(Y)。若输出端口 out 在过程块中赋值，则为 reg 类型；若在过程块外赋值(包括实例化语句)，则为 net 类型。外部信号 A，B 类型判断方法与输出端口相同。

```
//定义 DUT
module DUT(O, in1, in2);
output O;
input in1, in2;
wire O, in1, in2;        //只能为线型
and  u1(O, in1, in2); //
endmodule
//定义 top
module top;
wire y;
reg a, b; //可以用 reg 驱动 a、b
DUT  u1(y, a, b); //顺序连接
initial
begin
a=0; b=0;
#5 a=1;      //过程块中只能给 reg 类型赋值
end
endmodule
```

4.3.7 运算符与表达式

4.3.7.1 算术运算符

在进行算术运算(+、-、*、/、%)时，Verilog 根据表达式中变量的长度对表达式的值自动地进行调整。Verilog 自动截断或扩展赋值语句中右边的值以适应左边变量的长度。将负数赋值给 reg 或其他无符号变量时，Verilog 自动完成二进制补码计算。

```
reg [3: 0] a, b;
reg [15: 0] c;
a=-1;          //a 为无符号数，其值为 1111
b=8; c=8;      //b=c=1000
b=b+a;         //结果 10111 被截断，b=0111
c=c+a;         //c=10111
```

在进行取模运算时，结果值的符号位采用模运算式里第一个操作数的符号位，见表 4.3 所示。

表 4.3 取模运算

取模运算表达式	结果	说明
10%3	1	余数为 1
11%3	2	余数为 2
12%3	0	余数为 0，即无余数
-10%3	-1	结果取第一个操作数的符号位，所以余数为-1
11%-3	2	结果取第一个操作数的符号位，所以余数为 2

在进行算术运算时，如果操作数的某一位为 x 或 z，则整个表达式的运算结果为不确定。例如：1+z=unknown。两个整数进行除法运算时，结果为整数，小数部分被截去。例如：6/4=1。在进行加法运算时，如果结果和操作数的位宽相同，则进位被截去。

4.3.7.2 位运算符

将两个操作数按对应位分别进行逻辑运算。如果两个操作数的位宽不一样，则仿真软件会自动将短操作数向左扩展到使两操作数位宽一致。

当操作数的某一位为 x 时，不一定产生 x 结果，见表 4.4 所示。

表 4.4 位运算

操作符号	操作功能	实例：ain=4'b1010，bin=4'b1100，cin=4'b001x
~	按位取反	~ain=4'b0101

续表4.4

操作符号	操作功能	实例：ain=4'b1010，bin=4'b1100，cin=4'b001x
&	按位与	ain & bin=4'b1000，bin & cin=4'b0000
|	按位或	ain | bin=4'b1110
^	按位异或	ain^bin=4'b0110
^~或~^	按位同或	ain^~bin=4'b1001

4.3.7.3　缩位运算符(单目运算符)

缩位运算符(Reduction Operators)又称缩减运算符，仅对一个操作数进行运算，按照从右到左的顺序依次对所有位进行运算，并产生 1 位的逻辑值，见表 4.5 所示。

表 4.5　缩位运算

操作符号	操作功能	实例：ain=5'b10101，bin=4'b0011，cin=3'bz00，din=3'bx011
&	按位与	&ain=1'b0，&din=1'b0
~&	按位与非	~&ain=1'b1
|	按位或	| ain=1'b1，| cin=1'bx
~|	按位或非	~| ain=1'b0
^	按位异或	^ain=1'b1
~^或^~	按位同或	~^ain=1'b0

缩位运算是对单个操作数进行或、与、非递推运算，最后的运算结果是 1 位的二进制数，例如：

```
reg [3：0] B;
reg C;
assign C=&B;
```

等价于：C=((B [0] &B [1])&B [2])&B [3]

4.3.7.4　关系运算符

在进行关系运算时，如果声明的关系是假，则返回值是 0；如果声明的关系是真，则返回值是 1；如果操作数的某一位为 x 或 z，则结果为不确定值，见表 4.6 所示。

表 4.6　关系运算

操作符号	操作功能	实例：ain=3'b011，bin=3'b100，cin=3'b110，din=3'b01z，ein=3'b00x
>	大于	ain>bin 结果为假(1'b0)

续表4.6

操作符号	操作功能	实例：ain=3'b011，bin=3'b100，cin=3'b110，din=3'b01z，ein=3'b00x
<	小于	ain<bin 结果为真(1'b1)
>=	大于或等于	ain>=din 结果为不确定(1'bx)
<=	小于或等于	ain<=ein 结果为不确定(1'bx)

4.3.7.5 等式运算符

等式运算主要有逻辑相等(==)、逻辑不等(! =)、全等(===)、非全等(! ==)几种。对于相等运算符，当参与比较的两个操作数逐位相等时，其结果才为 1，如果某些位是不定态或高阻值，则相等比较得到的结果是不定值；全等运算是对那些不定态或高阻值的位进行比较，两个操作数必须完全一致，其结果才为 1，否则结果为 0。

例如：对于 A=2'b1x 和 B=2'b1x，则 A==B 结果为 x，A===B 结果为 1。

全等运算与相等运算的真值表如表 4.7 所示。

表 4.7 全等运算与相等运算

===	0	1	x	z	==	0	1	x	z
0	1	0	0	0	0	1	0	x	x
1	0	1	0	0	1	0	1	x	x
x	0	0	1	0	x	x	x	x	x
z	0	0	0	1	z	x	x	x	x

4.3.7.6 逻辑运算符

在逻辑运算符中，“&&”和“| |”是双目运算符，它们要求有两个操作数。“!”是单目运算符，只要求一个操作数，见表 4.8 所示。

表 4.8 逻辑运算

操作符号	操作功能	实例：ain=3'b101，bin=3'b000
!	逻辑非	! ain 结果为假(1'b0)
&&	逻辑与	ain && bin 结果为假(1'b0)
| |	逻辑或	ain | | bin 结果为真(1'b1)

4.3.7.7 移位运算符

Verilog HDL 的移位运算符只有左移和右移两个。其用法为 A>>n 或 A<<n，表示把操作数 A 右移或左移 n 位，同时用 0 填补移出的位。

例如：

reg [3：0] start；

start=1；

start=(start<<2)；　　　//start=0100；

4.3.7.8 位拼接运算符

在 Verilog 语言中有一个特殊的运算符——位拼接运算符 { }。位拼接运算符 {} 可以把两个或多个信号的某些位拼接起来，表示一个整体信号进行运算操作。其使用方法如下：

{信号 1 的某几位，信号 2 的某几位，…，信号 n 的某几位}

对于一些信号的重复连接，可以使用简化的表示方式 {n {A}}。这里 A 是被连接的对象，n 是重复的次数。

例如：ain=3'b010；bin=4'b1100；

{ain，bin} =7'b0101100；

{3 {2'b10}} =6'b101010；

位拼接运算还可以用嵌套的方式来表达。

{ a，3'b101，{3 {a，b}}}

在位拼接表达式中，不允许存在没有指明位数的信号。这是因为在计算机拼接信号的位宽的大小时，必须知道其中每个信号的位宽。

4.3.7.9 条件运算符

条件运算符是三目运算符，对三个操作数进行运算，其实现方式如下：

信号=条件？表达式 1：表达式 2

说明：当条件成立时，信号取表达式 1 的值，反之取表达式 2 的值。

例如：

assign out=(sel==0)？a：b；

条件运算符描述的三态缓冲器如图 4.5 所示。

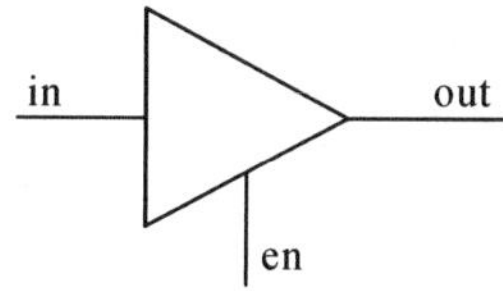

图 4.5　三态缓冲器

三态缓冲器对应的代码如下：

module likebufif(in，en，out)；

```
input in;
input en;
output out;
  assign out=(en==1)? in: 'bz;
endmodule
```

4.3.7.10 优先级别

本节涉及的运算符的优先级别如表 4.9 所示。

表 4.9 运算符优先级

优先级别	
! ~	高优先级别
* / %	↓
+ -	
<< >>	
<<= >>=	
== != === !==	
&	
~^ ^~	
|	
&&	
||	
? :	低优先级别

4.4 Verilog HDL 基本语句

Verilog HDL 的基本语句包括过程语句、块语句和赋值语句。

4.4.1 过程语句

Verilog 中有 initial 和 always 两种结构化过程语句，是行为建模的基本语句。行为描述类的语句只能出现在这两种结构化过程语句里。每个 initial 语句和 always 语句代表一个独立的执行过程，每条语句包含一个单独的信号流。一个模块中可以包含多条 initial 语句和多条 always 语句。

4.4.1.1 initial 语句

initial 语句指定的内容只执行一次，主要用于仿真测试，不能进行逻辑综合。initial

语句的格式如下：

```
initial
  begin
    语句 1；
    ……
    语句 n；
  end
```

例如，在 initial 过程中完成对存储器的初始化：

```
initial
  begin
    for(index=0；index<size；index=index+1)
    memory [index] =0；
  end
```

在这个例子中用 initial 语句在仿真开始时对各变量进行初始化，注意这个初始化过程不占用任何仿真时间，即在仿真之前就已完成对存储器的初始化工作。

若一个模块中有多个 initial 块，则它们同时并行执行。块内若有多条语句，需要用 begin-end 块语句将它们组合起来；若只有一条语句，则不需要使用 begin-end 块。

```
module stimulus；
  reg  x，y，a，b，m；
  initial
    m=1'b0；//只有一条语句，无需 begin-end 块
  initial
    begin //多条语句，需要 begin-end 块
      #5 a=1'b1；
      #25 b=1'b0；
    end
  initial
    begin
      #10 x=1'b0；
      #25 y=1'b1；
  end
endmodule
```

initial 过程常用于测试文件和虚拟模块的编写，用来产生仿真测试信号和设置信号记录等仿真环境。

4.4.1.2　always 语句

always 过程内的语句是不断被重复执行的，在仿真和逻辑综合中均可使用。其声明格式如下：

always<时序控制><语句>

always 语句由于其不断活动的特性，只有和一定的时序控制结合在一起才有用。例如：

always clk=～clk；

上面的语句构造了一个死循环，但如果加上时序控制，那么 always 语句将变为一条非常有用的描述语句，如：

always ＃half _ period clk=～clk；

这里生成了一个周期为 2＊ half _ period 的无限延续的信号波形。当经过 half _ period 时间单位时，时钟信号取反，再经过 half _ period 时间单位，就再取反一个周期。

always 过程是否执行，要看它的触发条件是否满足，如满足则运行过程块一次。如果没有添加触发条件，则 always 过程一直被重复执行。触发条件可以使用事件表达式或敏感信号列表，即当表达式中变量的值改变时，就会执行过程内的语句，其形式为：

```
always@(敏感信号表达式)
begin
//过程赋值
//if-else，case，casex，casez 选择语句
//task，function 调用
end
```

敏感信号表达式中应列出影响块内取值的所有信号。敏感信号可以是边沿触发，也可以是电平触发；可以是单个信号，也可以是多个信号，信号间用操作符“or”连接。边沿触发的 always 块一般描述时序行为，电平触发的 always 块通常用来描述组合逻辑的行为。

例如：包含多个敏感信号的 always 过程，只要 a、b、c 中任何一个发生变化(从高到低或从低到高的变化)，都会被触发一次。

```
always@(a or b or c)
begin
……
end
```

例如：对于由两个边沿触发的 always 过程，只要任意一个信号沿出现，就执行一次过程块。

always@(posedge clock or negedge reset)// posedge 代表上升沿，negedge 代表下

降沿

```
begin
……
end
```

always 过程中使用的所有赋值源变量都必须在 always@(敏感电平列表)中列出，如：

```
always@(a or b or c)
e=a & b & c;
```

如果使用了敏感信号列表中没有列出的变量作为赋值源，则在综合时，将会为没有列出的信号隐含地产生一个透明锁存器。例如：

```
input a，b，c;
output e，d;
reg e，d;
always@(a or b or c)
begin
e=a & b & d;
end
```

因为 d 不在敏感信号列表中，所以 d 的变化不会使 e 立即变化，直到 a，b，c 中的任意一个变化，触发过程后，e 才会发生变化。always 中存在 if 语句时，if 语句的条件表达式中所使用的变量必须在敏感电平列表中列出。

例如：构建如图 4.6 所示的多路选择器。

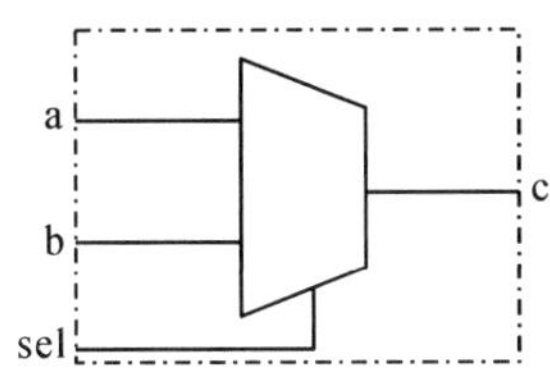

图 4.6　多路选择器

对应的代码如下：

```
always@(a or b or sel)
    begin
      if(sel)
            c=a;
      else
            c=b;
end
```

用 always 块设计时序电路时，敏感列表中包括时钟信号和控制信号。一个 always 过程最好只由一种类型的敏感信号触发，而不要将边沿敏感型信号和电平敏感型信号列在一起。

例如：设计图 4.7 所示的 D 触发器，使用两个信号边沿进行触发，而不用电平触发。

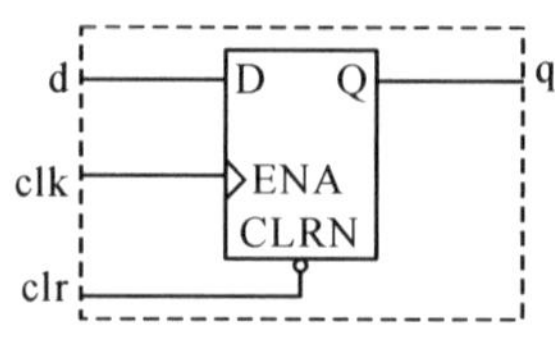

图 4.7　D 触发器

```
always@(posedge clk or negedge clr)
```

如果组合逻辑块语句的输入变量很多，则编写敏感列表会很烦琐且容易出错。针对这种情况，Verilog HDL 提供@ * 和@(*)两种表达符号，表示过程中所有输入变量都是敏感变量。

例如：下面两种方法的描述是等同的。

```
always@(a or b or c or d or e or f or g or h or p or m)
begin
out1=a? b+c: d+e;
out2=f? g+h: p+m;
end


always@( * )
begin
out1=a? b+c: d+e;
out2=f? g+h: p+m;
end
```

在同步时序逻辑电路中，触发器状态的变化发生在时钟脉冲的上升沿或下降沿，Verilog HDL 提供了 posedge 与 negedge 两个表达式，分别用来表示上升沿和下降沿。

例如：同步清零的 D 触发器，使用时钟上升沿触发。

```
always@(posedge clk)
begin
  if(! reset)
    q=0;
  else
    q<=d;
```

```
end
```

例如：同步置位/清零的计数器，使用时钟上升沿触发。

```
module sync(out，d，load，clr，clk)
input d，load，clk，clr;
input [7：0] d;
output [7：0] out;
reg [7：0] out;
always@(posedge clk)          //clk 上升沿触发
  begin
    if(! clr)  out<=8'h00;//同步清零，低电平有效
    else if(load) out<=d; //同步置位
    else  out<=out+1;     //计数
  end
endmodule
```

例如：异步清零的D触发器，使用时钟上升沿和 clr 信号的下降沿触发。

```
module async(d，clk，clr，q)；
  input d，clk，clr;
  output q;
  reg q;
  always@(posedge clk or posedge clr)
    begin
      if(clr)
      q<=1'b0;
      else
      q<=d;
    end
endmodule
```

Verilog HDL 也允许使用另外一种形式表示电平敏感控制，即用 wait 语句来表示等待敏感信号的高电平触发。例如：

```
always
wait(count_enable)  #20 count=count+1;
```

4.4.1.3　多 always 语句块

一个模块中可以有多个 always 语句，它们之间是并行执行的关系。每个 always 过程

只要有相应的触发事件发生，就会被触发执行，与各个 always 语句书写的前后顺序无关。例如：

```
module many _ always(clk1，clk2，a，b，out1，out2，out3)；
input clk1，clk2；
input a，b；
output out1，out2，out3；
wire clk1，clk2；
wire a，b；
reg out1，out2，out3；
always@(posedge clk1)//当 clk1 的上升沿到来时，令 out1 等于 a 和 b 的逻辑与
out1<=a&b；
always@(posedge clk1 or negedge clk2)//当 clk1 的上升沿或者 clk2 的下降沿到来时，令 out2 等于 a 和 b 的逻辑或
out2<=a | b；
always@(a or b)//当 a 或 b 的值变化时，令 out3 等于 a 和 b 的算术和
out3=a+b；
endmodule
```

在每一个模块中，可以有多个 initial 和 always 过程，但过程之间不能相互嵌套，它们都是从 0 时刻并行执行。例如：

```
module clk _ gen(clk)；
output clk；
parameter period=50，duty _ cycle=50；
initial
clk=1'b0；
always
#(period * duty _ cycle/100)clk=～clk；
initial
#100 $ finish；
endmodule
```

该程序运行的时间与结果如下：

```
时刻  |  执行时间
0        clk=1'b0
25       clk=1'b1；
50       clk=1'b0；
```

75　　　clk=1'b1；

100　　　$finish

initial 语句在模块中只执行一次，always 语句则可被重复执行。

4.4.2　块语句

当需要多条语句才能描述逻辑功能时，可以用块语句将多条语句组合在一起。块语句有 begin-end 串行块和 fork-join 并行块两种。

4.4.2.1　begin-end 串行块

begin……end 之间可以添加多条语句，并且语句是顺序执行的。其格式主要有以下两种：

格式 1：

begin

语句 1；

语句 2；

……

语句 n；

end

格式 2：

begin：块名

块内声明语句

语句 1；

语句 2；

……

语句 n；

end

可以在 begin 后声明该块的名字，它是一个标识符。块内声明语句可以是参数声明语句、reg 型变量声明语句、integer 型变量声明语句和 real 型变量声明语句。

串行块的特点为：①块内的语句是按顺序执行的，即只有上面一条语句执行完毕，下面的语句才能执行。②每条语句的延时起始点是前一条语句的结束时间点。③直到最后一条语句执行完，才跳出该语句块。

4.4.2.2　fork-join 并行块

fork-join 之间可以添加多条语句，并且语句之间的关系是并行的。

如果语句前面有延时符号“#”，那么延时的起始点是相对于 fork-join 块起始时间而言的，即块内每条语句的延迟时间的起始点都是块内的仿真时间的起始点。当按时序排在最后的语句执行完后或一个 disable 语句执行时，才跳出该并行块，其格式有两种：

格式 1：

```
    fork
语句 1；
语句 2；
    ……
语句 n；
    join
```

格式 2：

```
    fork：块名
块内声明语句
语句 1；
语句 2；
    ……
语句 n；
    join
```

块名即标识该块的一个名字，相当于一个标识符。块内声明语句可以是参数声明语句、reg 型变量声明语句、integer 型变量声明语句、real 型变量声明语句、time 型变量声明语句和事件(event)说明语句。

串行块和并行块可以相互转化。

例如：下面两种块语句是等效的。

串行块表述：

```
reg [7：0]    r；
begin
    #50   r='h35；
    #50   r='hE2；
    #50   r='h00；
    #50   r='hF7；
    #50   ->end_wave；
  end
```

并行块表述：

```
reg [7：0]    r；
```

```
fork
  #50  r='h35;
  #100 r='hE2;
  #150 r='h00;
  #200 r='hF7;
  #250 ->end_wave;
join
```

在串行块和并行块中都有一个起始时间和结束时间的概念。串行块的起始时间就是第一条语句开始被执行的时间，结束时间就是最后一条语句执行完的时间。而对于并行块来说，起始时间对于块内所有的语句是相同的，即程序流程控制进入该块的时间，其结束时间是按时间排序在最后的语句执行结束的时间。例如：

```
initial
 fork
  #10  a=1;
  #15  b=1;
  begin
    #20  c=1;
    #10  d=1;
  end
  #25  e=1;
join
```

该程序运行的时间与执行的语句如下：

```
时刻   |   执行的语句
10     |     a=1;
15     |     b=1;
20     |     c=1;
25     |     e=1;
30     |     d=1;
```

4.4.3　赋值语句

Verilog HDL 主要有连续赋值(Continuous Assignment)和过程赋值(Procedural Assignment)两种赋值方法，其中过程赋值包括阻塞赋值(Blocking Assignment)和非阻塞赋值(Nonblocking Assignment)。

4.4.3.1 连续赋值

连续赋值以assign为关键字，常用于描述数据流行为，位于过程块之外，是一种并行赋值语句。它只能为线网型变量赋值，并且线网型变量也必须用连续赋值的方法赋值。而且只有当变量声明为线网型变量后，才能使用连续赋值语句进行赋值。连续赋值语句的格式如下：

assign 赋值目标线网型变量＝表达式；

主要有以下几种方式：

第一种：

```
wire adder_out;
assign adder_out=mult_out+out;
```

第二种：

```
wire adder_out=mult_out+out; //隐含了连续赋值语句
```

第三种：带函数调用的连续赋值语句

```
assign c=max(a, b);    //调用了函数max，将函数返回值赋给c
```

在连续赋值语句中，“＝”号的左边必须是线网型变量，右边可以是线网型、寄存器型变量或者函数调用语句。连续赋值语属即刻赋值，即赋值号右边的运算值一旦变化，被赋值变量立刻随之变化。assign可以使用条件运算符进行条件判断后赋值。

4.4.3.2 过程赋值

过程赋值多用于对reg型变量进行赋值，这种类型的变量在被赋值后，其值保持不变，直到赋值进程又被触发，变量才被赋予新值。过程赋值位于过程块always和initial之内，分为非阻塞赋值和阻塞赋值两种，它们在功能和特点上有很大不同。

(1)非阻塞(Non_Blocking)赋值。

操作符为“<=”，其基本语法格式如下：

寄存器变量(reg)<=表达式/变量；

如：b<=a；

非阻塞赋值在整个过程块结束后才完成赋值操作，即在语句块中上面语句所赋的变量值不能立即就被下面的语句所用；在语句块中所有的非阻塞赋值操作是同时完成的，即在同一个串行过程块中，非阻塞赋值语句的书写顺序不影响赋值的先后顺序。连续的非阻塞赋值实例如下，其结果如图4.8所示。

```
module non_blocking(reg_c, reg_d, data, clk);
    output reg_c, reg_d;
    input clk, data;
```

```
    reg reg _ c，reg _ d；
    always@(posedge clk)
    begin
    reg _ c<=data；
    reg _ d<=reg _ c；
    end
endmodule
```

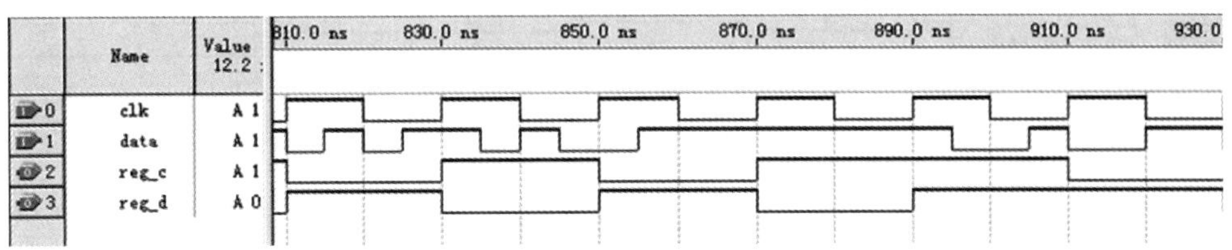

图 4.8　非阻塞赋值

如图 4.8 所示，在当前 clk 的上升沿，将 data 的值赋给 reg _ c，同时将 reg _ c 在前一时刻的值(不是 data)赋给 reg _ d，即对 reg _ c 所赋的值不能立即生效，要等到过程块结束时，对 reg _ c 和 reg _ d 的赋值才会同时生效。

(2)阻塞(Blocking)赋值。

操作符为“=”，其基本语法格式如下：

寄存器变量(reg)=表达式/变量；

如：b=a；

阻塞赋值在该语句结束时就立即完成赋值操作，即 b 的值在此条语句结束后立刻改变。如果在一个块语句中有多条阻塞赋值语句，那么写在前面的赋值语句没有完成之前，后面的语句就不能被执行，仿佛被阻塞(blocking)了一样，因此被称为阻塞赋值。阻塞赋值操作是按书写顺序完成的。连续的阻塞赋值的实例如下，其结果如图 4.9 所示。

```
module blocking(reg _ c，reg _ d，data，clk)；
  output reg _ c，reg _ d；
  input clk，data；
  reg reg _ c，reg _ d；
  always@(posedge clk)
    begin
      reg _ c=data；
      reg _ d=reg _ c；
    end
endmodule
```

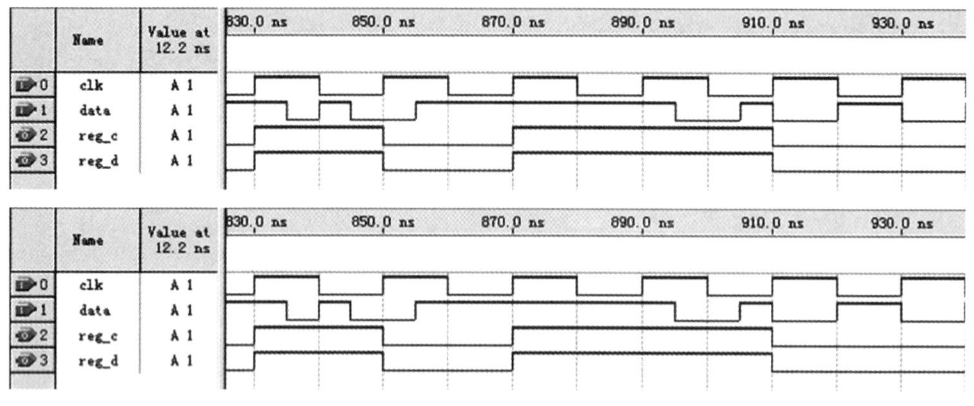

图 4.9　阻塞赋值

为了用阻塞赋值方式完成与上述非阻塞赋值同样的功能，可采用两个 always 块来实现，如下例所示。

```
module non _ blocking(reg _ c，reg _ d，data，clk)；
  output reg _ c，reg _ d；
  input clk，data；
  reg reg _ c，reg _ d；
  always@(posedge clk)
    begin
      reg _ c=data；
  end

  always@(posedge clk)
  begin
    reg _ d=reg _ c；
  end
endmodule
```

可以看到，在上例中，两个 always 过程块是并行执行的。

因此，在过程块中多条阻塞赋值语句是串行执行的，而多条非阻塞语句是并行执行的。在使用 always 块描述组合逻辑(电平敏感)时使用阻塞赋值；在使用 always 块描述时序逻辑(边沿敏感)时使用非阻塞赋值；在建立锁存器模型时，采用非阻塞赋值语句。在一个 always 块中同时有组合和时序逻辑时，采用非阻塞赋值语句。

为了避免出错，在同一个 always 块内不要将输出变量再作为输入使用；不要在同一个 always 块内同时使用阻塞赋值和非阻塞赋值。无论使用阻塞赋值还是非阻塞赋值，不要在不同的 always 块内为同一个变量赋值，否则会引起赋值冲突。

例如：有如下在不同的 always 块内为同一个变量赋值的程序：

```
module wrong_assign(out, a, b, sel, clk);
  input a, b, sel, clk;
  output out;
  wire a, b, sel, clk;
  reg  out;
  always@(posedge clk)
    if(sel==1) out<=a;
  always@(posedge clk)
    if(sel==0) out<=b;
endmodule
```

在上面的例子中，两个 always 块内所列条件不同，赋值语句似乎不会被同时执行。但由于两个 always 块同时执行，两个条件同时被判断，满足条件的赋值语句会更新 out 变量的数值，而另一个不满足条件的块中隐含的操作是维持 out 的值不变，因此引起了赋值冲突。

上例的正确写法应该是把对 out 的赋值放到同一个 always 块中：

```
module correct_assign(out, a, b, sel, clk);
  input a, b, sel, clk;
  output out;
  wire a, b, sel, clk;
  reg  out;
  //在同一个 always 块内为同一个变量赋值
  always@(posedge clk)
    begin
      if(sel==1)
        out<=a;
      else
        out<=b;
      end
endmodule
```

阻塞语句在没有标明延迟时间时，是按照语句输入的先后顺序执行，即先执行前面的语句，再执行后面的语句，阻塞语句的书写顺序与逻辑行为有很大的关系。而非阻塞语句是并行执行的，赋值时不分先后顺序，都是在 begin-end 块结束的时候同时被赋值。因此，这两类赋值语句在硬件实现时所对应的电路行为完全不同。

4.4.4 Verilog HDL 条件语句

4.4.4.1 if-else 语句

if-else 条件语句必须在过程块中使用。其格式有以下三种：

(1)形式 1：只有 if 的形式，格式为：

if(表达式)　语句 1；

或者：

if(表达式)
begin
语句 1；
语句 2；
　……
end

(2)形式 2：if……else 形式，格式为：

if(表达式)
语句或语句块 1；
else
语句或语句块 2；

(3)形式 3：if……else 嵌套形式，格式为：

if(表达式 1)　　语句 1；
else if(表达式 2)　语句 2；
else if(表达式 3)　语句 3；
……
else if(表达式 m)　语句 m；
else 语句 n；

例如：

```
if(a>b)        out=int1;
else if(a==b)  out1=int2;
else  out1=int3;
```

条件表达式一般为逻辑表达式或关系表达式，也可能是 1 位的变量。系统自动对表达式的值进行判断，若为 0，x，z，则按“假”处理；若为 1，则按“真”处理，执行指定语句。执行的语句可以是单条语句，也可以是多条语句。使用多条语句时要用 begin-end 语句括起来，例如：

```
always@(a, b, int1, int2)
  begin
    if(a>b)
      begin
        out1=int1;
        out2=int2;
      end
  else
      begin
        out1=int2;
        out2=int1;
      end
  end
```

当 if 语句嵌套使用时，为明确内、外层 if 和 else 的匹配状况，建议用 begin-end 语句将内层的 if 语句括起来。

条件语句允许一定形式的表达式简写方式，如 if(条件表达式)等同于 if(条件表达式==1)，if(！条件表达式)等同于 if(条件表达式！=1)。

在 if 语句中又包含一个或多个 if 语句称为 if 语句的嵌套。应当注意 if 与 else 的配对关系，else 总是与它上面最近的 if 配对。if-else 嵌套形式隐含优先级关系，如下面的实例，其执行结果如图 4.10 所示。

```
always@(sela or selb or a or b or c)
  begin
    if(sela)  q=a;
    else if(selb) q=b;
      else q=c;
  end
```

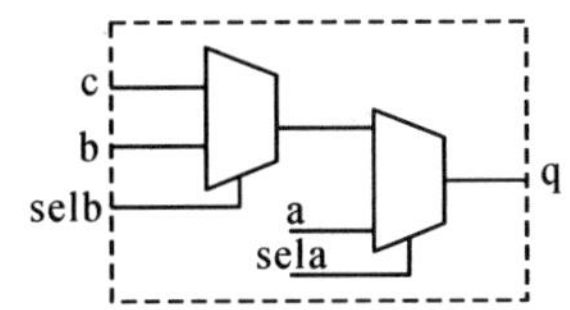

图 4.10　**嵌套** if-else **语句执行结果**

4.4.4.2　case 语句

case 语句只能在过程块中使用，其作用是处理多分支选择，通常用于描述译码器、数据选择器、状态机及微处理器的指令译码等，它的格式为：

```
case(表达式)
分支表达式 1：语句 1；
分支表达式 2：语句 2；
    ……
分支表达式 n：语句 n；
default：语句 n+1；//如果前面列出了表达式所有可能取值，那么 default 语句可以省略
endcase
```

case 语句括号内的表达式称为控制表达式，case 分支项中的表达式称为分支表达式。分支表达式其实是控制表达式的具体取值，因此分支表达式又可以称为常量表达式。当控制表达式的当前取值与某个分支表达式的值相等时，就执行该分支表达式后面的语句；如果所有的分支表达式的值都没有与控制表达式的值相匹配，就执行 default 后面的语句。分支表达式后面的语句也可以是由 begin-end 括起来的语句块。default 项在表达式的所有可能性全部列出时可以省略，一个 case 语句里只允许有一个 default 项。

例：用 case 语句实现 3－8 译码器。

```
wire [2：0] sel；
reg [7：0] res；
always@(sel or res)
begin
//case 语句；
  case(sel)
    3'b000：res=8'b00000001；
    3'b001：res=8'b00000010；
    3'b010：res=8'b00000100；
    3'b011：res=8'b00001000；
    3'b100：res=8'b00010000；
    3'b101：res=8'b00100000；
    3'b110：res=8'b01000000；
    default：res=8'b10000000；
  endcase
end
```

在 case 语句中，控制表达式与分支表达式 1 到分支表达式 n 之间的比较是一种全等比较(===)，必须保证两者的对应位全等。例如：

```
case(a)
    2'b1x: out=1;    //只有 a=1x，才有 out=1
    2'b1z: out=0;    //只有 a=1z，才有 out=0
    ……
endcase
```

因此，case 语句中的所有表达式的位宽必须相等，这样控制表达式和分支表达式才能进行逐位比较。不允许用“bx”和“bz”来替代“n'bx”和“n'bz”，因为 x，z 两种取值的默认宽度是机器的字节宽度，通常是 32 位。

执行完 case 某条分支中的语句，就跳出该 case 语句结构，终止 case 语句的执行。如果控制表达式的值和分支表达式的值同时为不定值或者同时为高阻态，则认为是相等的，其比较结果如表 4.10 所示。

表 4.10 控制表达式与分支表达式全等比较关系

case	0	1	x	z
0	1	0	0	0
1	0	1	0	0
x	0	0	1	0
z	0	0	0	1

4.4.5 循环语句

Verilog HDL 的循环语句主要包括 forever 语句、repeat 语句、while 语句和 for 语句。

4.4.5.1 forever 语句

forever 表示永久循环，无条件地无限次执行其后的语句，相当于 while(1)，直到遇到系统任务 $ finish 或 $ stop。如果需要从循环中退出，可以使用 disable 语句。forever 语句的格式如下：

格式 1：

```
forever 语句;
```

格式 2：

```
forever
  begin
语句 1;
语句 2;
……
```

```
    end
```

forever 循环语句多用于生成时钟等周期性波形，它不能独立写在程序中，而必须写在 initial 块中。例如：

```
    initial
    begin
      clk=0;
      forever #25 clk=~clk;
    end
```

forever 应该是过程块中最后一条语句。其后的语句将永远不会执行。forever 语句不可综合，通常用于仿真激励文件中的 testbench 描述。例如：

```
……
reg clk;
initial
  begin
  clk=0;
  forever
    begin
      #10 clk=1;
      #10 clk=0;
      end
  end
```

这种行为描述方式可以非常灵活地描述时钟，可以控制时钟的开始时间和周期占空比，仿真效率也高。

4.4.5.2 repeat 语句

repeat 语句用于循环次数已知的情况。repeat 语句的表达格式式如下：

```
repeat(循环次数)
  begin
操作 1;
操作 2;
    ……
  end
```

例：用 repeat 语句实现连续 8 次循环左移的操作。

```
if(rotate==1)
```

```
repeat(8)
  begin
    temp=data [15];
    data= {data<<1, temp};    // data 循环左移 8 次
  end
```

4.4.5.3　while 语句

while 语句根据某个变量的取值来控制循环。其一般表达形式为：

```
while(条件)
    begin
操作 1;
操作 2;
      ......
    end
```

在使用 while 语句时，一般在循环体内更新条件的取值，以保证在适当的时候退出循环。

4.4.5.4　for 语句

for 语句可以实现所有的循环结构。其表达形式如下：

```
for(循环变量赋初值; 条件表达式; 更新循环变量)
    begin
操作 1:
操作 2;
      ......
    end
```

例如：

```
for(i=0; i<4; i=i+1)
  begin
    a=a+1;
  end
```

for 语句的执行过程如下：

(1)先对循环变量赋初值；

(2)计算条件表达式，若其值为真(非 0)，则执行 for 语句中指定的内嵌语句，然后执行下面的第(3)步；若为假(0)，则结束循环，转到第(5)步；

(3)若条件表达式为真，在执行指定的语句后，执行更新循环变量；

(4)转回上面的第(2)步继续执行；

(5)执行 for 语句下面的语句。

4.4.5.5 disable 语句

在有些特殊的情况下，需要使用 disable 语句强制退出循环。使用 disable 语句强制退出循环，首先要给循环部分起个名字，方法是在 begin 后添加"：名字"，即 disable 语句可以终止有名字的 begin…end 块和 fork…join 块。语句块可以具有自己的名字，这称为命名块。

命名块中可以声明局部变量，声明的变量可以通过层次名引用进行访问；命名块可以被禁用，例如停止其执行。

例：为块结构命名。

```
module top;
initial
  begin: block1
    integer i;
    ......
    end
  initial
    fork: block2
     reg i;
    ......
    ......
join
```

disable 语句终止循环的方式分为 break 和 continue 两种，以此可以根据条件来控制某些代码段是否被执行。

例：break 和 continue 的区别。

程序 1：直接退出循环；a 做 3 次加 1 操作，b 只做 2 次加 1 操作。

```
begin: continue
  a=0; b=0;
  for(i=0; i<4; i=i+1)
    begin
      a=a+1;
      if(i==2) disable break;
```

```
        b=b+1;
      end
  end
```

程序 2：终止当前循环，重新开始下一次循环；a 做 4 次加 1 操作，b 只做 3 次加 1 操作。

```
  a=0; b=0;
    for(i=0; i<4; i=i+1)
    begin: continue
      a=a+1;
      if(i==2) disable continue;
      b=b+1;
  end
```

4.5 基本电路模块设计

数字电路设计主要包括组合逻辑电路和时序逻辑电路。其中组合逻辑电路的输出信号值仅取决于输入端信号值。时序逻辑电路的输出值不仅取决于当前的输入值，还取决于电路的历史状态，因此时序逻辑电路中包含存储元件，存储元件中的值代表了当前电路的状态。当电路的输入信号值发生改变时，新输入的信号值可能使电路保持同样的状态，也可能使电路进入另一种状态。随着时间的推移，输入信号值的变化导致电路状态发生一系列改变，因此这类电路称为时序逻辑电路。时序电路又可以分为同步时序电路和异步时序电路。

在通常情况下，由一个时钟信号控制的时序电路称为同步时序电路。在同步时序电路中，状态变量是由同一时钟控制的触发器表征，这个时钟是由脉冲组成的周期信号，状态变化可发生在时钟脉冲的上升沿或者下降沿。没有时钟控制或由多个时钟控制的时序电路称为异步时序电路。

组合逻辑电路既能用连续赋值语句描述，也能用过程赋值语句描述；但时序电路只能用过程赋值语句描述。下面是一些常用的时序电路的典型例子。

4.5.1 同步时序电路

D 触发器类似锁存器，区别是它在时钟边沿触发，比如下面的代码在时钟上升沿触发 Q=D。

```
  module flipflop(D, clk, Q);
  input D;
```

```
input clk;
output reg Q;
always@(posedge clk)
Q<=D;
endmodule
```

仿真代码如下，其仿真波形如图 4.11 所示。

```
`timescale 1ns/1ns
`define clock_period 20
module flipflop_tb;
reg D;
wire Q;
reg clk;
flipflop flipflop0(.D(D), .clk(clk), .Q(Q));
always #(`clock_period/2) clk=~clk;
initial
  begin
    D=1'b0;
    clk=1'b0;
    #(`clock_period)
    D=1'b1;
    #(`clock_period * 2)
    D=1'b0;
    #(`clock_period * 4)
    D=1'b1;
    #(`clock_period * 10)
    $stop;
    end
endmodule
```

图 4.11　D触发器仿真波形

4.5.2　异步复位 D 触发器

下面的代码实现了一个含有异步复位的 D 触发器。设计增加了一个异步复位信号

Rst _ n(信号名字后面加一个 n，通常表示低电平触发信号)。低电平有效的复位信号是下降沿触发，高电平有效的复位信号是上升沿触发。

```
module flipflop_ar(D, clk, Rst_n, Q);
  input D;
  input clk;
  input Rst_n; //复位信号
  output reg Q;
always@(posedge clk, negedge Rst_n)
  if(Rst_n==0)
    Q<=1'b0;
  else
    Q<=D ;
endmodule
```

仿真代码如下，其仿真波形如图 4.12 所示。

```
`timescale 1ns/1ns
`define clock_period 20
module flipflop_ar_tb;
  reg D;
  wire Q;
  reg clk;
reg Rst_n;
flipflop_ar flipflop_ar0(.D(D), .clk(clk), .Rst_n(Rst_n), .Q(Q));
always #(`clock_period/2) clk=~clk;
initial
  begin
    D=1'b0;
    clk=1'b0;
    Rst_n=1'b1;
    #(`clock_period)
    Rst_n=1'b0;
    D=1'b1;
    #(`clock_period)
    Rst_n=1'b1;
    #(`clock_period*2)
```

```
        D=1'b0;
        #(`clock_period*4)
        D=1'b1;
        #(`clock_period*10)
        $stop;
    end
endmodule
```

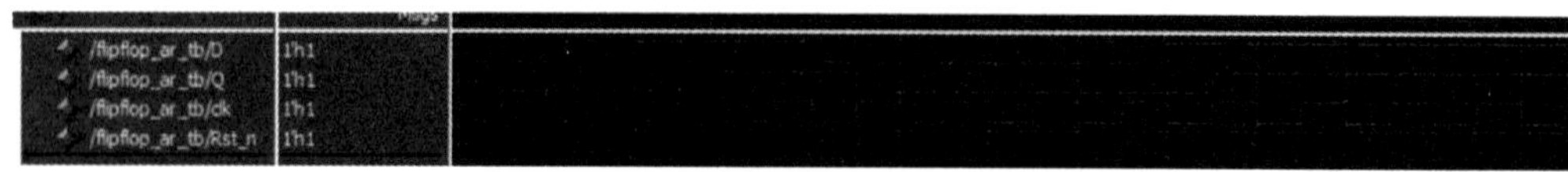

图 4.12　异步复位 D 触发器仿真波形

4.5.3　同步复位 D 触发器

异步复位指的是通过复位信号的边沿触发复位。如果在时钟信号的边沿触发复位，则是同步复位。下面是同步复位的代码：

```
    module flipflop_sr(D, clk, Rst_n, Q);
    input D;
    input clk;
    input Rst_n; //复位信号
output reg Q;
always@(posedge clk)
    if(Rst_n==0)
    Q<=1'b0;
else
    Q<=D ;
endmodule
```

仿真代码如下，其仿真波形如图 4.13 所示。

```
`timescale 1ns/1ns
`define clock_period 20
module flipflop_sr_tb;
reg D;
wire Q;
reg clk;
reg Rst_n;
```

```
flipflop_sr flipflop_sr0(.D(D), .clk(clk), .Rst_n(Rst_n), .Q(Q));
always #(`clock_period/2) clk=~clk;
  initial
    begin
    D=1'b0;
    clk=1'b0;
    Rst_n=1'b0;
    #(`clock_period)
    Rst_n=1'b1;
    D=1'b1;
    #(`clock_period*2)
    D=1'b0;
    #(`clock_period*4)
    D=1'b1;
    #(`clock_period*10)
    $stop;
    end
endmodule
```

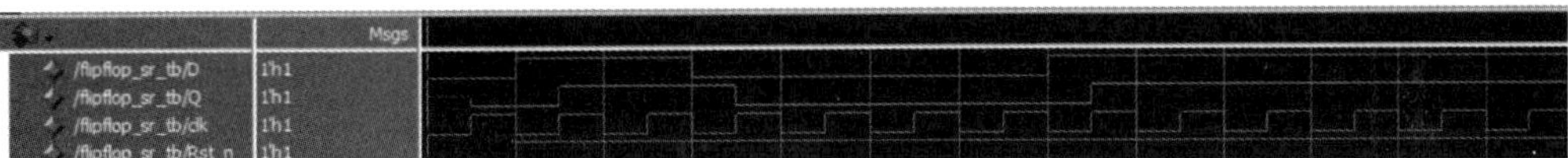

图 4.13　同步复位 D 触发器仿真波形

4.5.4　带置位和复位的同步 D 触发器

带置位和复位的同步 D 触发器代码如下：

```
module flipflop_srl(D, clk, Rst_n, Load_n, Q);
  input D;
  input clk;
  input Rst_n; //复位信号
  input Load_n; //置位信号，也是低电平有效
  output reg Q;
  always@(posedge clk)
    if(Rst_n==0)
    Q<=1'b0;
```

```
        else if(Load _ n==0)
        Q<=1'b1;
        else
        Q<=D;
endmodule
```

仿真代码如下，其仿真波形如图 4.14 所示。

```
`timescale 1ns/1ns
`define clock _ period 20
module flipflop _ srl _ tb;
  reg D;
  wire Q;
  reg clk;
  reg Rst _ n;
  reg Load _ n;
flipflop _ srl flipflop _ srl0(.D(D), .clk(clk), .Rst _ n(Rst _ n), .Load _ n(Load _
n), .Q(Q));
always #(`clock _ period/2) clk=~clk;
  initial
  begin
    D=1'b0;
    clk=1'b0;
    Rst _ n=1'b0;
    Load _ n=1'b1;
    #(`clock _ period)
    Rst _ n=1'b1;
    D=1'b1;
    #(`clock _ period * 2)
    D=1'b0;
     #(`clock _ period * 2)
    Load _ n=1'b0;
    #(`clock _ period * 4)
    Load _ n=1'b1;
    D=1'b1;
    #(`clock _ period * 10)
```

```
    $ stop;
    end
endmodule
```

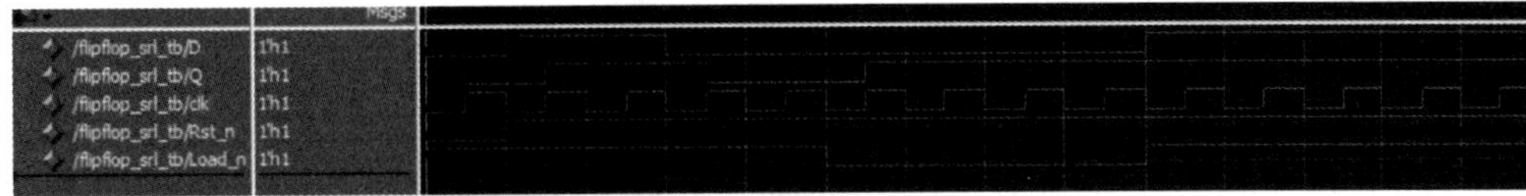

图 4.14　带置位和复位的同步 D 触发器仿真波形

4.5.5　寄存器

一个触发器可以存储一位数据，由 n 个触发器组成的电路可以存储 n 位数据，我们把这一组触发器叫作寄存器。寄存器中每个触发器共用同一个时钟。下面是 n 位寄存器的代码，通过一个参数定义 n，在实例化时传入参数 n。

```
  module regne(D, clk, Rst_n, E, Q);
  parameter n=4;
  input [n-1: 0] D;
  input clk;
input Rst_n; //复位信号
input E; //使能信号
output reg [n-1: 0] Q;
always@(posedge clk, negedge Rst_n)
  if(Rst_n==0)
    Q<=0;
  else if(E)
    Q<=D;
endmodule
```

仿真代码如下，其仿真波形如图 4.15 所示。

```
`timescale 1ns/1ns
`define clock_period 20
module regne_tb;
  reg [7: 0] D;
  wire [7: 0] Q;
  reg clk;
  reg Rst_n;
```

```
reg E;
regne #(.n(8))regne(.D(D), .clk(clk), .Rst_n(Rst_n), .E(E), .Q(Q));
always #(`clock_period/2) clk=~clk;
initial
  begin
    D=4'b01010101;
    clk=1'b0;
    Rst_n=1'b1;
    E=1'b1;
    #(`clock_period)
    Rst_n=1'b0;
    D=4'b10101010;
    #(`clock_period * 2)
    E=1'b0;
    Rst_n=1'b1;
    D=4'b00010001;
    #(`clock_period * 4)
  E=1'b1;
  D=4'b1111;
  #(`clock_period * 2)
  D=4'b10111011;
  #(`clock_period * 2)
  D=4'b10011001;
  #(`clock_period * 2)
  $stop;
  end
endmodule
```

图 4.15　寄存器仿真波形

4.5.6　移位寄存器

寄存器移位可以实现整数乘法和触发，左移一位且在末位补 0，相当于乘以 2，右移一位可以实现除 2 功能。有移位功能的寄存器称作移位寄存器，下面的代码实现把串行的输入存储到一个寄存器，并在时钟控制下并行输出。该电路还带有一个 Load 信号，如果 Load=1，则移位寄存器装入初始值，否则执行移位操作。这种串行加载、并行读取数据的电路叫作串—并转化器。仿真代码如下，其仿真波形如图 4.16 所示。

```
/ * 串行输入、并行输出寄存器从高位输入，即从右向左输入 * /
  module shiftn(R, L, w, clk, Q);
  parameter n=8;
  input [n-1: 0] R; //初始值
  input L; //load 信号
  input w; //移入信号
  input clk; //时钟信号
  output reg [n-1: 0] Q;
  integer k;
  always@(posedge clk)
    begin
      if(L)
      Q<=R;
    else
    begin
    for(k=0; k<n-1; k=k+1)
      Q [k] <=Q [k+1];
      Q [n-1] <=w;
    end
  end
endmodule
```

图 4.16　移位寄存器仿真波形

4.6　编译指令

Verilog HDL 语言和 C 语言一样也提供编译预处理功能。在 Verilog 中为了与一般的语句相区别，这些预处理语句以符号“ ` ”开头，注意，这个字符位于主键盘的左上角，其对应的上键盘字符为“～”，这个符号并不是单引号“ ′ ”。这里简单介绍最常用的`define，`include 和`timescale。

4.6.1 宏定义

用一个指定的标识符来代表一个字符串，其定义格式为：

`define 标识符(宏名) 字符串(宏内容)

例如：`define SIGNAL string

其作用是在后面的程序中用 SIGNAL 替代所有的 string 字符串，在编译预处理时，将程序中该命令后面所有的 SIGNAL 替换为 string。这种替代过程称作宏展开。

说明：

(1)宏名可以是大写字母，也可以是小写字母。一般用大写字母，以防止与后面的变量名重复。

(2)`define 可以出现在模块定义里面，也可以出现在外面。其有效范围是从该命令行开始至源文件结束。

(3)在引用已定义的宏名时，必须在宏名的前面加上符号“ ` ”，表示该名字是一个经过宏定义的名字。

(4)宏定义是用宏名代替一个字符串，只做简单替换而不检查语法。

(5)宏定义不是 Verilog HDL 语句，不必在后面加分号。

(6)在进行宏定义时，可以引用已经定义的宏名，可以层层替换。

(7)宏名和宏内容必须在同一行进行声明。如果在宏内容中包含注释行，那么注释行不会作为被置换的内容。

组成宏内容的字符串不能被以下的语句记号分隔开：注释行＋数字＋字符串＋确认符＋关键词＋双目或三目运算符，如下面的宏定义声明和引用就是非法的：

```
`define first _ half "start of string
$ display(`first _ half end of string")
```

4.6.2 文件包含的处理

文件包含是指一个源文件可以将另一个源文件的全部内容包含进来，即将另外的文件调用到本文件中。

一般格式为：`include "文件名"。

在执行命令时，将被包含文件的全部内容复制插入`include 命令出现的地方，然后继续进行下一步的编译。关于文件调用有以下几点说明：

(1)一个文件包含命令只能指定一个被包含的文件，如果需要包含 n 个文件，要用 n 个`include 命令。

(2)`include 命令可以出现在 Verilog 程序的任何位置。被包含文件名可以是相对路径名，也可以是绝对路径名。

(3)可以将多个包含命令写在同一行，可以出现空格和注释行。

(4)如果文件 1 包含文件 2，文件 2 需要用到文件 3 的内容，可以在文件 1 中用两个`include命令分别将文件 2 和文件 3 包含进去，而且文件 3 要在文件 2 之前。

(5)在一个被包含文件中又可以包含其他的文件，即文件的包含是可以嵌套的。

4.6.3 时间尺度

`timescale 命令用来说明跟在该命令后面的模块运行的时间单位和精度。使用`timescale命令可以在同一个设计中包含不同的时间单位的模块。

一般的命令格式如下：

`timescale<时间单位>/<时间精度>

在这条命令中，时间单位参量用来定义仿真时间和延迟时间的基准单位。时间精度则声明该仿真时间的分辨率，即仿真时的最小时间刻度，因此又可以称作取整精度。如果在同一个程序设计里，存在多个与`timescale 一样的命令，则用最小的时间精度值来决定仿真的时间单位。另外，时间精度不能大于时间单位值。

使用`timescale 时应该注意，`timescale 的有效区域为从`timescale 语句处直至下一个`timescale 命令或者`resetall 语句为止。当有多个`timescale 命令时，只有最后一个才起作用，在同一个源文件中以`timescale 定义的不同的多个模块最好分开编译，不要包含在一起，以免出错。

`timescale 1ns/1ps 中，时间值都为 1ns 的整数倍，时间精度为 1ps，因此延迟时间可以表达为带三位小数的实型数。

`timescale 10μs/100ns 中，时间单位为 10μs 的整数倍，时间精度为 100ns，因此延迟时间可以表达为带两位小数的实型数。

可用 $ printtimescale 函数来输出显示一个模块的时间单位和时间精度。

4.6.4 条件编译命令

一般情况下，Verilog HDL 源程序中所有的语句都参加编译。但是有时希望对其中的部分内容只有在满足编译条件时才进行编译，也就是对一部分内容指定编译条件，这就是条件编译。

条件编译命令有以下几种形式：

```
`ifdef 宏名(标识符)
   程序段 1
`else
```

程序段 2

`endif

它的作用是当宏名已经被定义过(`define 定义)时，只对程序段 1 进行编译，程序段 2 被忽略。其中 else 部分可以没有。注意，忽略掉的程序段也要符合语法规则。

4.7 Verilog 中综合的概念

综合就是 EDA 工具或者说综合工具把编写的 Verilog 代码转化成具体电路的过程。Verilog 中有很多语法，如结构、过程、语句，其中部分语句是可以综合的，还有部分语句是不可以综合的，不可以综合的语句或者语法通常在 testbench 中使用，只用来仿真验证。

(1)所有综合工具都支持的结构、语句如下：

结构：always，begin，end，function，module，operators；

行为语句：assign，case，if，for，and，nand，or，nor，xor，xnor，buf，not，bufif0，bufif1，notif0，notif1；

定义语句：wire，tri，reg，supply0，supply1，integer，default，inout，input，instantitation，negedge，posedge，output，parameter。

(2)所有综合工具都不支持的结构、语句如下：

结构：fork，join，initial；

语句：$ finish，delays，UDP，wait；

定义：time，defparam。

(3)只有部分工具支持的结构、语句如下：

结构：forever，repeat，task，while；

语句：casex，casez，wand，triand，wor，trior，disable，instantitation，部分操作符(如+，－，&，｜等)；

定义：real，arrays，memories。

要保证 Verilog HDL 赋值语句的可综合性，在建模时应注意以下要点：

(1)不使用 initial。

(2)不使用时间参数。时序参数定义硬件元件的详细物理特性，在一个设计模块被完全综合，映射到它的目标库并完成特定的布局布线之前，精确的门延时和连线延时是不可知的。因此在一个预综合描述中，指定时序参数对综合工具是不允许的。这种延时的时序参数通常用在 testbench 中。

(3)不使用循环次数不确定的循环语句，如 forever、while 等。

(4)不使用用户自定义原语(UDP 元件)。

(5)尽量使用同步方式设计电路。

(6)除非是关键路径的设计，一般不采用调用门级元件来描述设计的方法，建议采用行为语句来完成设计。

(7)用 always 过程块描述组合逻辑，应在敏感信号列表中列出所有的输入信号。

(8)所有的内部寄存器都应该能够被复位，在使用 FPGA 实现设计时，应尽量使用器件的全局复位端作为系统总的复位。

(9)对时序逻辑描述和建模，应尽量使用非阻塞赋值方式。对组合逻辑描述和建模，既可以用阻塞赋值方式，也可以用非阻塞赋值方式。但在同一个过程块中，最好不要同时用阻塞赋值和非阻塞赋值。

(10)不能在一个以上的 always 过程块中对同一个变量赋值。对同一个赋值对象不能既使用阻塞式赋值，又使用非阻塞式赋值。

(11)如果不打算把变量综合成锁存器，那么必须在 if 语句或 case 语句的所有条件分支中都对变量明确地赋值。

(12)避免混合使用上升沿和下降沿触发的触发器。

(13)同一个变量的赋值不能受多个时钟控制，也不能受两种不同的时钟条件(或者不同的时钟沿)控制。

(14)避免在 case 语句的分支项中使用 x 值或 z 值。

对于不能综合的语句，要注意的是：

(1)initial 语句只能在 testbench 中使用，不能综合。

(2)events 在编写 testbench 仿真文件时使用，不能综合。

(3)不支持 real 数据类型的综合。

(4)不支持 time 数据类型的综合。

(5)不支持 force 和 release 语句的综合。

(6)不支持对 reg 数据类型的 assign 或 deassign 进行综合，支持对 wire 数据类型的 assign 或 deassign 进行综合。

(7)fork join 块不可综合，可以使用非块语句达到同样的效果。

(8)primitives 仅支持门级原语的综合，不支持非门级原语的综合。

(9)不支持 UDP 和 table 语句的综合。

(10)敏感列表里同时带有 posedge 和 negedge 时，不支持综合。

例如：always@(posedge clk or negedge clk)，此时 always 块不可综合。

(11)同一个 reg 类型的变量在多个 always 块内被赋值。

(12)源程序中的延时量不能被综合。以＃开头的延时不可综合成硬件电路延时，综合工具会忽略所有延时代码，但不会报错。例如：a=＃10 b；这里的＃10 是用于仿真时的延时，在综合时综合工具会忽略它，也就是说，在综合时上式等同于 a=b。

(13)在 X、Z 取值之间进行比较的表达式不被综合。可能会有人喜欢在条件表达式中把数据与 X(或 Z)进行比较，殊不知这是不可综合的，综合工具同样会忽略。因此要确保信号只有两个状态：0 或 1。

4.8 Verilog HDL 代码编写规范

(1)系统级信号的命名。系统级信号指复位信号、置位信号、时钟信号等需要输送到各个模块的全局信号。系统信号以字符串 Sys 开头。

(2)低电平有效的信号后一律加下划线和字母 n，如：SysRst _ n 和 FifoFull _ n。

(3)经过锁存器锁存的信号，后加下划线和字母 r，与锁存前的信号相区别，如 CpuRamRd 信号，经锁存后应命名为 CpuRamRd _ r。低电平有效的信号经过锁存器锁存，其命名应在 _ n 后加 r。如 CpuRamRd _ n 信号，经锁存后应命名为 CpuRamRd _ nr。多级锁存的信号，可多加 r 以标明。如 CpuRamRd 信号，经两级触发器锁存后，应命名为 CpuRamRd _ rr。

(4)模块的命名。在系统设计阶段，应该为每个模块进行命名。命名的方法是，将模块英文名称的各个单词的首字母组合起来，形成 3～5 个字符的缩写。若模块的英文名只有一个单词，可取该单词的前 3 个字母。各模块的命名以 3 个字母为宜。例如：Arithmatic Logical Unit 模块命名为 ALU，Data Memory Interface 模块命名为 DMI，Decoder 模块命名为 DEC。

(5)模块之间的接口信号的命名。所有变量的命名分为两个部分，第一部分表明数据方向，其中数据发出方在前，数据接收方在后；第二部分为数据名称。两部分之间用下划线隔开。第一部分全部大写，第二部分所有具有明确意义的英文名全部拼写或缩写的第一个字母大写，其余部分小写。例如：CPUMMU _ WrReq，下划线左边是第一部分，代表数据方向是从 CPU 模块发向存储器管理单元模块(MMU)。下划线右边 Wr 为 Write 的缩写，Req 是 Request 的缩写。两个缩写的第一个字母都大写，便于理解。整个变量连起来的意思就是 CPU 发送给 MMU 的写请求信号。模块上、下层次间信号的命名也遵循本规定。若某个信号从一个模块传递到多个模块，其命名应视信号的主要路径而定。

(6)模块内部信号。模块内部的信号由几个单词连接而成，缩写要求能基本表明本单词的含义；单词除常用的缩写方法外(如：Clock－>Clk，Write－>Wr，Read－>Rd 等)，一律取该单词的前几个字母(如：Frequency－>Freq，Variable－>Var 等)；每个缩写单词的第一个字母大写；若遇两个大写字母相邻，中间添加一个下划线(如 DivN _ Cntr)。例如：SdramWrEn _ n，FlashAddrLatchEn。

Verilog 语言中，对于编码格式也有相应的规范。

(1)分节书写，各节之间加一到多行空格。如每个 always，initial 语句都是一节。每节基本上完成一个特定的功能，即用于描述某几个信号的产生。在每节之前有几行注释对该节代码加以描述，至少列出本节中描述的信号的含义。

(2)行首不要使用空格来对齐，而是用 Tab 键，Tab 键的宽度设为 4 个字符宽度。行尾不要有多余的空格。

(3)使用//进行的注释行以分号结束；使用/＊ ＊/进行的注释，/＊和＊/各占用一行，并且顶头。例如：//Edge detector used to synchronize the input signal。

(4)不同变量，以及变量与符号、变量与括号之间都应当保留一个空格。Verilog 的关键的字与其他任何字符串之间都应当保留一个空格。例如：Always@( )使用大括号和小括号时，前括号的后边和后括号的前边应当留有一个空格。逻辑运算符、算术运算符、比较运算符等运算符的两侧各留一个空格，与变量分隔开来；单操作数运算符例外，直接位于操作数前，不使用空格。使用//进行的注释，在//后应当有一个空格；注释行的末尾不要有多余的空格。例如：

assign SramAddrBus＝｛AddrBus［31：24］，AddrBus［7：0］｝；

assign DivCntr［3：0］＝DivCntr［3：0］＋4'b0001。

本章习题

1. Verilog 语言中有哪些字符形式？它们之间的区别是什么？

2. 总结 Verilog 程序中哪些地方需要使用标识符？标识符的规范有哪些？

3. 归纳总结阻塞式赋值和非阻塞式赋值语句的使用条件，以及赋值时的执行区别。

4. 归纳总结可被综合的语句结构，以及只能用于仿真的语句结构。分析此两类语句的区别。

5. 串行模块和并行模块的区别是什么？它们在具体的数字电路中分别可以对应哪些硬件结构？

6. net 类数据类型与 reg 类数据类型的区别是什么？它们可以分别对应哪些硬件结构？

7. Verilog 语言中有哪些分支控制语句？它们分别是如何执行的？它们的条件表达式有何区别？

8. Verilog 语言中有哪些循环语句？哪些可以被综合？控制循环的方法有哪些？如何跳出循环？

9. 同步时序电路和异步时序电路的区别是什么？它们在 Verilog 程序中的表达有何区别？

10. 在 Verilog 程序中，有哪些语句可对时钟进行描述？它们描述的分别是时钟的哪些特性？

11. 简述 Verilog 程序的基本结构体系。

12. Verilog 程序中如何调用已有程序？如何在图形化界面中调用已有程序？

第 5 章 有限状态机设计

5.1 有限状态机定义

状态机电路设计是指用当前时刻电路的输入信号和电路的状态(状态变量)组成的逻辑函数去描述时序逻辑电路功能的方法。任何一个时序电路都可归结为一个状态机，状态机的本质是对具有逻辑顺序或时序规律的事件进行描述，因此具有逻辑顺序和时序规律的事情都可用状态机描述。

状态机是与高级语言程序流程图类似的硬件流程图，具有顺序执行与逐步递进的特点。由于硬件电路的特殊性，状态机一般情况下都是闭环的，即在执行过程中当条件满足时，时序状态能够回到初始状态。状态机可控制 FPGA 内的并行模块完成顺序执行。

在通常情况下，时序电路系统可分解为有限个状态，电路在任意时刻只能处于其中之一的状态。一个事件输入时，状态机产生一个输出，同时伴随着状态的转移，因此时序电路可采用有限状态机来完成。有限状态机(Finite-State Machine，FSM)是表示有限个状态，以及状态之间的转移和动作等行为的数学模型。有限状态机在设计电路中加入一定的限制条件，一般用来实现数字系统的时序控制，是数字逻辑的一种表示方法和设计思想。

5.2 状态机的分类

根据状态机的输出是否与输入条件相关，状态机可分为摩尔(Moore)型状态机和米勒(Mealy)型状态机两大类。Moore 型状态机的输出信号仅仅取决于电路的状态，Mealy 型状态机电路中，输出信号不仅取决于电路的状态，而且取决于电路的输入。图 5.1 所示为某 Mealy 型电路的状态转换图，图中圆圈内的 S0、S1 等代表电路的状态，状态转换箭头旁斜杠“/”前边的数字代表输入信号，斜杠“/”后边的数字代表输出信号。假设电路的当前状态为 S0，当输入信号为 0 时，电路的下一个状态仍为 S0，输出信号为 0；当输入信号为 1 时，电路的下一个状态为 S1，输出信号为 1。

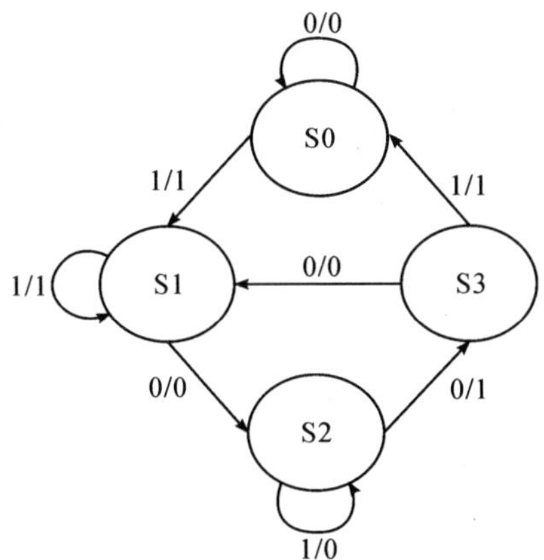

图 5.1　Mealy 型状态转换图

5.2.1　Mealy 状态机

Mealy 状态机的模型如图 5.2 所示，模型中第一个框图产生下一状态的组合逻辑 F，F 是当前状态和输入信号的函数；下一时刻的状态是否改变、如何改变，取决于组合逻辑 F 的输出。第二个框图是状态寄存器，由一组触发器组成，用来记忆状态机当前所处的状态，状态的改变只发生在时钟边沿。第三个框图产生输出的组合逻辑 G，状态机的输出是由输出组合逻辑 G 提供的，G 也是当前状态和输入信号的函数。

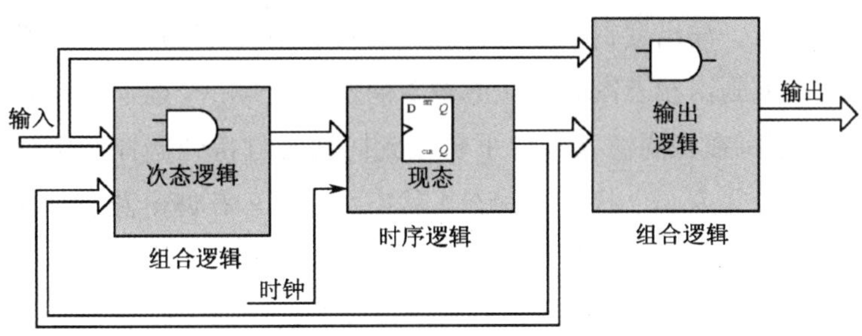

图 5.2　Mealy 状态机模型

5.2.2　Moore 状态机

Moore 状态机的模型如图 5.3 所示，输出仅为当前状态的函数。在输入发生变化时，虽然能确定下一个状态的去向，但还须等待下一个时钟到来，才能使状态发生变化时输出发生变化。

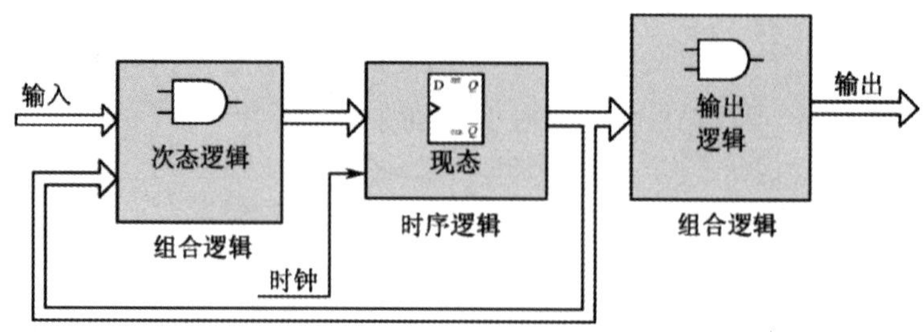

图 5.3　Moore 状态机模型

5.3　有限状态机的 Verilog HDL 设计

5.3.1　有限状态机实现过程

有限状态机 FSM 的设计过程主要包括逻辑抽象、状态简化、状态分配、触发器类型确定与 Verilog HDL 描述等步骤。

(1)逻辑抽象，即设计出状态转换图。把一个实际逻辑关系表示为时序逻辑函数，可采用状态转换表来描述，也可采用状态转换图来描述。首先分析实际逻辑问题，确定输入变量、输出变量以及电路的状态数，通常是取原因(或条件)作为输入变量，取结果作为输出变量；然后定义输入、输出逻辑状态的含意，并将电路状态顺序编号；最后根据要求列出电路的状态转化表或画出状态图，将实际逻辑问题抽象为一个时序逻辑函数。

(2)状态简化，即将在相同输入条件下转换到同状态且得到同样逻辑输出的两个或者多个状态(等价状态)合并为一个状态。状态机状态数越少，存储电路越简单。状态化简是将等价状态尽可能地合并，以得到最简状态图。

(3)状态分配，即状态编码。编码方案选择得当，设计的电路就简单；反之，设计的电路就变得复杂。实际上须综合考虑电路复杂度与电路性能二者的折中。在触发器资源丰富的 FPGA 设计中，采用各状态独立编码既可保证电路性能，又可充分利用其触发器数量多的优势。

(4)选定触发器的类型并求出状态方程、驱动方程和输出方程，并根据方程求出逻辑状态转化图。

(5)用 Verilog HDL 来描述有限状态机，可充分发挥硬件描述语言的抽象建模能力，一般使用 always 块语句和 case(if)等条件语句及赋值语句。

5.3.2　状态机的 Verilog HDL 实现方法

根据状态机的实现方法，可将其分为一段式状态机设计、两段式状态机设计和三段式状态机设计。

5.3.2.1　一段式状态机

整个状态机写到一个 always 模块里面。在这个模块中既描述状态转移，又描述状态的输入和输出。一般情况下不推荐使用这种状态机设计，一方面从代码风格来讲，通常会把组合逻辑和时序逻辑分开；另一方面从代码维护和升级角度考虑，组合逻辑和时序逻辑混合在一起不利于代码维护和修改，也不利于约束实现。

5.3.2.2　两段式状态机

用两个 always 模块来描述状态机，其中一个 always 模块采用同步时序描述状态转移；另一个 always 模块采用组合逻辑判断状态转移条件，描述状态转移规律和输出。与一段式状态机不同的是，两段式状态机需要定义两个状态，即现态和次态，然后通过现态和次态的转换来实现时序逻辑。

5.3.2.3　三段式状态机

在两个 always 模块描述方法的基础上，增加第三个 always 模块，第一个 always 模块采用同步时序描述状态转移，第二个 always 模块采用组合逻辑判断状态转移的条件，即描述状态转移规律，第三个 always 模块描述状态输出。

三段式状态机将组合逻辑和时序逻辑分开，有利于综合器分析优化以及程序的维护，并且三段式状态机将状态转移与状态输出分开，使代码看上去更加清晰易懂，提高了代码的可读性，通常推荐使用三段式状态机。

三段式状态机的基本格式如下：

(1) 第一个 always 语句实现同步状态跳转；

(2) 第二个 always 语句采用组合逻辑判断状态转移条件[用 always@(*)实现组合逻辑]；

(3) 第三个 always 语句描述状态输出(可以用组合电路输出，也可以用时序电路输出)。

5.3.3　Moore 有限状态机的实现

Moore 有限状态机的状态切换不涉及外部输入(图 5.4)。下面用两段式状态机实现模为 5 的计数器设计，举例说明 Moore 状态机的设计。

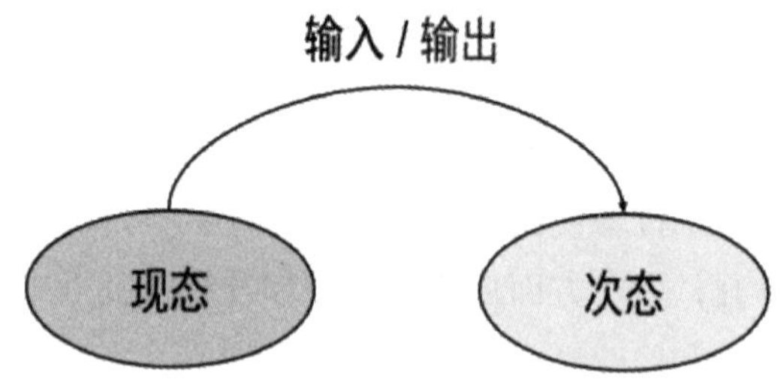

图 5.4　Moore 状态机的状态切换

```
module fsm(clk, clr, z, qout); //模 5 计数器
input clk, clr;
output reg z;
output reg [2: 0] qout;
always@(posedge clk or posedge clr)//此过程定义状态转换
  begin  if(clr) qout<=0;                    //异步复位
else   case(qout)
     3'b000: qout<=3'b001;
     3'b001: qout<=3'b010;
     3'b010: qout<=3'b011;
     3'b011: qout<=3'b100;
     3'b100: qout<=3'b000;
     default: qout<=3'b000;     /* default 语句 */
  endcase
end
  always@(qout)         /* 此过程产生输出逻辑 */
     begin  case(qout)
       3'b100: z=1'b1;
       default: z=1'b0;
            endcase
  end
endmodule
```

5.3.4　Mealy 有限状态机的实现

Mealy 状态机的状态切换不仅取决于当前状态，而且与状态机外部输入有关(图 5.5)。

现以序列“101”检测器的三段式设计，即有“101”序列输入时输出为 1，其他输入情况下输出为 0，来举例说明 Mealy 状态机的三段式状态机设计实现。

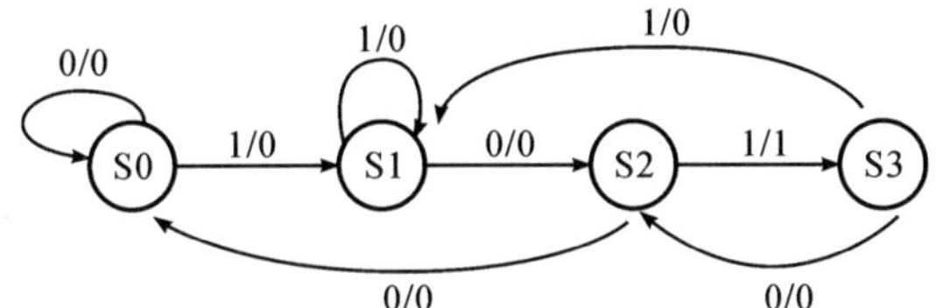

图 5.5　101 **序列检测器** Mealy **状态机的状态切换**

```
module Detect_101(
    input      clk,
    input      rst_n,
    input      data,
    output     flag_101);

    parameter  S0=0,
               S1=1,
               S2=2,
               S3=3;

reg [1:0]    state;
reg [1:0]    next_state;
always@(posedge clk or negedge rst_n)/*现态与次态切换*/
  begin
    if(! rst_n)
          state<=S0;
    else
          state<=next_state;
  end

always@(*)        /*状态切换条件组合逻辑*/
    begin
    case(state)
    S0:
    next_state=(data)? S1:S0;
```

```
        S1:
        next_state=(data)? S1: S2;
        S2:
        next_state=(data)? S3: S0;
        S3:
        next_state=(data)? S1: S2;
        default:
        state=S0;
        endcase
    end

    always@(*)
        begin   /*状态机输出*/
        if(!rst_n)
            flag_101=1'b0;
        else if(state==S3)
            flag_101=1'b1;
        else
            flag_101=1'b0;
      end
    endmodule
```

5.4 有限状态机的应用——交通灯控制器设计

5.4.1 功能简介

交通信号灯通常情况下由红、绿、黄三种颜色的灯组成。红灯亮的时候，禁止通行；绿灯亮的时候，可以通行；黄灯亮的时候，提示通行时间已经结束，马上要转换为红灯。十字路口交通信号灯的简化示意如图 5.6 所示。

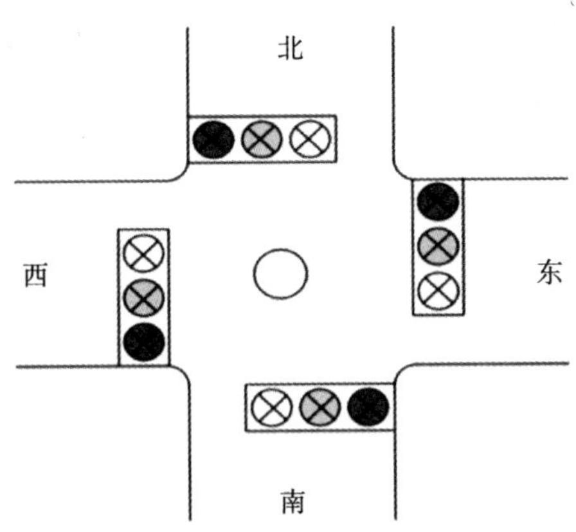

图 5.6　交通信号灯示意图

单独一个方向上的信号灯点亮顺序是：红灯熄灭后绿灯亮，绿灯熄灭后黄灯亮，黄灯熄灭后红灯亮，这样一直循环下去。另外，同一方向上的一对信号灯亮的颜色一致，且显示的时间是一样的。为了模拟交通信号灯的功能，制作了如图 5.7 所示的信号灯状态转换图。

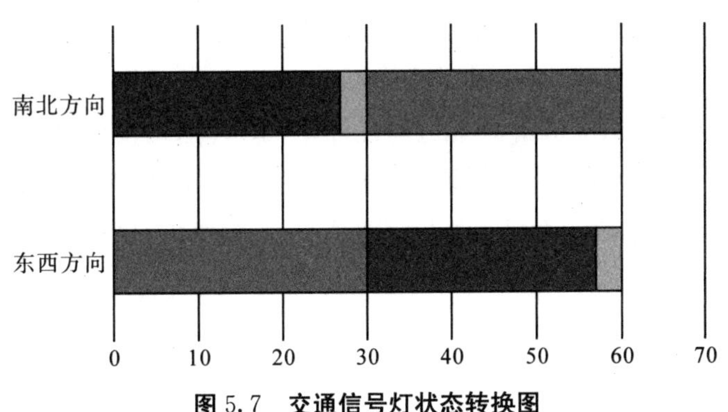

图 5.7　交通信号灯状态转换图

设定一个周期内，红灯发光 30s，绿灯发光 27s，黄灯发光 3s。以东西方向的信号灯状态为例，红灯发光的时间等于黄灯与绿灯发光的时间之和。因此，一个完整的状态转换周期是红灯发光时间的两倍，也就是 60s。在东西方向红色信号灯发光的 30s 内，南北方向由绿灯切换到了黄灯；在南北方向红色信号灯发光的 30s 内，东西方向也由绿灯切换到了黄灯。因此，将东西和南北方向的信号灯同时保持在固定状态的时间段，划分为一个状态。由此产生了循环往复的 4 个状态(图 5.8)。

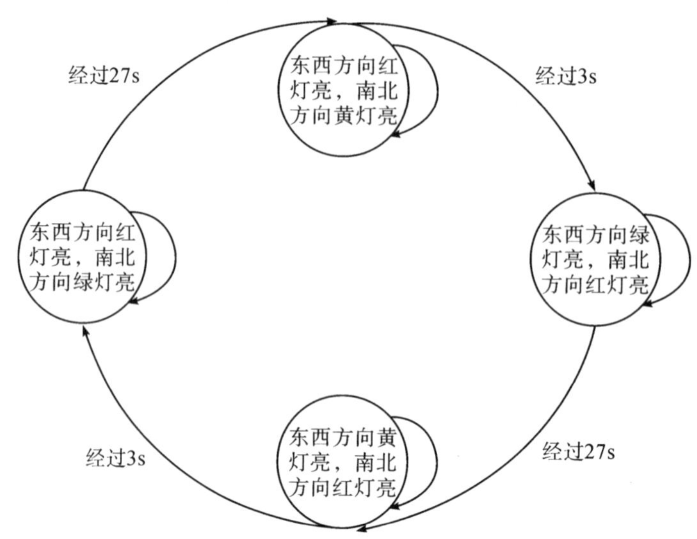

图 5.8　**交通信号灯的状态转换图**

状态 1：东西方向红灯亮 27s，南北方向绿灯亮 27s，然后切换到状态 2；

状态 2：东西方向红灯亮 3s，南北方向黄灯亮 3s，然后切换到状态 3；

状态 3：东西方向绿灯亮 27s，南北方向红灯亮 27s，然后切换到状态 4；

状态 4：东西方向黄灯亮 3s，南北方向红灯亮 3s，然后切换到状态 1。

另外，以东西方向为例。一个周期内，红灯发光 30s，绿灯发光 27s，黄灯发光 3s。那么在红灯发光期间，数码管上显示的数字要从 29 递减到 0；同理，绿灯发光期间，数码管上显示的数字要从 26 递减到 0；黄灯发光的时候，数码管上显示的数字要从 2 递减到 0。

5.4.2　硬件实现

交通灯硬件系统设计如图 5.9、图 5.10 所示。交通信号灯模拟模块电路的 4 个方向共有 12 个 LED 灯，使用 6 个 LED 控制信号来驱动 12 个 LED 灯，这是因为东西方向或者南北方向 LED 灯的亮灭状态总是一致的，所以将东西方向或者南北方向颜色相同的 LED 灯并联在一起，这样设计的好处是减少了交通信号灯扩展模块 LED 控制信号的引脚。

4 个共阳型数码管分别对应 4 个路口，每个路口用两位数码管显示当前状态的剩余时间。在十字路口中东西方向或者南北方向数码管显示的时间总是一样的。以东西方向为例，因为这两个方向显示的时间一致，所以这两个方向的数码管的十位可以用同一个位选信号来控制，个位用另一个位选信号来控制，这样就可以实现两个位选信号控制东西方向共 4 位数码管的亮灭，南北方向的数码管采用同样的设计思路。这种设计思路的优点是减少了交通信号灯扩展模块位选信号的引脚。需要注意的是，数码管由 PNP 型三极管驱动，当三极管的基极为低电平时，数码管相应的位被选通，因此交通信号灯模拟模块电路的位选信号是低电平有效的。

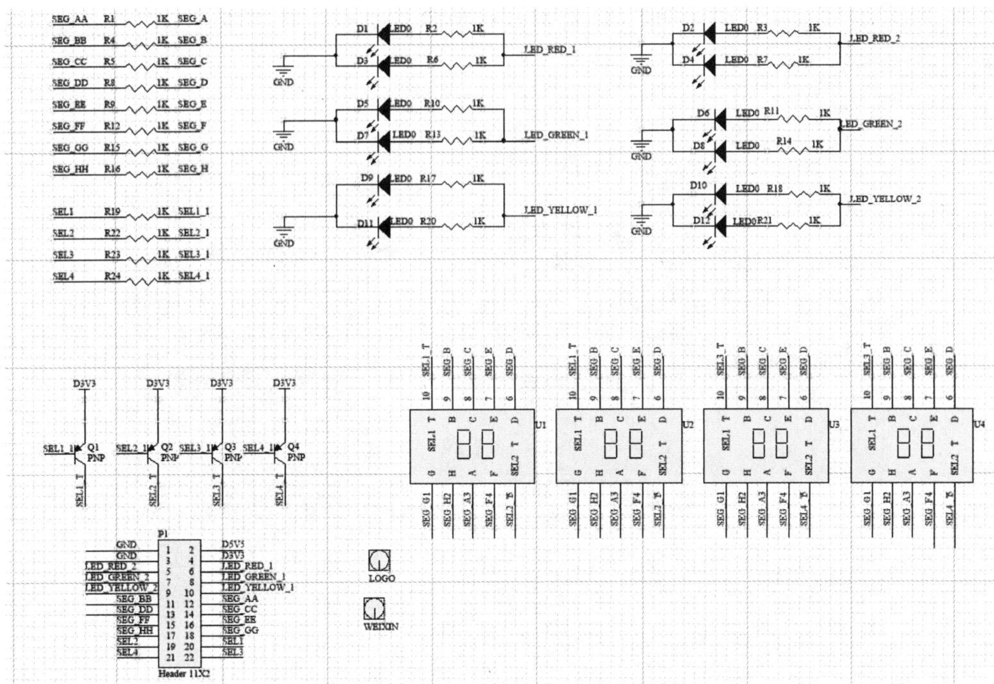

图 5.9　**交通信号灯模拟模块原理图**

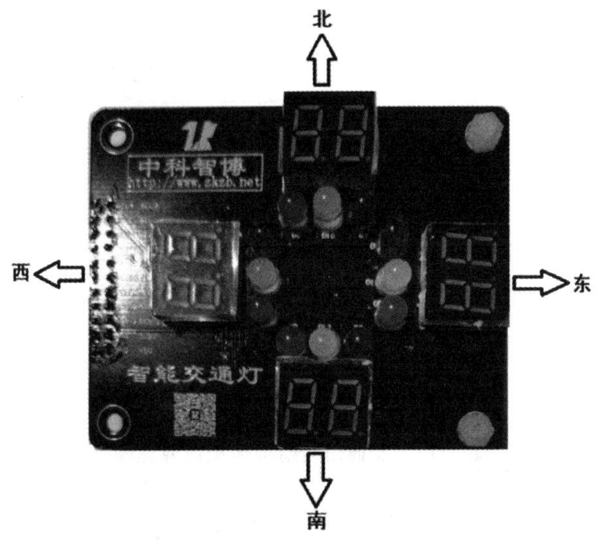

图 5.10　**交通信号灯模拟模块实物图**

5.4.3　Verilog HDL 设计

根据交通信号灯的设计任务，可规划出系统 Verilog HDL 的设计流程：交通信号灯控制模块将需要显示的时间数据连接到数码管显示模块，同时将状态信号连接到 LED 灯控制模块，然后数码管显示模块和 LED 灯控制模块驱动交通信号灯外设工作。系统设计框图如图 5.11 所示。

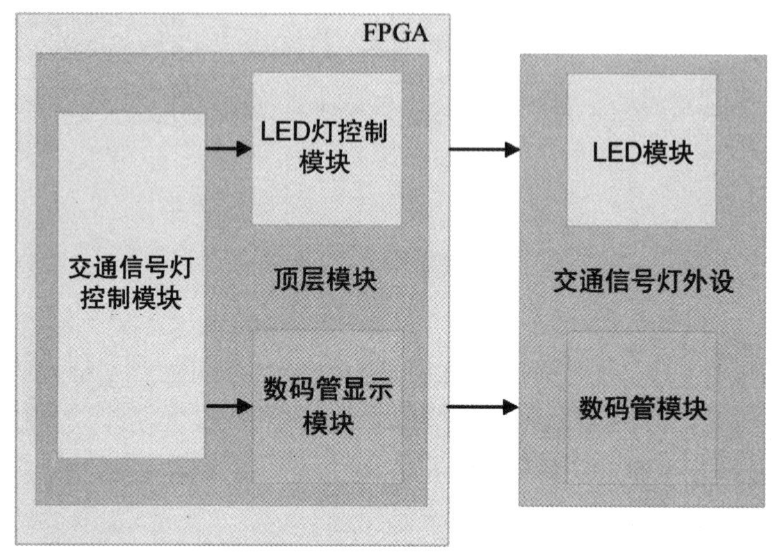

图 5.11　交通信号灯系统设计框图

各模块端口及信号连接如图 5.12 所示。

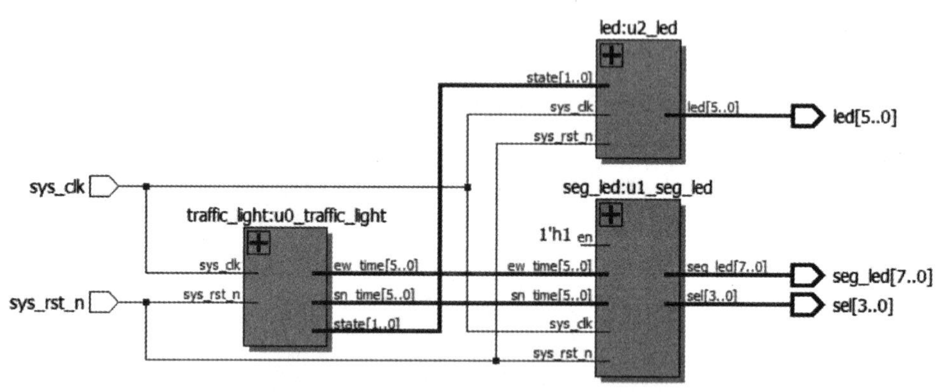

图 5.12　交通信号灯顶层模块原理图

由图 5.12 可知，FPGA 程序主要包括 4 个模块，顶层模块(top _ traffic)、交通灯控制模块(traffic _ light)、数码管显示模块(seg _ led)、LED 灯控制模块(led)。在顶层模块(top _ traffic)中完成对其他三个模块的实例化，并实现各模块之间的数据传递，将 LED 灯和数码管的驱动信号输出给外接设备(交通信号灯外设)。

交通信号灯控制模块(traffic _ light)是本设计的核心代码，这个模块控制交通信号灯的状态转换，将实时的状态信号 state［1：0］输出给 LED 灯控制模块(led)，同时将东西和南北方向的实时时间数据 ew _ time [5：0] 和 sn _ time [5：0] 输出给数码管显示模块(seg _ led)。

数码管显示模块(seg _ led)接收交通信号灯控制模块传递过来的东西和南北方向的实时时间数据 ew _ time [5：0] 和 sn _ time [5：0]，并以此驱动对应的数码管，将数据显示出来。

LED灯控制模块(led)根据接收到的实时状态信号 state [1：0]，驱动东西和南北方向的LED灯发光。

顶层模块的代码如下：

```
  module traffic _ led _ ctrl(
  input sys _ clk,
  input sys _ rst _ n,
  output   [5: 0]   led,
  output   [3: 0]   sel,
  output   [7: 0]   seg _ led
);
  wire [1: 0] state;
  wire [5: 0] ew _ time;
  wire [5: 0] sn _ time;
  traffic _ led  u0 _ traffic _ led(
  . sys _ clk      (sys _ clk),
  . sys _ rst _ n  (sys _ rst _ n),
  . state          (state),
  . ew _ time      (ew _ time),
  . sn _ time      (sn _ time)
  );

seg _ led u1 _ seg _ led(
  . sys _ clk      (sys _ clk),
  . sys _ rst _ n  (sys _ rst _ n),
  . ew _ time      (ew _ time),
  . sn _ time      (sn _ time),
  . en             (1'b1),
  . sel            (sel),
  . seg _ led      (seg _ led)
```

```
);

led u2 _ led(
  . sys _ clk          (sys _ clk),
  . sys _ rst _ n        (sys _ rst _ n),
  . state             (state),
  . led              (led)
);
  endmodule
```

交通信号灯控制模块的代码如下：

```
  module traffic _ led(
  input   sys _ clk,
  input   sys _ rst _ n,
  output reg [1: 0] state,
  output reg [5: 0] ew _ time,
  output reg [5: 0] sn _ time
  );

// parameter define
  parameter TIME _ LED _ Y=3;
   parameter TIME _ LED _ R=30;
  parameter TIME _ LED _ G=27;
  parameter WIDTH=25 _ 000 _ 000;

//reg define
reg [5: 0] time _ cnt;
reg [24: 0] clk _ cnt;
reg clk _ 1hz;

always@(posedge sys _ clk or negedge sys _ rst _ n) begin
if(! sys _ rst _ n)
  clk _ cnt<=25'b0;
  else if(clk _ cnt< WIDTH-1'b1)
```

```
    clk_cnt<=clk_cnt+1'b1;
  else
    clk_cnt<=25'b0;
  end

always@(posedge sys_clk or negedge sys_rst_n) begin
  if(! sys_rst_n)
    clk_1hz<=1'b0;
  else if(clk_cnt==WIDTH-1'b1)
    clk_1hz<=~clk_1hz;
  else
    clk_1hz<=clk_1hz;
end
always@(posedge clk_1hz or negedge sys_rst_n) begin
  if(! sys_rst_n) begin
    state<=2'd0;
    time_cnt<=TIME_LED_G;
end
else begin
case(state)
2'b0: begin
  ew_time<=time_cnt+TIME_LED_Y-1'b1;
  sn_time<=time_cnt-1'b1;
if(time_cnt > 1) begin
  time_cnt<=time_cnt-1'b1;
  state<=state;
end
else begin
  time_cnt<=TIME_LED_Y;
  state<=2'b01;
end
end
2'b01: begin
  ew_time<=time_cnt-1'b1;
```

```
    sn_time<=time_cnt-1'b1;
  if(time_cnt >1) begin
    time_cnt<=time_cnt-1'b1;
    state<=state;
  end
  else begin
    time_cnt<=TIME_LED_G;
    state<=2'b10;
  end
  end
  2'b10: begin
    ew_time<=time_cnt-1'b1;
    sn_time<=time_cnt+TIME_LED_Y-1'b1;
  if(time_cnt >1) begin
    time_cnt<=time_cnt-1'b1;
    state<=state;
  end
  else begin
    stime_cnt<=TIME_LED_Y;
    tate<=2'b11;
  end
  end
  2'b11: begin
    ew_time<=time_cnt-1'b1;
    sn_time<=time_cnt-1'b1;
  if(time_cnt >1) begin
    time_cnt<=time_cnt-1'b1;
    state<=state;
  end
  else begin
    time_cnt<=TIME_LED_G;
    state<=2'b0;
  end
  end
```

```
default：begin
  state<=2'b0;
  time_cnt<=TIME_LED_G;
end
endcase
end
end
endmodule
```

数码管显示模块的代码如下：

```
module seg_led(
input      sys_clk,
input      sys_rst_n,
input       [5：0]    ew_time,
input       [5：0]    sn_time,
input      en,
output   reg [3：0]    sel,
output   reg [7：0]    seg_led
);
//parameter define
parameter WIDTH=50_000;
//reg define
  reg [15：0]      cnt_1ms;
  reg [1：0]      cnt_state;
  reg [3：0]      num;

//wire define
  wire [3：0]      data_ew_0;
  wire [3：0]      data_ew_1;
  wire [3：0]      data_sn_0;
  wire [3：0]      data_sn_1;


assign  data_ew_0=ew_time /10;
```

```
assign  data_ew_1=ew_time % 10;
assign  data_sn_0=sn_time /10;
assign  data_sn_1=sn_time %10;

//计数 1ms
always@(posedge sys_clk or negedge sys_rst_n) begin
if(! sys_rst_n)
  cnt_1ms<=15'b0;
else if(cnt_1ms< WIDTH-1'b1)
  cnt_1ms<=cnt_1ms+1'b1;
else
  cnt_1ms<=15'b0;
end
//计数器，用来切换数码管点亮的 4 个状态
always@(posedge sys_clk or negedge sys_rst_n) begin
if(! sys_rst_n)
  cnt_state<=2'd0;
else if(cnt_1ms==WIDTH-1'b1)
  cnt_state<=cnt_state+1'b1;
else
  cnt_state<=cnt_state;
end
//先显示东西方向数码管的十位，然后是个位；再显示南北方向数码管的十位，然后
是个位
always@(posedge sys_clk or negedge sys_rst_n) begin
  if(! sys_rst_n) begin
  sel<=4'b1111;
  num<=4'b0;
  end

else if(en) begin
  case(cnt_state)
3'd0: begin
  sel<=4'b1110;
```

```
    num<=data_ew_0;
  end
  3'd1: begin
    sel<=4'b1101;
    num<=data_ew_1;
    end
  3'd2: begin
    sel<=4'b1011;
    num<=data_sn_0;
    end
  3'd3: begin
    sel<=4'b0111;
    num<=data_sn_1;
    end
  default: begin
    sel<=4'b1111;
    num<=4'b0;
    end
  endcase
  end
  else begin
    sel<=4'b1111;
    num<=4'b0;
  end
  end
  //数码管要显示的数值所对应的段选信号
  always@(posedge sys_clk or negedge sys_rst_n) begin
    if(! sys_rst_n)
      seg_led<=8'b0;
    else begin
      case(num)
        4'd0: seg_led<=8'b1100_0000;
        4'd1: seg_led<=8'b1111_1001;
        4'd2: seg_led<=8'b1010_0100;
```

```
            4'd3: seg_led<=8'b1011_0000;
            4'd4: seg_led<=8'b1001_1001;
            4'd5: seg_led<=8'b1001_0010;
            4'd6: seg_led<=8'b1000_0010;
            4'd7: seg_led<=8'b1111_1000;
            4'd8: seg_led<=8'b1000_0000;
            4'd9: seg_led<=8'b1001_0000;
          default: seg_led<=8'b1100_0000;
        endcase
        end
    end
    endmodule
```

LED 灯模块：

```
module led(
      input        sys_clk,              //系统时钟
      input        sys_rst_n,            //系统复位
      input        [1:0]    state,       //交通灯的状态
      output reg   [5:0]    led          //红、绿、黄 LED 灯发光使能
);

//parameter define
parameter TWINKLE_CNT=20_000_000;        //让黄灯闪烁的计数次数

//reg define
reg      [24:0]      cnt;                //让黄灯产生闪烁效果的计数器

//计数时间为 0.2s 的计数器，用于让黄灯闪烁
always@(posedge sys_clk or negedge sys_rst_n) begin
      if(! sys_rst_n)
            cnt<=25'b0;
      else if(cnt< TWINKLE_CNT-1'b1)
            cnt<=cnt+1'b1;
      else
```

```
        cnt<=25'b0;
end

//在交通信号灯的 4 个状态里，使相应的 LED 灯发光
always@(posedge sys_clk or negedge sys_rst_n) begin
    if(! sys_rst_n)
        led<=~6'b100100;
    else begin
        case(state)
        2'b00: led<=~6'b100010;      //led 寄存器从高到低分别驱动：
                                  //东西向红、绿、黄灯，南北向红、绿、黄灯
        2'b01: begin
                led [5: 1] <=~5'b10000;
          if(cnt==TWINKLE_CNT-1'b1)  //计数满 0.2s 让黄灯的亮灭状况
                                    //切换一次，产生闪烁的效果
                    led [0] <=~led [0];
                else
                    led [0] <=led [0];
            end
        2'b10: led<=~6'b010100;
        2'b11: begin
                led [5: 4] <=~2'b00;
                led [2: 0] <=~3'b100;
                if(cnt==TWINKLE_CNT-1'b1)
                    led [3] <=~led [3];
                else
                    led [3] <=led [3];
            end
            default: led<=~6'b100100;
        endcase
    end
end
endmodule
```

5.4.4 下载验证

首先打开交通信号灯实验工程，在工程所在的路径下打开 top _ traffic/par 文件夹，在里面找到“top _ traffic. qsf”文件并双击打开。注意，工程所在的路径名只能由字母、数字以及下划线组成，不能出现中文、空格以及特殊字符等。工程打开后，如图 5.13 所示。

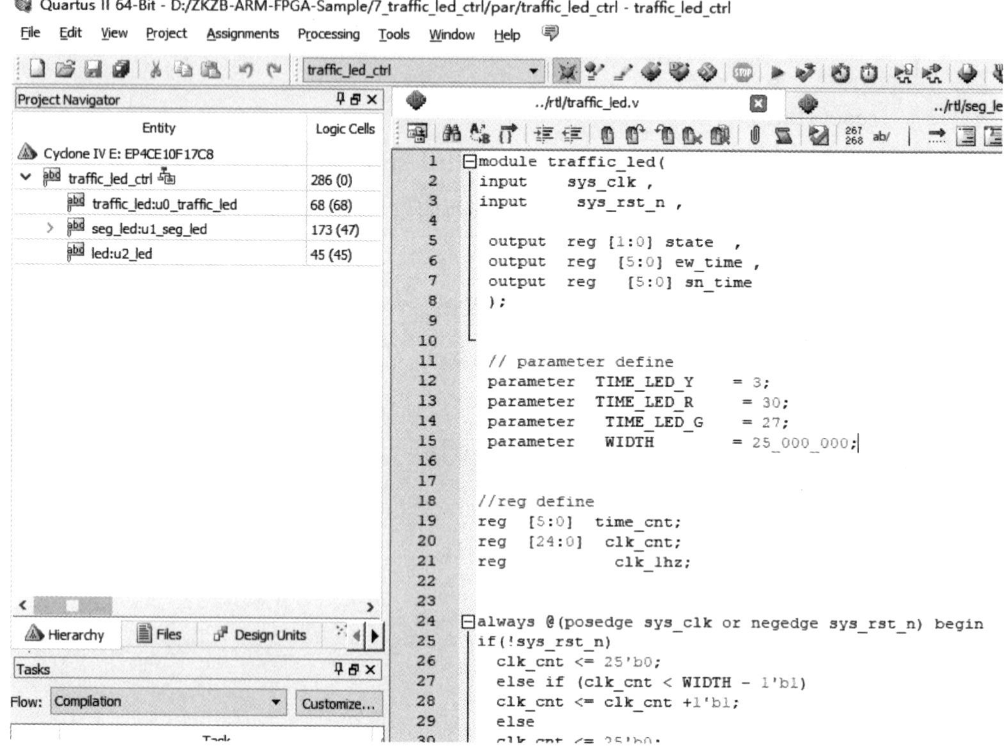

图 5.13 交通信号灯工程

将交通信号灯模块按照排母上丝印标识插在开发板上左边的 P6 扩展口上，然后将下载器一端连接电脑，另一端与开发板上的对应端口连接，最后连接电源线并打开电源开关，程序下载完成后，可以观察到交通信号灯开始工作。在开发系统上得到如图 5.14 所示的结果，说明交通信号灯实验验证成功。

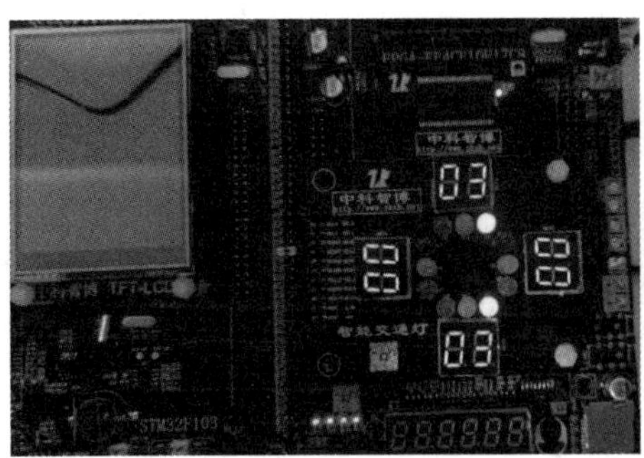
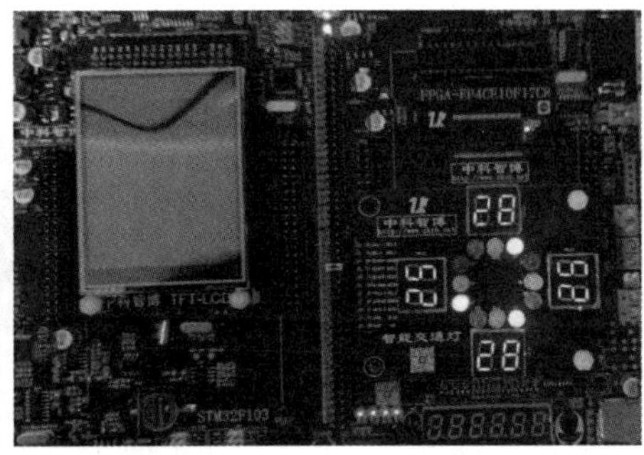

图 5.14　交通信号灯演示结果

本章习题

1. 总结 Mealy 型状态机的典型程序结构，并写出其通用基本模板。

2. 将本章实例里的程序改写为用一个状态机完成对全部 LED 灯和数码管的控制。

3. 将本章实例里的黄灯常亮改写为黄灯在 3s 内闪烁 3 次。

4. 根据 RS232 异步串行通信协议，画出通信接口状态流程图，并用状态机模板编写接口程序。

第 6 章 FPGA 实现 PWM 波控制

6.1 PWM 及占空比简述

脉冲宽度调制(Pluse Width Modulation，PWM)，是一种对模拟信号电平进行数字编码的方法。通过使用高分辨率计数器实现方波占空比的调制，用来对模拟信号的电平进行编码控制。PWM 广泛应用在测量、通信、功率控制与变换以及 LED 照明等许多领域中。PWM 顾名思义，就是占空比可调的信号，占空比(Duty Cycle 或 Duty Ratio)是指在一个脉冲序列(方波)中，高电平脉冲序列的持续时间与脉冲总周期的比值，也可理解为电路释放能量的有效时间与总释放时间的比值(图 6.1)。

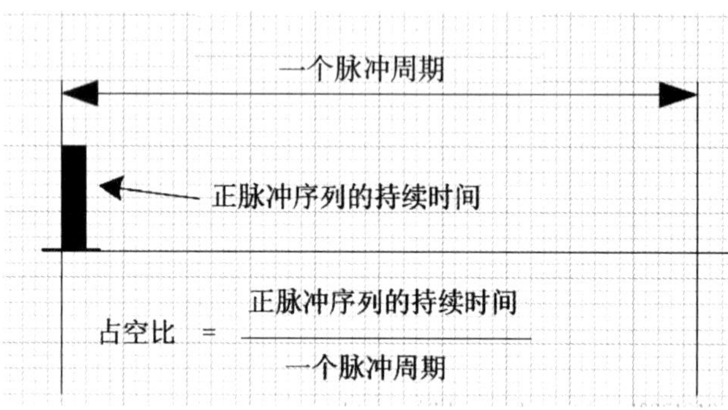

图 6.1 占空比调节

6.2 PWM 控制 LED 调光原理

PWM 是怎样实现 LED 调光呢？想要调节 LED 的亮度变化，实则是调节流经 LED 的电流。电流增大则 LED 亮度增强，反之减弱。由于电流为模拟信号，因此这时就可以利用 PWM 方法。

假设刚开始时占空比为 1%，慢慢地占空比变为 2%，3%，4%，…，56%，

57%，…，98%，99%，100%。这是脉冲占空比增加的过程，如果脉冲高电平持续时LED亮，那么该过程也是LED由灭逐渐变亮的过程，即可让占空比为1%时LED开始亮，慢慢地占空比越来越大，亮的部分也越来越多，这就是一个由灭逐渐变亮的过程。

假设刚开始时占空比为100%，慢慢地占空比变为99%，98%，97%，…，64%，63%，…，2%，1%，0%。这个过程是占空比逐渐减小的过程，如果脉冲高电平持续时LED亮，那么该过程也是LED由亮逐渐变暗直至熄灭的过程，即占空比为99%时LED接近最亮，慢慢地占空比越来越小，LED逐渐变暗，最后当占空比为1%时，LED变得接近熄灭。

6.3 PWM双向流水呼吸灯设计应用

6.3.1 功能简介

本节实验是将开发平台上的4个LED模拟为呼吸灯，并且像流水一样循环起来。呼吸灯像人们的呼吸一样，首先一组LED先慢慢变亮，变亮以后又逐渐变灭；然后下一组LED也执行同样的过程，循环往复。这种LED效果就是流水呼吸灯，通过用LED制作双向流水呼吸灯项目，可以直观理解PWM脉冲宽度调制的原理。

6.3.2 硬件原理图

发光二极管的电路如图6.2所示，LED0～LED3这4个发光二极管的阴极都连到地(GND)上，阳极分别与FPGA相应的引脚相连。电路中LED与地之间的电阻起到限流作用。

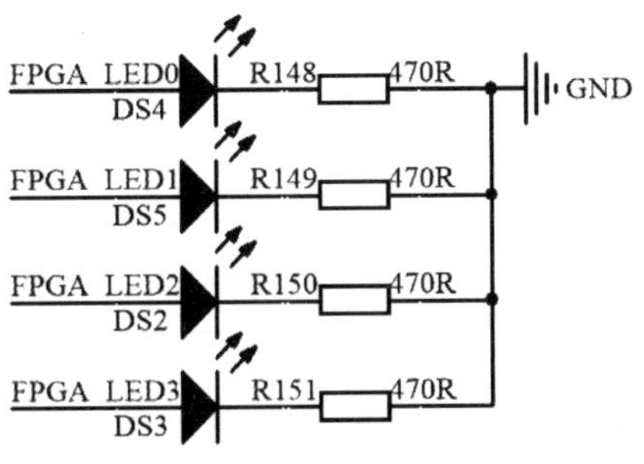

图6.2 LED灯硬件原理图

PWM双向流水呼吸灯电路的系统时钟、按键复位以及LED端口的引脚分配如表6.1所示。

表 6.1 流水呼吸灯实验引脚分配

信号名	方向	引脚	端口说明
sys _ clk	input	E1	系统时钟，50M
sys _ rst _ n	input	M1	系统复位，低有效
LED [0]	output	D11	LED0
LED [1]	output	C11	LED1
LED [2]	output	E10	LED2
LED [3]	output	F9	LED3

6.3.3 Verilog HDL 程序设计

6.3.3.1 算法设计

每个 LED 在流水的时候要实现呼吸灯效果，即第一个 LED 灯从亮到快要熄灭的临界点，第二个 LED 灯就开始准备由灭到亮的一个过程，以此类推，流水到最后一个 LED 即第四个 LED 时再返回。也就是说，0s 时第一个 LED 灯开始亮，到 2s 时再慢慢熄灭，此时第二个 LED 灯准备开始慢慢变亮，到 4s 时慢慢熄灭，此时第三个 LED 灯准备慢慢变亮，以此类推。

6.3.3.2 程序设计

流水呼吸灯的 Verilog HDL 设计有很多种方法，比如将呼吸灯模块例化到顶层模块去设计；用状态机控制每个灯亮和灭的过程；设置标志位信号，用位拼接的方法完成流水呼吸灯。而本实验采用简化设计的方法，即用一个计数器去控制每个灯的变化。

```
//计数器 cnt
always@(posedge  sclk  or  negedge  rst_n)
begin
  if(rst_n==1'b0)
      cnt<=3'd0;
  else if(cnt==3'd7 && cnt_2s==10'd999 && cnt_2ms==10'd999 && cnt_
2us==7'd99)
      cnt<=3'd0;
  else if(cnt_2s==10'd999 && cnt_2ms==10'd999 && cnt_2us==7'd99)
      cnt<=cnt+1'b1;
end
```

让它每次在每个 2s 末尾处触发+1，在 7 次的时候清零，共计 8 个 2s。该设计思路在程序设计处有说明，只要在每块中加一个条件，即可以实现目标效果。本设计的仿真结果如图 6.3 所示。

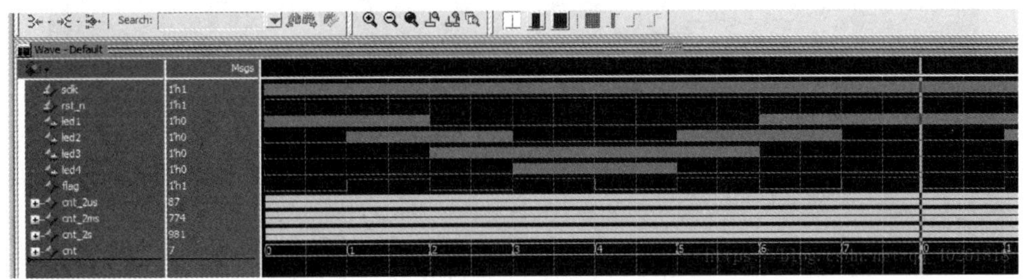

图 6.3　流水呼吸灯仿真结果

6.4　下载验证

首先打开流水呼吸灯实验工程，在工程所在的路径下打开 par 文件夹，在里面找到后缀“.qpf”的文件并双击打开。注意工程所在的路径名只能由字母、数字以及下划线组成，不能出现中文、空格以及特殊字符等。工程打开后如图 6.4 所示。

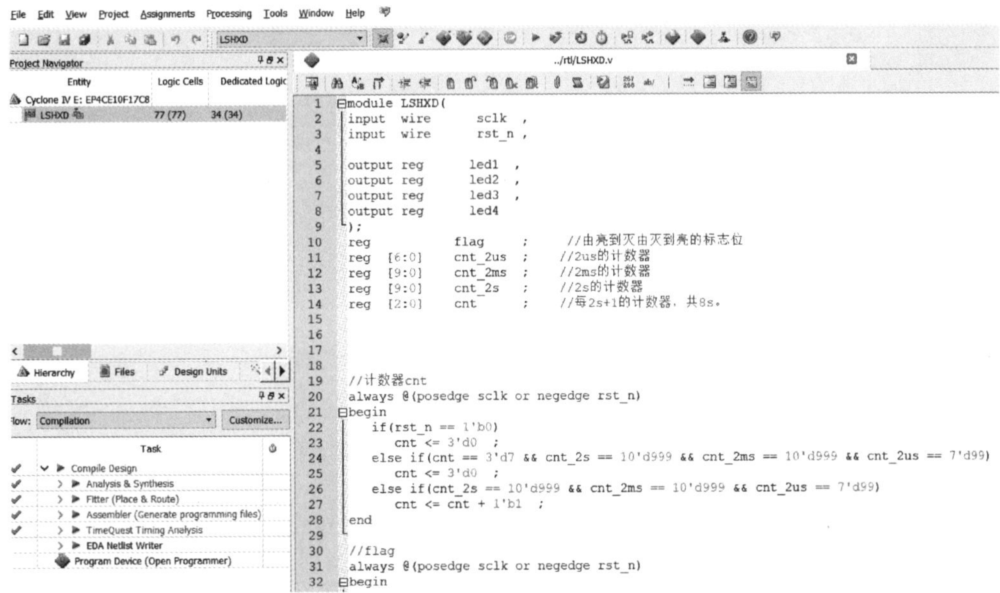

图 6.4　流水呼吸灯工程

下载程序，可以观察到两个 LED 灯从左到右接力变亮，到最右边后又从右到左接力变亮，以此循环。其实际系统运行结果如图 6.5 和图 6.6 所示。

图 6.5 LED 从左到右变亮过程

图 6.6 LED 从右到左变亮过程

本章习题

改写本章实例，要求呼吸灯亮灭顺序可以通过键盘随意控制。

第7章 FPGA实现蜂鸣器控制及数码管显示

本章主要设计一个用按键控制蜂鸣器演奏乐曲，并将音量在数码管上显示出来的应用实例。该实例简要说明了蜂鸣器和数码管的动态显示技术，使读者能够初步掌握以FPGA实现蜂鸣器和数码管控制的简单技术。

7.1 蜂鸣器

7.1.1 蜂鸣器简介

蜂鸣器(Buzzer)是一种常用的电子发声器，主要用于产生声音。蜂鸣器按照驱动方式不同主要分为有源蜂鸣器和无源蜂鸣器。相较于有源蜂鸣器，无源蜂鸣器成本更低，且发声频率可控。而有源蜂鸣器控制相对简单，由于其内部自带震荡源，只要加上合适的直流电压即可发声。如图7.1所示为有源蜂鸣器。

图7.1 有源蜂鸣器

7.1.2 有源蜂鸣器和无源蜂鸣器的区别

两种蜂鸣器的主要区别是内部是否含有震荡源。一般的有源蜂鸣器内部自带了震荡源，只要通电就会发出声音。而无源蜂鸣器由于不含内部震荡源，需要外接震荡信号才能发声。

图 7.2　有源蜂鸣器(左)和无源蜂鸣器(右)

如图 7.2 所示，从外观上看，两种蜂鸣器非常相似，如将两种蜂鸣器的引脚都朝上放置，有绿色电路板的一种是无源蜂鸣器，没有电路板而用黑胶封闭的是有源蜂鸣器。

7.2　数码管简介

数码管也称半导体数码管，它是将若干发光二极管按一定图形排列并封装在一起的一种数码显示器件。常见的数码管如图 7.3 所示，这种数码管被称为八段数码管或 8 字形数码管，可用来显示小数点、数字 0～9，以及英文字母 A～F。

图 7.3　八段数码管

除了常用的八段数码管，较常见的数码管还有“±1”数字管、“N”形管、“米”字管以及工业科研领域使用的 14 段管、16 段管、24 段管等，如图 7.4 所示。

“±1”数字管　　“N”形管　　“米”字管

图 7.4　其他类型数码管

不管是什么形式的数码管，其显示原理都是点亮内部的发光二极管(LED)来显示字符。数码管内部电路如图 7.5(a)所示，一个数码管的引脚共有 10 个，其中 7 个引脚对应连接到组成数码管中间“8”字形的 LED，Dp 引脚连接到数码管的小数点用于显示小数点，8 和 3 两个公共端引脚(图中为 com)是连接在一起的。生产商为了封装统一，单个数码管都封装成 10 个引脚，公共端又可分为共阳极和共阴极，图 7.5(b)所示为共阴极内部原理图，图 7.5(c)所示为共阳极内部原理图。

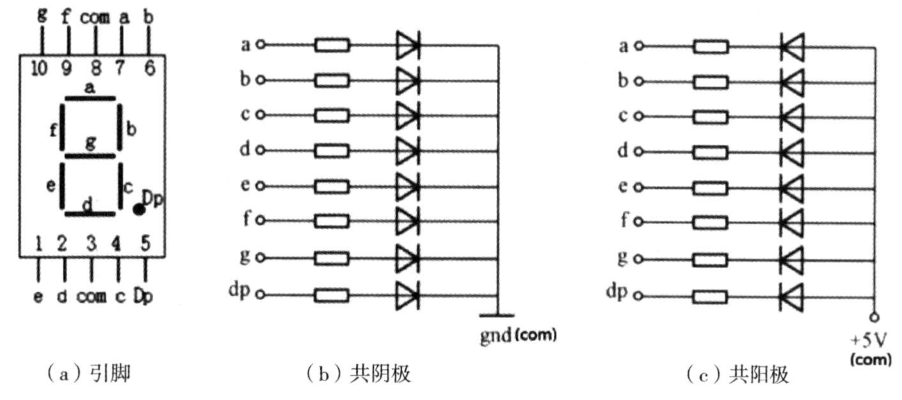

(a) 引脚　　(b) 共阴极　　(c) 共阳极

图 7.5　数码管内部电路

对于共阴极数码管来说，其 8 个发光二极管的阴极在数码管内部全部连接在一起，所以称“共阴”，而阳极独立。对于共阳极数码管来说，其 8 个发光二极管的阳极在数码管内部全部连接在一起，所以称“共阳”，而阴极独立。

以共阳极数码管为例，当想让数码管显示数字“8”时，可以给 a，b，c，…，g 七个引脚送低电平，数码管就显示“8”；如果要显示数字“1”，就给 b、c 引脚送低电平，其余引脚(除公共端)给高电平，数码管就显示“1”。

当多位数码管应用于某一系统时，为了减少数码管占用的 I/O 口，可将所有数码管的段选(数码管的 a，b，c，…，g 七个引脚)连接在一起，而对每个数码管的位选(数码管的公共端 com)独立控制。这样通过位选信号控制是哪个数码管亮，而且在同一时刻，位选信号选通的所有数码管上显示的数字始终都是一样的，因为它们的段选是连接在一起的，数码管的这种显示方法叫作静态显示。

静态显示还可将数码管的每一个码段都由一个单独的 I/O 端口进行驱动，其优点是编程较为简单，显示亮度较高；缺点是占用 I/O 口较多，当数码管较多时，必须增加译码驱动器进行驱动，或使用串口转并口芯片来拓展端口。因此对于多位数码管的使用，是以动态方式驱动数码管。动态显示与静态显示的区别关键在于位选的控制。下面以 6 位共阳极数码管的动态显示方式为例，说明数码管的工作原理。

7.3　数码管动态驱动原理简述

静态驱动操作简单，但占用的 I/O 口较多。例如要驱动 6 位 8 段数码管，以静态驱动方式让数码管各个位显示不同的数值，如“123456”，需要占用 6×8=48 个 I/O 口，虽然对于 FPGA 这种 I/O 口较多的芯片而言，在资源允许的情况下可以使用，但一般不建议浪费宝贵的 I/O 口资源，尤其在 I/O 口资源紧张的情况下，因此对于多位数码管一般采用动态驱动方式使数码管显示数字。

以两位数码管为例，其内部连接如图 7.6 所示。由此图可知，两位 8 段数码管共有 10 个引脚，因为每位数码管的阳极连接在一起，所以此图所示为共阳极数码管，每位数码管相同段 LED 的阴极连接在一起，这样当给第 10 和第 5 脚高电平，给第 3 脚低电平时，两个数码管的 A 段都点亮。这种数码管是以静态方式驱动，不能显示像“18”这种个位与十位不同的数字。

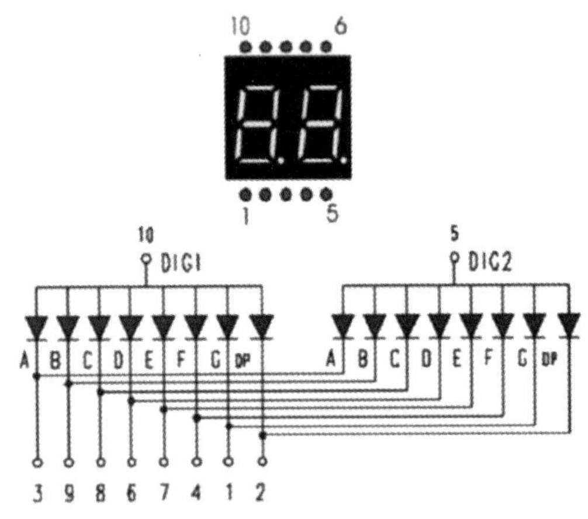

图 7.6　**两位共阳极数码管**

同时让管脚 10 和管脚 5 为高电平是不可行的，但可先让管脚 5 为高电平，而让管脚 10 为低电平，右边数码管显示数字“8”，左边数码管不显示；然后让管脚 10 为高电平，而让管脚 5 为低电平，左边数码管显示数字“1”时，右边的数码管不显示。

由于人眼的视觉暂留(人眼在观察景物时，光信号传入大脑神经需经过一段短暂的时间，光的作用结束后，视觉形象并不立即消失，这种残留的视觉称“后像”，视觉的这一现象则被称为“视觉暂留”)及发光二极管的余辉效应(当停止向发光二极管供电时，发光二极管的亮度仍能维持一段时间)，这样就可以完成像数字“18”这样的两位数字显示。数码管的这种驱动方式称为动态驱动，实际上就是分时轮流控制不同数码管的显示。为了完成动态数码显示，每位数码管的点亮时间为 1～2ms。

7.4　蜂鸣器演奏乐曲及数码管显示音量设计

7.4.1　功能简介

本实验设计实现利用按键控制蜂鸣器演奏乐曲，并将音量在数码管上显示出来。

7.4.2　硬件原理图设计

本实验设计主要涉及蜂鸣器和数码管驱动电路，具体的硬件电路和 FPGA 的应用引脚如图 7.7 和图 7.8 所示。

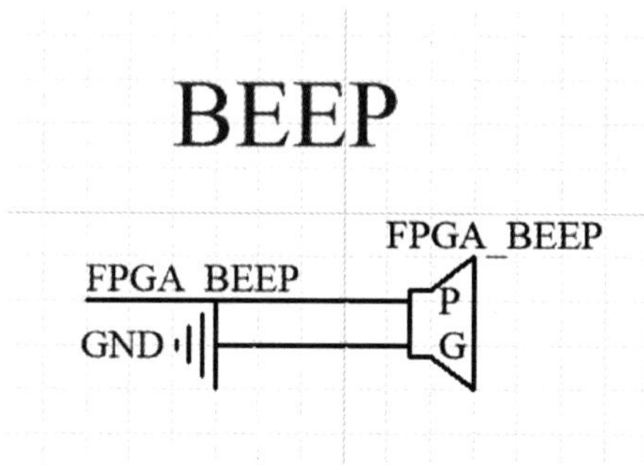

图 7.7　蜂鸣器电路原理图

图 7.8　数码管显示电路原理图

7.4.3　Verilog HDL 程序设计

FPGA 实现蜂鸣器控制及数码管显示的 Verilog HDL 程序设计主要包括顶层设计模块、音乐设计模块、音乐播放模块和数码管动态显示模块，对初学者来说比较困难的是数码管动态显示的理解和设计，可以将上述电路原理和程序进行对比以加深理解。

7.4.3.1　顶层模块代码

```
module beep_music(
    input clk,
    input reset_n,
```

```
    output [7: 0] dataout,
    output [3: 0] en, //COM 使能输出
    output beep
);
wire  cnt;
wire [3: 0]   dex;
index u _ index(
    . clk(cnt),
    . reset _ n(reset _ n),
    . dex(dex)
);
smdisplay u _ smdisplay(
    . clk(clk),
    . rst(reset _ n),
    . index(dex),
    . dataout(dataout),
    . en(en)
);
prediv u _ prediv(
    . Index(dex),
    . clk(clk),
    . Reset _ n(reset _ n),
    . cont _ out(cnt),
    . beep(beep)
    );
endmodule
```

7.4.3.2 音乐模块

```
module index(
    input  clk,
    input  reset _ n,
    output reg [3: 0] dex
    );
    reg [3: 0] d;
    reg [5: 0] cnt;
```

```
always@(negedge reset_n or posedge clk)
    if(! reset_n)
        begin
        d<=4'd0;
        cnt<=6'h0;
        end
    else
        begin
        if(cnt==6'd14)
            cnt<=6'h0;
        else
        cnt<=cnt+1'b1;
        case(cnt)
        6'd1: d<=4'd5;
        6'd2: d<=4'd5;
        6'd3: d<=4'd6;
        6'd4: d<=4'd6;
        6'd5: d<=4'd5;
        6'd6: d<=4'd5;
        6'd7: d<=4'd8;
        6'd8: d<=4'd8;
        6'd9: d<=4'd7;
        6'd10: d<=4'd7;
        6'd11: d<=4'd5;
        6'd12: d<=4'd5;
        6'd13: d<=4'd6;
        6'd14: d<=4'd6;
        6'd15: d<=4'd5;
        6'd16: d<=4'd5;
        6'd17: d<=4'd9;
        6'd18: d<=4'd9;
        6'd19: d<=4'd8;
        6'd20: d<=4'd8;
        6'd21: d<=4'd5;
        6'd22: d<=4'd5;
```

```
            6'd23: d<=4'd12;
            6'd24: d<=4'd12;
            6'd25: d<=4'd10;
            6'd26: d<=4'd10;
            6'd27: d<=4'd8;
            6'd28: d<=4'd8;
            6'd29: d<=4'd7;
            6'd30: d<=4'd7;
            6'd31: d<=4'd6;
            6'd32: d<=4'd6;
            6'd33: d<=4'd11;
            6'd34: d<=4'd11;
            6'd35: d<=4'd10;
            6'd36: d<=4'd10;
            6'd37: d<=4'd8;
            6'd38: d<=4'd8;
            6'd39: d<=4'd9;
            6'd40: d<=4'd9;
            6'd41: d<=4'd8;
            6'd42: d<=4'd8;
        endcase
        dex<=d;
        end
endmodule
```

7.4.3.3 音乐播放模块

```
  module prediv(
    input [3: 0] Index,
    input clk,
    input Reset_n,
    output reg cont_out,
    output reg beep
    );
reg [15: 0] PreDiv;
reg [31: 0] cnt;
```

```
reg [31: 0] cnt_1;
    always@(negedge Reset_n or posedge clk)
            if(! Reset_n)
            begin
            PreDiv<=16'h5997;
            end
        else
            begin
            case(Index)
/*          4'd1: PreDiv<=16'h5997;
            4'd2: PreDiv<=16'h4FCD;
            4'd3: PreDiv<=16'h471B;
            4'd4: PreDiv<=16'h431E;
            4'd5: PreDiv<=16'h3BCA;
            4'd6: PreDiv<=16'h3544;
            4'd7: PreDiv<=16'h2F74;
            4'd8: PreDiv<=16'h2CCA;
            4'd9: PreDiv<=16'h27E8;
            4'd10: PreDiv<=16'h238D;
            4'd11: PreDiv<=16'h218E;
            4'd12: PreDiv<=16'h1DE5;
            4'd13: PreDiv<=16'h1AA2;
            4'd14: PreDiv<=16'h17BA; */
            4'd1: PreDiv<=16'd22000;
            4'd2: PreDiv<=16'd21000;
            4'd3: PreDiv<=16'd20000;
            4'd4: PreDiv<=16'd19000;
            4'd5: PreDiv<=16'd18000;
            4'd6: PreDiv<=16'd17000;
            4'd7: PreDiv<=16'd16000;
            4'd8: PreDiv<=16'd15000;
            4'd9: PreDiv<=16'd14000;
            4'd10: PreDiv<=16'd13000;
            4'd11: PreDiv<=16'd12000;
            4'd12: PreDiv<=16'd11000;
```

```
            4'd13: PreDiv<=16'd10000;
            4'd14: PreDiv<=16'd9000;
        endcase
        end
always@(negedge Reset_n or posedge clk)
    if(! Reset_n)
    begin
        cnt<=32'd0;
        cont_out<=1'b0;
    end
    elseif(cnt >=32'd12500000)
    begin
        cnt<=32'b0;
        cont_out<=1'b1;
    end
    else
    begin
      cont_out<=1'b0;
      cnt<=cnt+1'b1;
    end
always@(negedge Reset_n or posedge clk)
    if(! Reset_n)
    begin
      cnt_1<=32'd0;
      beep<=1'd0;
    end
    else if(cnt_1 >=PreDiv+16'd10000)
    begin
      beep<=1'd0;
      cnt_1<=32'b0;
    end
    else
    begin
      cnt_1<=cnt_1+1'b1;
      beep<=1'd1;
```

```
    end
endmodule
```

7.4.3.4 数码管显示

```
module smdisplay(clk, rst, index, dataout, en);
input clk, rst;
input [3: 0] index;
output [7: 0] dataout;
output [3: 0] en; //COM 使能输出

reg [7: 0] dataout; //各段数据输出
reg [3: 0] en;

reg [32: 0] cnt _ scan; //扫描频率计数器
reg [3: 0] dataout _ buf;

always@(posedge clk or negedge  rst)
begin
    if(! rst)
        begin //低电平复位
            cnt _ scan<=0;
        end
    else
        begin
            cnt _ scan<=cnt _ scan+1;
        end
end

always@(cnt _ scan)//段码扫描频率
begin
  case(cnt _ scan [17: 16])
      2'b00:
          en=4'b1110;
      2'b01:
```

```
            en=4'b1101;
        2'b10:
            en=4'b1011;
        2'b11:
            en=4'b0111;
        default:
            en=4'b1110;
      endcase
end

always@(en or index)//对应 COM 信号给出各段数据、段码
begin
      if(index>=0 && index<=7)
      case(en)
          4'b1110:
              dataout_buf<=index;
          4'b1101:
              dataout_buf<=0;
          4'b1011:
              dataout_buf<=0;
          4'b0111:
              dataout_buf<=0;
          default:
              dataout_buf<=8;
       endcase
      else if(index >=8 && index<=14)
       case(en)
          4'b1110:
              dataout_buf<=0;
          4'b1101:
              dataout_buf<=index-4'd7;
          4'b1011:
              dataout_buf<=0;
          4'b0111:
              dataout_buf<=0;
```

```
        default:
            dataout_buf<=8;
      endcase
     else
      case(en)
        4'b1110:
            dataout_buf<=0;
        4'b1101:
            dataout_buf<=0;
        4'b1011:
            dataout_buf<=index-4'd14;
        4'b0111:
            dataout_buf<=0;
        default:
            dataout_buf<=8;
      endcase
end

always@(dataout_buf)
begin
     case(dataout_buf)   //将要显示的数字译成段码
4'h0:      dataout<=8'b1100_0000;
             4'h1: dataout<=8'b1111_1001;
             4'h2: dataout<=8'b1010_0100;
             4'h3: dataout<=8'b1011_0000;
             4'h4: dataout<=8'b1001_1001;
             4'h5: dataout<=8'b1001_0010;
             4'h6: dataout<=8'b1000_0010;
             4'h7: dataout<=8'b1111_1000;
             4'h8: dataout<=8'b1000_0000;
             4'h9: dataout<=8'b1001_0000;
             4'ha: dataout<=8'b1000_1000;
             4'hb: dataout<=8'b1000_0011;
             4'hc: dataout<=8'b1100_0110;
             4'hd: dataout<=8'b1010_0001;
```

```
            4'he: dataout<=8'b1000_0110;
            4'hf: dataout<=8'b1000_1110;
            default: dataout<=8'b0000_0000;
        endcase
    end
endmodule
```

7.5 下载验证

按前面相关章节下载程序过程将上述程序进行编译下载，能听到蜂鸣器播放音乐，并将音量显示在数码管上，表明验证成功(图 7.9)。

图 7.9 设计验证结果

按键控制技术和数码管动态显示技术，是数电电路系统设计中的基础，也是复杂数字系统设计的重要组成部分。通过本章的学习，应该掌握如何利用按键完成数字系统中控制模块的实现，利用数码管的动态显示技术完成基本的数字显示功能。

本章习题

1. 设计一个秒表计时器，要求利用按键控制秒表计时器的开始、暂停和结束；利用数码管动态显示秒表计数器的计数值。

2. 设计一个数字时钟，要求可以利用按键修改时钟显示时间，利用数码管显示时、分、秒(24 小时制)。

3. 修改本章实验代码，利用蜂鸣器演奏出乐曲《生日快乐》，并将音量显示在数码管上。

第 8 章 FPGA 实现红外遥控设计应用

本章主要介绍常见的红外遥控原理与协议，在配套的实验平台上接收红外遥控器发出的红外信号，并将数据显示在数码管上；如果监测到红外发射的重复码，则通过 LED 灯闪烁指示。通过本章的学习，初学者能够对红外遥控的编解码有较为深入的认识，并初步掌握 FPGA 对红外遥控控制的应用。

8.1 红外遥控技术简介

红外遥控是一种无线、非接触控制技术。红外遥控不能穿过障碍物控制被控对象，因此同类产品的红外遥控器具有相同的遥控频率或编码，而不会隔墙控制或干扰邻居的家用电器。这为批量生产和家用电器普及红外遥控器提供了条件。红外遥控器发射出的实际上是一种红外光(红外线)，其波长范围在 1 mm 到 760 nm 之间，而可见光的波长范围一般在 400 nm 到 760 nm 之间，即人眼不能看到红外遥控器发出的红外光，因此对环境的影响很小，也不会影响临近的无线电设备。

8.2 NEC 协议简介

红外遥控器的编码目前广泛使用 NEC 协议和 Philips RC-5 协议。本实验平台所配套的遥控器使用 NEC 协议，其逻辑电平编码格式如图 8.1 所示。

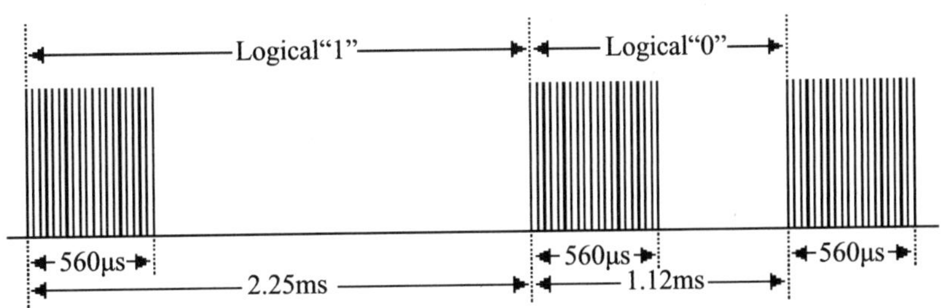

图 8.1　NEC 协议逻辑电平编码格式

NEC 协议采用 PPM 调制(Pulse Position Modulation，脉冲位置调制)的形式进行编码，数据的每一位(Bit)脉冲长度为 560μs，由 38kHz 的载波脉冲(carrier burst)进行调制，推荐的载波占空比为 1/3～1/4。由图 8.1 可知，有载波脉冲的地方，其宽度都为 560μs，而载波脉冲的间隔时间是不同的。逻辑“1”的载波脉冲＋载波脉冲间隔时间为 2.25ms；逻辑“0”的载波脉冲＋载波脉冲间隔时间为逻辑“1”的一半，也就是 1.125ms。

图 8.2 为 NEC 协议的数据传输格式，传输数据时低位在前，图中的地址码(Address)为 0x59，控制码(Command)为 0x16。一个信息的发送由 9ms 的 AGC(自动增益控制)载波脉冲开始，用于在早期的 IR 红外接收器中设置增益；紧接着是 4.5ms 的空闲信号；随后是地址码和控制码。地址码和控制码分别传输了两次，第二次传输的地址码和控制码都是反码，用于对地址码和控制码做校验。每次信息都是按照同步码(9ms 载波脉冲＋4.5ms 空闲信号)、地址码、地址反码、控制码和控制反码的格式进行传输，因此，单次信息传输的时间是固定不变的。

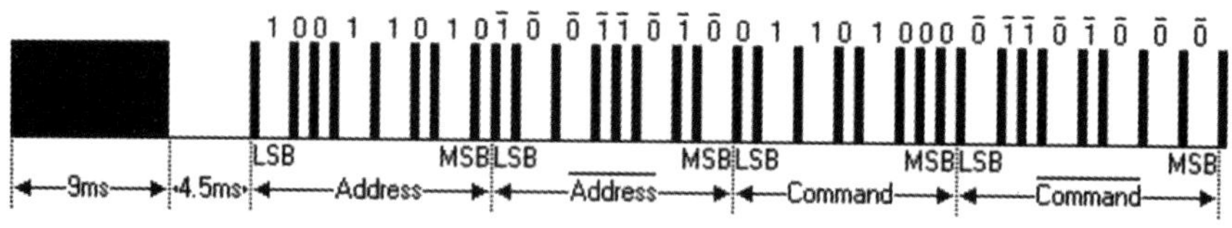

图 8.2　NEC 协议的数据传输格式

当红外遥控器上的按键被一直按下时，红外遥控器只会发送一次完整的信息，其后会每隔 110ms 发送一次重复码(也叫连发码)。重复码的数据格式比较简单，同样是由 9ms 的 AGC(自动增益控制)载波脉冲开始，紧接着是 2.25ms 的空闲信号，随后是 560μs 的载波脉冲，重复码的数据格式如图 8.3 和图 8.4 所示。

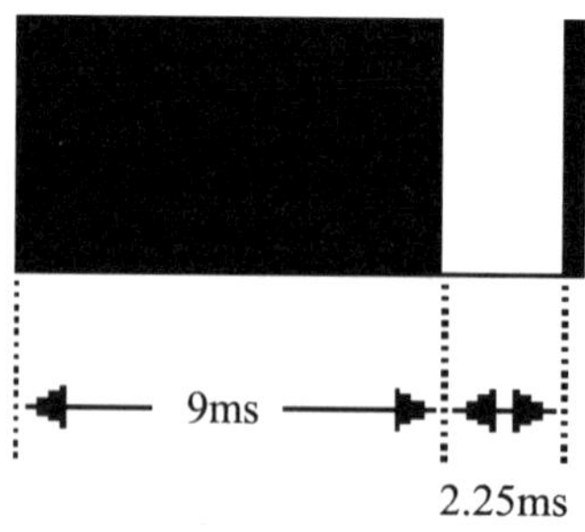

图 8.3　重复码的数据格式

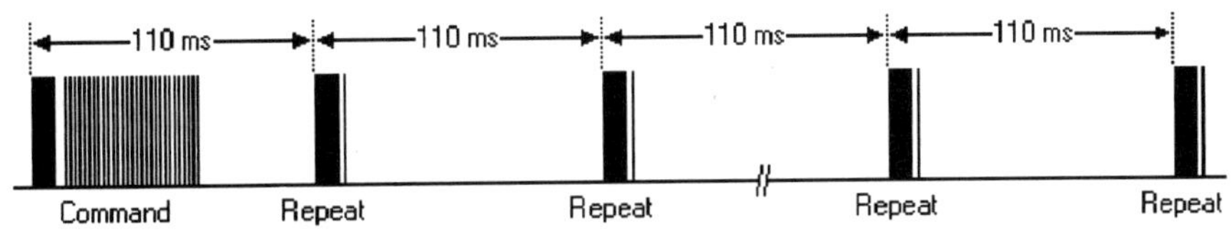

图 8.4　一直发送重复码

以上是对 NEC 协议的简单介绍，也就是红外遥控器发送数据时所遵循的协议规范。

8.3　红外遥控接收器件

红外接收头通常被厂家集成在一个元件中，称为一体化红外接收头。其内部集成了红外监测二极管、自动增益放大器(AGC)、带通滤波器(Band Pass)、解调器(Demodulator)等电路。图 8.5 和图 8.6 是红外接收头 HS0038B 的实物图和结构框图。

图 8.5　红外接收头 HS0038B 的实物图

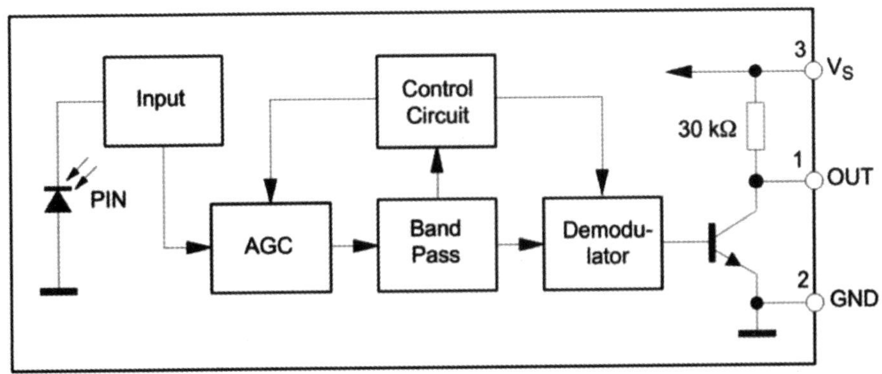

图 8.6　红外接收头 HS0038B 的结构框图

红外遥控器发出的信息经 38kHz 的载频进行二级调制以提高发射效率，达到降低电源功率的目的，然后经过红外发射二极管产生红外线向空间中发射。红外接收头通过红外监测二极管，将光信号转换成电信号，经过电路解调后，最终输出可以被 FPGA 采集的 TTL 电平信号。这里要注意的是，红外接收头内部的三极管电路具有信号反向的功能，也就是将 1 变为 0，将 0 变为 1，所有接收到的信号是上面整个协议信号的反码，例如 9ms 本来是高电平，而接收端将变为低电平，以此类推，如图 8.7 所示。接收解码对应的波形是 FPGA 最终接收到的红外信号。

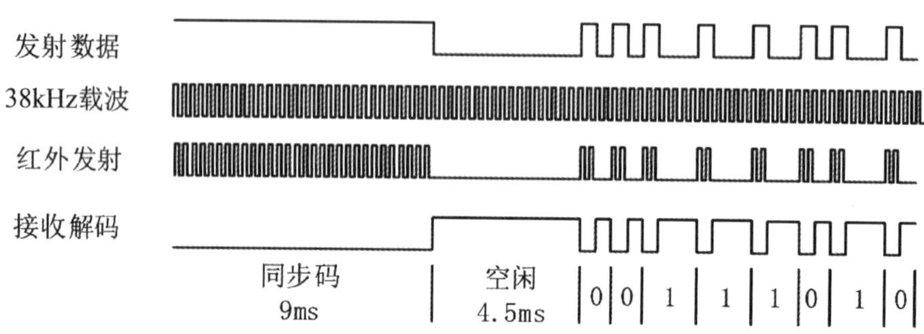

图 8.7　红外接收解码对应的波形

图 8.8 所示为红外解码接收到的完整波形。

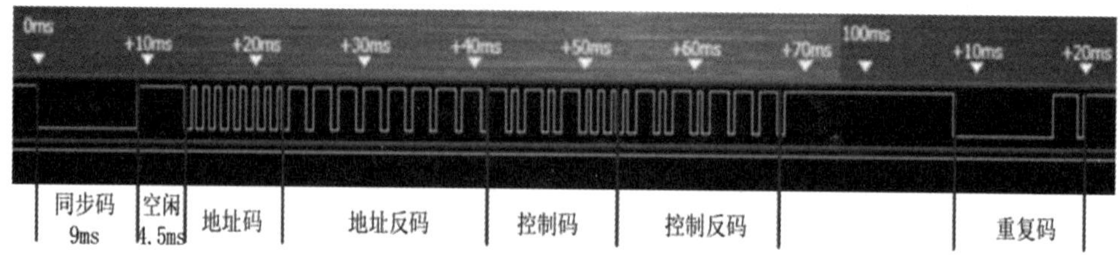

图 8.8　红外解码接收到的完整波形

从图 8.8 可以看到，地址码为 0，控制码为 0x15。在一段时间之后，还可以接收到几个脉冲，这就是 NEC 协议规定的重复码(连发码)，如果一帧数据发送完毕之后，按键仍然没有放开，则发射重复码，可以通过统计重复码来标记按键按下的长短/次数。

8.4　红外遥控数码管显示设计应用

在本教材配套的实验平台上接收红外遥控器发出的红外信号，并将数据显示在数码管上；如果监测到红外发射的重复码，则通过 LED 灯闪烁指示。

8.4.1　硬件原理图设计

本设计的电路如图 8.9 所示，图中 FPGA_REMOTE_IN 信号为红外接收头的电平输出端。

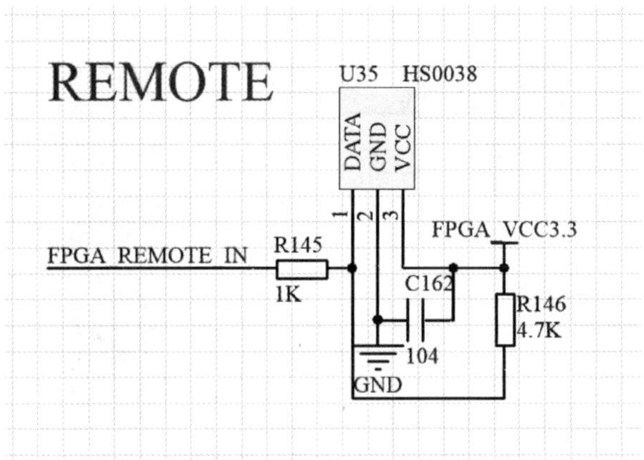

图 8.9　HS0038B 电路原理图

8.4.2　Verilog HDL 软件设计

根据应用设计的功能需求，可规划出设计的主要流程，即红外驱动模块解析红外接收的编码数据，将控制码输出至数码管驱动模块，重复码有效信号输出至 LED 控制模块。数码管驱动模块将对应的位选和段选信号发送至数码管，使相应的数字显示在数码管上，LED 控制模块根据重复码信号控制 LED 灯的亮灭。

本应用系统的 Verilog HDL 设计主要框图如图 8.10 所示。

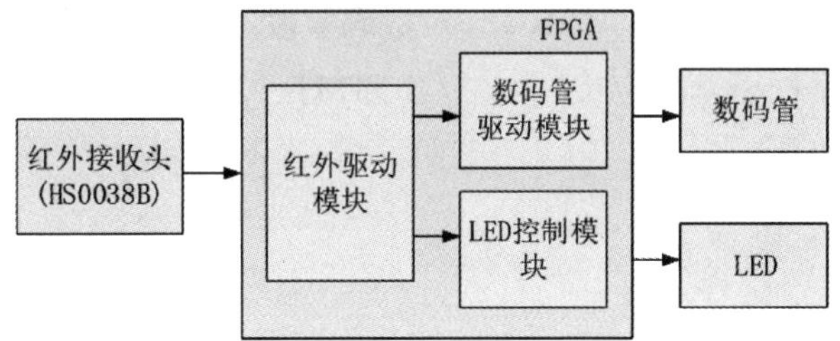

图 8.10　红外遥控系统框图

本应用系统的 Verilog HDL 设计的顶层模块如图 8.11 所示。

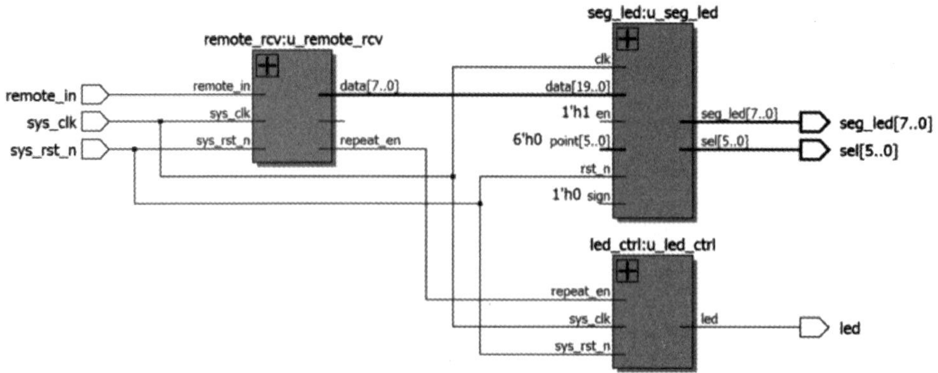

图 8.11　顶层模块原理图

FPGA 顶层(top _ remote _ rcv)例化了以下两个模块：红外驱动模块(remote _ rcv)和数码管动态显示模块(seg _ led)，模块之间的信号映射表示各模块间信号的交互。

顶层模块代码如下：

```
module top _ remote _ rcv(
    input     sys _ clk,                //系统时钟
    input     sys _ rst _ n,            //系统复位信号，低电平有效
    input     remote _ in,              //红外接收信号
    output    [5: 0]    sel,            //数码管位选信号
    output    [7: 0]    seg _ led,      //数码管段选信号
    output     led                      //LED 灯
);

//wire define
wire   [7: 0]     data;
wire   repeat _ en;

//* * * * * * * * * * * * * * * * * * * * * * * * * * * * * * * * * * * * * * * * * * * * * * * * * * * * *
//* *                       main code
//* * * * * * * * * * * * * * * * * * * * * * * * * * * * * * * * * * * * * * * * * * * * * * * * * * * * *
//数码管显示模块
seg _ led u _ seg _ led(
    . clk(sys _ clk),
```

```
    .rst_n(sys_rst_n),
    .seg_sel(sel),
    .seg_led(seg_led),
    .data(data),            //红外数据
    .point(6'd0),           //无小数点
    .en(1'b1),              //使能数码管
    .sign(1'b0)             //无符号显示
    );

//HS0038B 驱动模块
remote_rcv u_remote_rcv(
    .sys_clk(sys_clk),
    .sys_rst_n(sys_rst_n),
    .remote_in(remote_in),
    .repeat_en(repeat_en),
    .data_en(),
    .data(data)
    );

led_ctrl  u_led_ctrl(
    .sys_clk(sys_clk),
    .sys_rst_n(sys_rst_n),
    .repeat_en(repeat_en),
    .led(led)
    );
endmodule
```

顶层模块完成对其他模块的例化，红外驱动模块输出的控制码(data)连接至数码管显示模块，输出的 repeat_en(重复码有效信号)连接至 LED 控制模块。

红外传输时序使用状态机来编写。

红外驱动模块状态跳转图如图 8.12 所示。

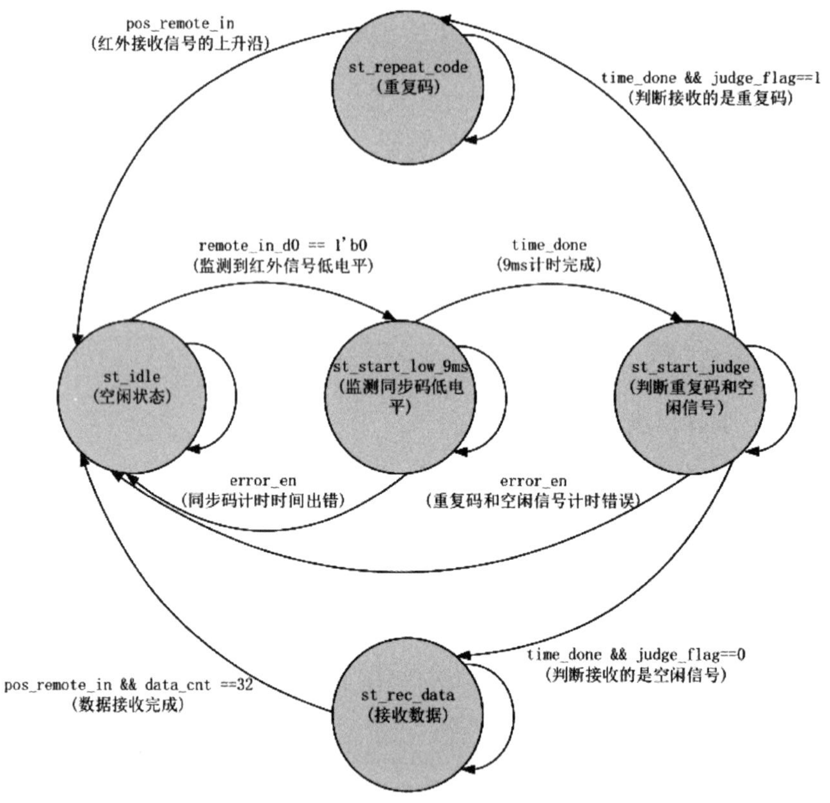

图 8.12　红外驱动模块状态跳转图

红外驱动模块使用三段式状态机来解析红外遥控信号，从图 8.12 可以比较直观地看到每个状态实现的功能以及跳转到下一个状态的条件。由于一次完整的红外信息和重复码都是以同步码(9ms 的低电平)开始，其空闲信号高电平的时间是不一样的，一次完整的红外信息空闲信号高电平时间是 4.5ms，而重复码的空闲信号高电平时间是 2.25ms。因此在st _ start _ judge状态判断空闲信号高电平的时间，如果时间是 4.5ms，则跳转到 st _ rec _ data 状态；如果时间是 2.25ms，则跳转到 st _ repeat 状态。

红外驱动模块部分代码如下：

```
module remote _ rcv(
    input    sys _ clk,                    //系统时钟
    input    sys _ rst _ n,                //系统复位信号，低电平有效
    input    remote _ in,                  //红外接收信号
    output   reg   repeat _ en,            //重复码有效信号
    output   reg   data _ en,              //数据有效信号
    output   reg   [7：0]   data           //红外控制码
```

```
    );

    //parameter define
    parameter  st_idle=5'b0_0001;                //空闲状态
    parameter  st_start_low_9ms=5'b0_0010;       //监测同步码低电平
    parameter  st_start_judge=5'b0_0100;         //判断重复码和同步码高电平(空闲
信号)
    parameter  st_rec_data=5'b0_1000;            //接收数据
    parameter  st_repeat_code=5'b1_0000;         //重复码

    //reg define
    reg    [4:0]    cur_state;
    reg    [4:0]    next_state;

    reg    [11:0]   div_cnt;                     //分频计数器
    reg    div_clk;                              //分频时钟
    reg    remote_in_d0;                         //对输入的红外信号延时打拍
    reg    remote_in_d1;
    reg    [7:0]    time_cnt;                    //对红外信号的各个状态进行计数
    reg    time_cnt_clr;                         //计数器清零信号
    reg    time_done;                            //计时完成信号
    reg    error_en;                             //错误信号
    reg    judge_flag;                           //检测出的标志信号 0:同步码高电
平(空闲信号);1:重复码
    reg    [15:0]   data_temp;                   //暂存收到的控制码和控制反码
    reg    [5:0]    data_cnt;                    //对接收的数据进行计数

    //wire define
    wire   pos_remote_in;                        //输入红外信号的上升沿
    wire   neg_remote_in;                        //输入红外信号的下降沿

    //*****************************************************
**********************
    //**                       main code
```

```
//***************************************************************
assign  pos_remote_in=(~remote_in_d1)& remote_in_d0;
assign  neg_remote_in=remote_in_d1 &(~remote_in_d0);
```

LED 控制模块代码如下：

```
module led_ctrl(
    input     sys_clk,              //系统时钟
    input     sys_rst_n,            //系统复位信号，低电平有效
    input     repeat_en,            //重复码触发信号
    output    reg    led            //LED 灯
    );
//reg define
reg     repeat_en_d0;               //repeat_en 信号打拍采沿
reg     repeat_en_d1;
reg     [22:0]   led_cnt;           //LED 灯计数器，用于控制 LED 灯亮灭
//wire define
wire    pos_repeat_en;
//***************************************************************
//**                  main code
//***************************************************************
assign  pos_repeat_en=~repeat_en_d1 & repeat_en_d0;
////repeat_en 信号打拍采沿
always@(posedge sys_clk or negedge sys_rst_n) begin
    if(! sys_rst_n) begin
        repeat_en_d0<=1'b0;
        repeat_en_d1<=1'b0;
    end
    else begin
        repeat_en_d0<=repeat_en;
        repeat_en_d1<=repeat_en_d0;
```

```
        end
    end

    always@(posedge sys_clk or negedge sys_rst_n) begin
        if(! sys_rst_n) begin
            led_cnt<=23'd0;
            led<=1'b0;
        end
        else begin
            if(pos_repeat_en) begin
                led_cnt<=23'd5_000_000;        //单次重复码：亮 80ms，灭 20ms
                led<=1'b1;            //LED 亮的时间：4_000_000 * 20ns=80ms
            end
            else if(led_cnt ! =23'd0) begin
                led_cnt<=led_cnt-23'd1;
                if(led_cnt< 23'd1_000_000)        //LED 灭的时间：1_000_000 *
20ns=20ms
                    led<=1'b0;
            end
        end
    end
    endmodule
```

LED 控制模块代码比较简单，首先检测 repeat_en 信号的上升沿，pos_repeat_en 被拉高之后，计数器赋值为 5_000_000，随后计数器每个周期开始递减 1，直到计数到 0；当计数器在 1_000_000～5_000_000 范围内，点亮 LED 灯，其他情况熄灭 LED 灯，从而指示红外遥控模块是否检测到重复码。

8.5　下载验证

首先打开红外遥控数码显示实验工程，在工程所在的路径下打开 10_top_remote_rcv/par 文件夹，在里面找到“top_remote_rcv.qpf”并双击打开。注意工程所在的路径名只能由字母、数字以及下划线组成，不能出现中文、空格以及特殊字符等。工程打开后如图 8.13 所示。

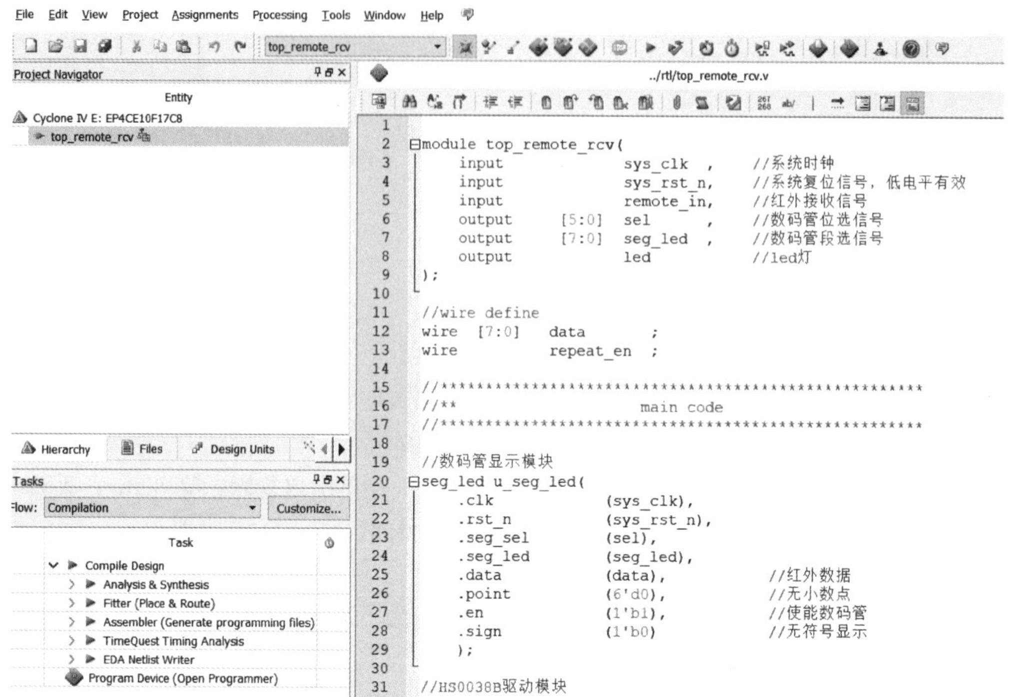

图 8.13 红外遥控工程

下载程序，可以看到数码管显示 0，如图 8.14 所示。将红外遥控器对着 FPGA 板按下，LED 灯亮起，数码管显示按键对应的数字，如图 8.15 所示。

图 8.14 接收到红外遥控器发送的“0”信号

图 8.15 接收到红外遥控器发送的“69”信号

红外线遥控装置具有体积小、功耗低、功能强、成本低等特点。红外线遥控是目前使用最广泛的一种通信和遥控手段。

通过本章的学习，应该重点掌握红外遥控的基本原理，掌握红外遥控中涉及的编解码技术，并能够利用 Verilog HDL 语言完成红外遥控编码和解码系统的设计与实现。

本章习题

1. 结合本章实验和前面几章的知识，设计一个简易的红外线遥控器，利用键盘控制发送信息的内容(增减、数字、功能键等)，并利用数码管显示发送的信息。

2. 设计一个简易的红外测距仪，要求可以完成距离测量，同时利用数码管显示测量距离。

第9章 FPGA实现UART串口通信

本章在简要介绍串行通信、并行通信、同步与异步通信的基本概念的基础上，介绍了几种常用的串行通信接口，并在配套的开发平台和计算机上实现UART通信。通过串口调试助手发送数据给FPGA，FPGA通过串口接收数据，并将接收到的数据发送给上位机，完成串口数据环路通信。

9.1 设备间通信接口及方式简介

一般情况下，设备之间的通信方式可以分为并行通信和串行通信两种。并行通信如图9.1所示。其传输过程中数据各比特位同时传输，具有速度快的优点，但具有占用引脚资源多、并行传输距离短等缺点。

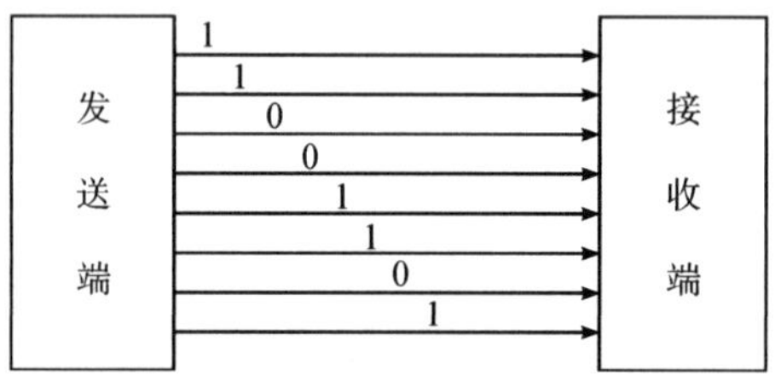

图9.1 并行通信

串行通信如图9.2所示，在一次数据输出过程中，数据按顺序逐位传输，其主要优点是占用引脚资源少，传输电路相对简单，但传输速度相对较慢。

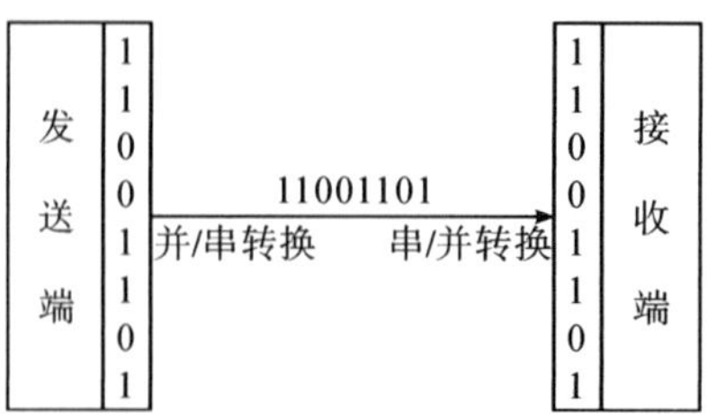

图9.2 串行通信

9.2　串行通信的分类

串行通信按照数据传送方向分为单工通信、半双工通信和全双工通信三种方式。其中单工通信如图 9.3 所示，只支持数据在一个方向上传输。

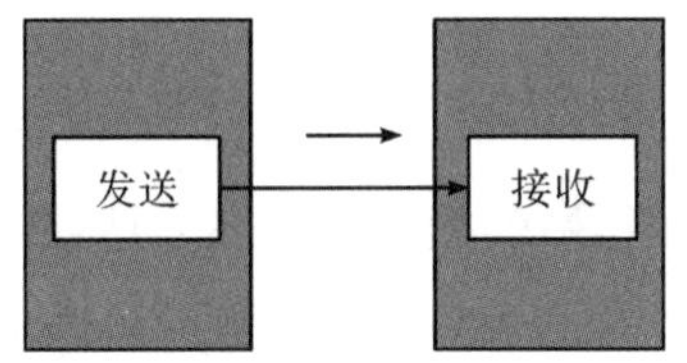

图 9.3　串行单工通信模式

半双工通信如图 9.4 所示，通信线路允许数据在两个方向上传输。但在某一时刻，只允许数据在一个方向上传输。半双工通信实际上是一种切换方向的单工通信，发送和接收不需要独立的接收端和发送端，两者可以合并在一起使用一个端口。

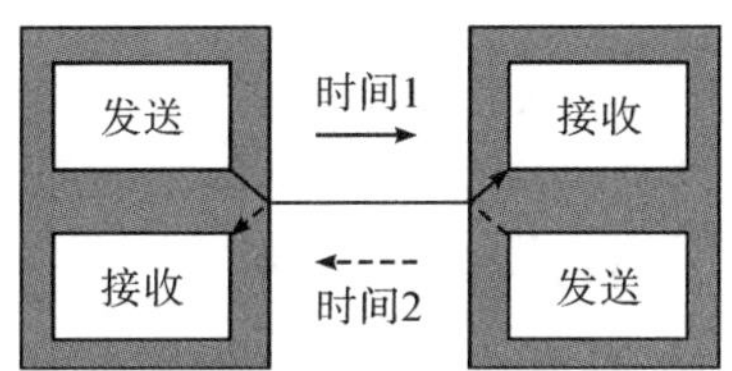

图 9.4　串行半双工通信模式

全双工通信如图 9.5 所示，通信线路允许数据同时在两个方向上传输。因此，全双工通信是两个单工通信方式的结合，需要独立的接收端和发送端。

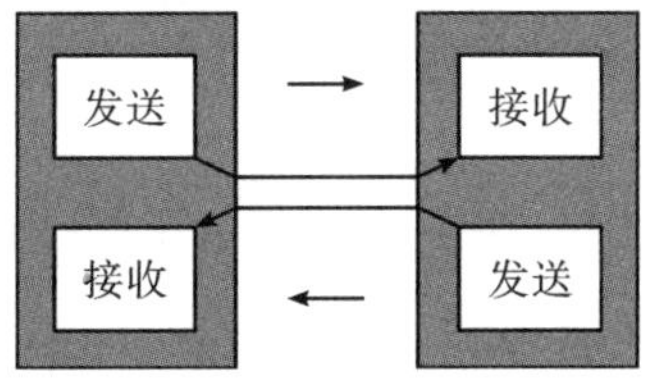

图 9.5　串行全双工通信模式

串行通信按照通信方式也可以分为同步通信和异步通信两种类型，同步串行通信需要在同步时钟信号作用下实现信号传输，如 SPI、I2C 就属于同步串行通信。如果串行通信没有时钟信号同步则属于异步串行通信，如 UART（通用异步收发器）就属于异步串行通信。

在同步通信中，收发设备上方会使用一根信号线传输信号，在时钟信号的驱动下双方进行协调，同步数据。例如，通信中通常双方会统一规定在时钟信号的上升沿或者下降沿对数据线进行采样。

在异步通信中不使用时钟信号进行数据同步，它们直接在数据信号中穿插一些用于同步的信号位，或者将主体数据进行打包，以数据帧的格式传输数据。但是，通信过程中还需要收发双方规约好数据的传输速率(也就是波特率)等相关信息，以便更好地完成数据的正确传输。常用的波特率有4800bps、9600bps、115200bps等。

9.3 常见的串行通信

在同步通信中，数据信号所传输的内容绝大部分是有效数据，而异步通信中则会包含数据帧的各种标识符，因此同步通信效率高，但是同步通信双方的时钟允许误差小，时钟稍稍出错就可能导致数据错乱，而异步通信双方的时钟允许误差较大。常见的串行通信接口如表9.1所示。

表9.1 常用的串行通信接口

通信标准	引脚说明	通信方式	通信方向
UART (通用异步收发器)	TXD：发送端 RXT：接收端 GND：共地	异步通信	全双工
1—wire(单总线)	DQ：发送/接收端	异步通信	半双工
SPI通信	SCK：同步时钟 MISO：主机输入，从机输出 MOSI：主机输出，从机输入	同步通信	全双工
I2C通信	SCK：同步时钟 SDA：数据输入/输出端	同步通信	半双工

9.4 FPGA下位机与PC端上位机实现串口环回通信应用设计

本实验主要是完成上位机通过串口调试助手发送数据给FPGA，FPGA通过串口接收数据并将接收到的数据发送给上位机，进而完成串口数据环回通信。

9.4.1 硬件原理图设计

开发平台上有两种串口，一种是DB9接口类型的RS232串口，另一种是USB串口。RS232串口部分的原理图如图9.6所示。由于FPGA串口输入/输出引脚为TTL电平，用3.3V代表逻辑“1”，用0V代表逻辑“0”；而计算机串口采用RS232电平，它是负逻辑电平，即−15V～−5V代表逻辑“1”，+5V～+15V代表逻辑“0”。因此，当计算机与FPGA通信时，需要加电平转换芯片SP3232以实现RS232电平与TTL电平的转换。

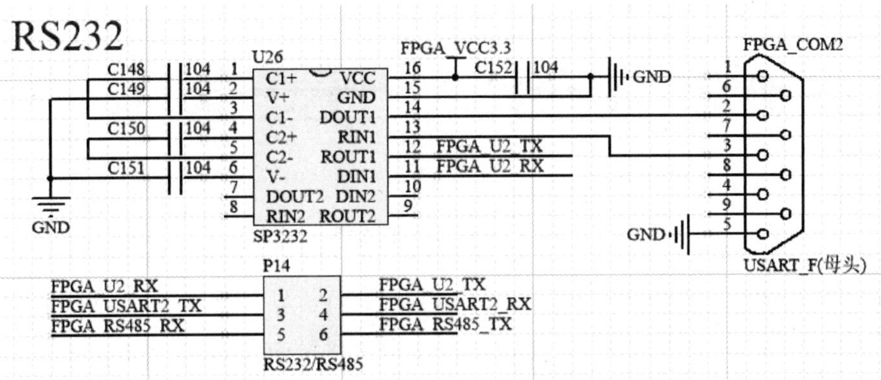

图 9.6　电平转换电路

由图 9.6 可知，SP3232 芯片端口的 FPGA _ U2 _ RX 和 FPGA _ U2 _ TX 并没有直接与 FPGA 的引脚相连接，而是连接到实验平台的 P14 口，RS232 串口和 RS485 串口共用 P14 口的 FPGA _ USART2 _ TX 和 FPGA _ USART2 _ RX，FPGA _ USART2 _ TX 和 FPGA _ USART2 _ RX 是直接与 FPGA 的引脚相连接的，这样的设计方式实现了有限 I/O端口的多种复用功能。因此在实现 RS232 的通信实验时，需要使用杜邦线或者跳帽将 FPGA _ U2 _ RX 和 FPGA _ USART2 _ TX 连接在一起，将 FPGA _ U2 _ TX 和 FPGA _ USART2 _ RX 连接在一起。由于 DB9 接口类型的 RS232 串口占用空间较大，目前很多系统已经选择采用 USB 转 TTL 方案，利用 CH340 芯片实现 USB 总线转 UART 功能，通过 Mini USB 接口实现与上位机通信。USB 串口电路原理如图 9.7、图 9.8 所示。

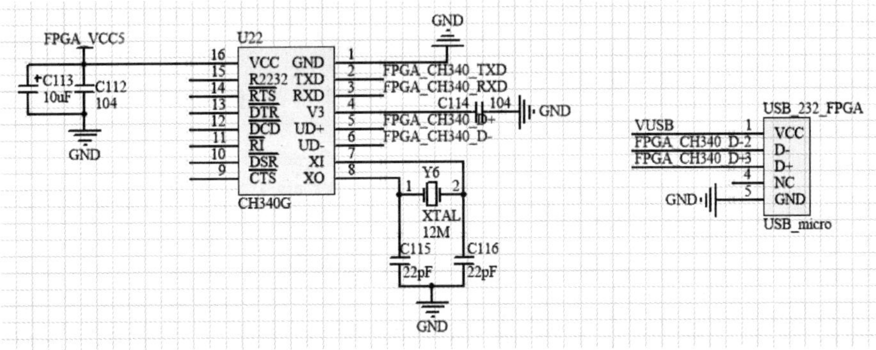

图 9.7　USB 串口转换电路

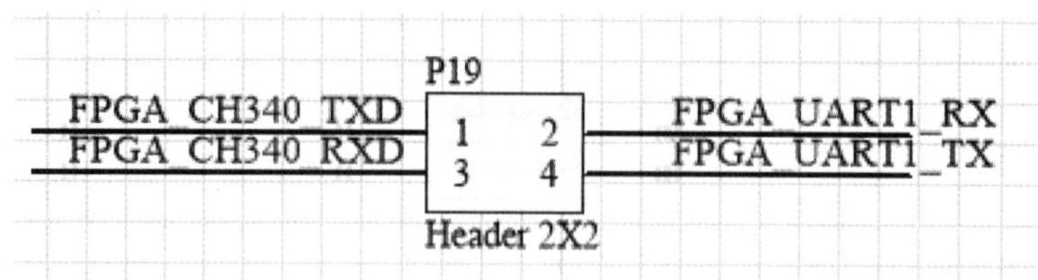

图 9.8　USB 串口选择

由图 9.7 和图 9.8 可知，CH340 芯片端口的 FPGA _ CH340 _ TXD 和 FPGA _ CH340 _ RXD 同样没有直接与 FPGA 的引脚相连接，而是连接到 P19 口，P19 口的 FPGA _ UART1 _ RX 和 FPGA _ UART1 _ TX 直接与 FPGA 的引脚相连接。这样设计的作用是在未使用 USB 串口做通信实验时，P19 口的 FPGA _ UART1 _ RX 和 FPGA _ UART1 _ TX 可以当成普通的扩展口来使用。因此，在使用 USB 串口做通信实验时，需要使用杜邦线或者跳帽将 FPGA _ CH340 _ TXD 和 FPGA _ UART1 _ RX 连接在一起，将 FPGA _ CH340 _ RXD 和 FPGA _ UART1 _ TX 连接在一起。

9.4.2　Verilog HDL 软件设计

根据本实验的设计功能，系统中应该包含一个串口接收模块和一个串口发送模块，然后在顶层把接收模块收到的数据连接到发送模块。由此可知系统总体框图如图 9.9 所示。在 FPGA 内部实现串口接收模块与串口发送模块，串口接收模块接收上位机发送的数据，然后通过串口发送模块将数据发回上位机，实现串口数据环回通信。

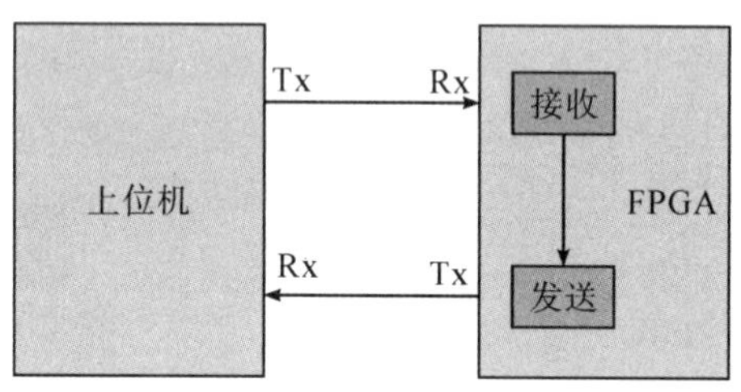

图 9.9　串口通信实验系统框图

在编写代码之前，首先要确定串口通信的数据格式及波特率。这里选择比较常用的一种串口模式，数据位为 8 位，停止位为 1 位，无校验位，波特率为 115200 bps，则传输一帧数据的时序图如图 9.10 所示。

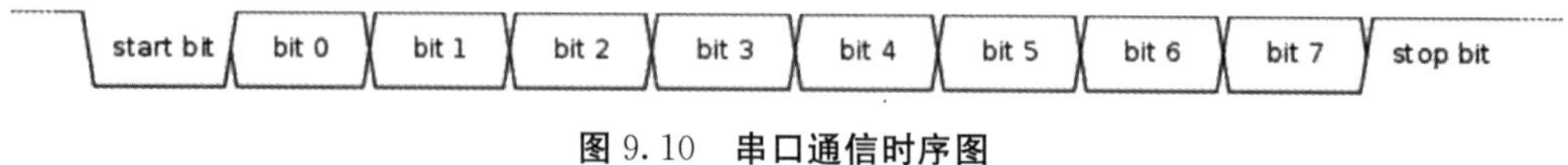

图 9.10　串口通信时序图

由图 9.9 所示的系统框图可知，FPGA 程序主要包括顶层模块(uart _ top)、接收模块(uart _ recv)和发送模块(uart _ send)三个模块，其中在顶层模块中完成对另外两个模块的例化。各模块端口及信号连接如图 9.11 所示。

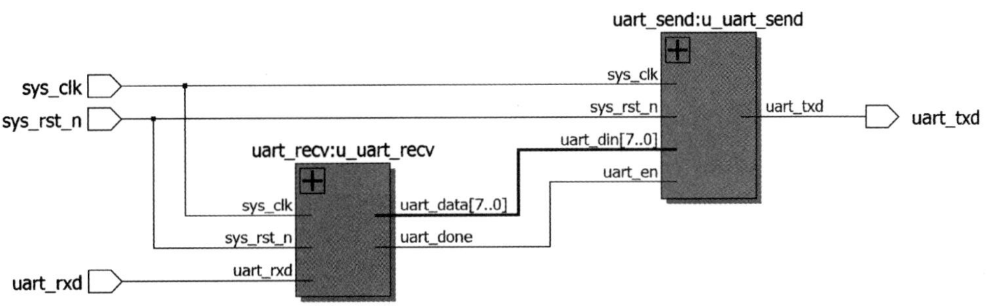

图 9.11　各模块端口及信号连接原理图

uart _ recv 为串口接收模块，从串口接收端口 uart _ rxd 接收上位机发送的串行数据，并在一帧数据(8 位)接收结束后给出通知信号 uart _ done；uart _ send 为串口发送模块，以 uart _ done 为发送使能信号，将接收到的数据 uart _ data 通过串口发送端 uart _ txd 发送出去。

顶层模块的代码如下：

```
  module uart _ top(
    input      sys _ clk,                  //外部 50M 时钟
    input      sys _ rst _ n,              //外部复位信号，低电平有效
//uart 接口
    input      uart _ rxd,                 //UART 接收端口
    output      uart _ txd                 //UART 发送端口
    );

//parameter define
parameter   CLK _ FREQ=50000000;   //定义系统时钟频率
parameter   UART _ BPS=115200;     //定义串口波特率

//wire define
wire      uart _ en _ w;                   //UART 发送使能
wire [7: 0]     uart _ data _ w;           //UART 发送数据
wire      clk _ 1m _ w;                    //1MHz 时钟，用于 Signaltap 调试

//* * * * * * * * * * * * * * * * * * * * * * * * * * * * * * * * * * *
* * * * * * * * * * * * * * * * * * * * * *
//* *                    main code
```

```
//************************************************************
clk_div u_pll(                          //时钟分频模块，用于调试
    .inclk0(sys_clk),
    .c0(clk_1m_w)
);

uart_recv #(                            //串口接收模块
    .CLK_FREQ(CLK_FREQ),                //设置系统时钟频率
    .UART_BPS(UART_BPS))                //设置串口接收波特率
u_uart_recv(
    .sys_clk(sys_clk),
    .sys_rst_n(sys_rst_n),

    .uart_rxd(uart_rxd),
    .uart_done(uart_en_w),
    .uart_data(uart_data_w)
    );

uart_send #(                            //串口发送模块
    .CLK_FREQ(CLK_FREQ),                //设置系统时钟频率
    .UART_BPS(UART_BPS))                //设置串口发送波特率
u_uart_send(
    .sys_clk(sys_clk),
    .sys_rst_n(sys_rst_n),

    .uart_en(uart_en_w),
    .uart_din(uart_data_w),
    .uart_txd(uart_txd)
    );
endmodule
```

9.5　下载验证

首先打开串口工程，在工程所在的路径下打开 8 _ uart _ top/par 文件夹，在里面找到"uart _ top. qpf"并双击打开。注意工程所在的路径名只能由字母、数字以及下划线组成，不能出现中文、空格以及特殊字符等。串口工程打开后如图 9.12 所示。

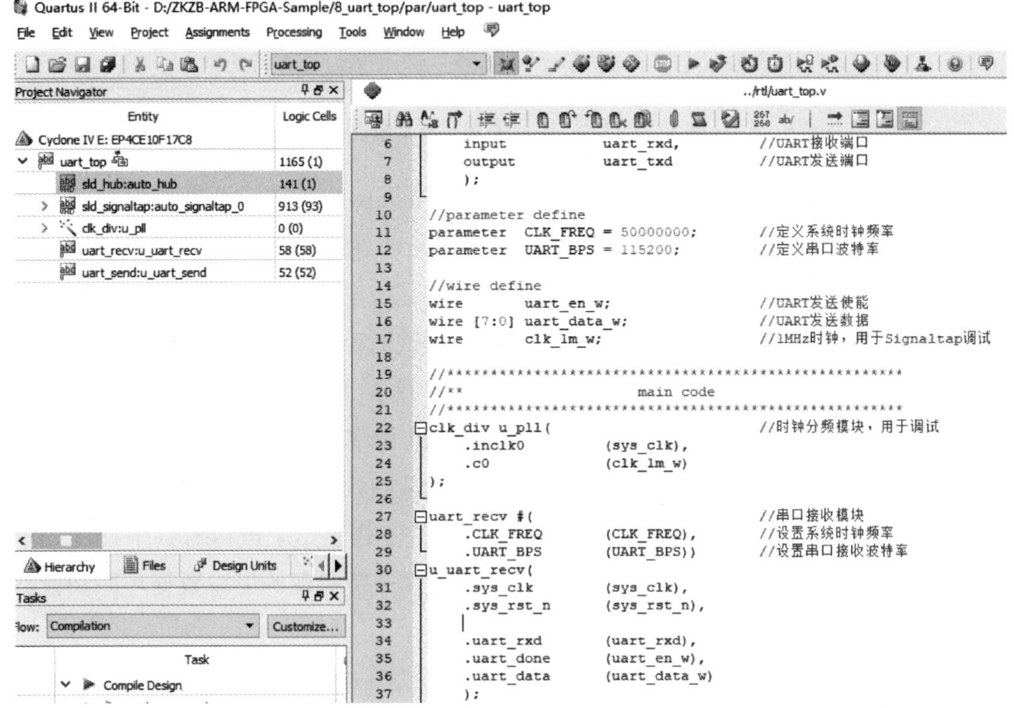

图 9.12　UART 串口工程

工程打开后，通过点击工具栏中的"Programmer"图标打开下载界面，通过"Add File"按钮选择串口工程中 8 _ uart/par/output _ files 目录下的"uart _ top. sof"文件。接下来下载程序，验证上位机与开发板通过 USB 串口进行串口数据环回功能。把 USB 串口线与下载器一端连电脑，另一端与开发板上的对应端口连接，并确保两个跳帽均已经连接。然后连接电源线(由于 USB 线可以给开发板提供电源，这里电源线也可以不连接)并打开电源开关。

注意上位机第一次使用 USB 串口线与 FPGA 开发板连接时，需要安装 USB 串口驱动程序。在实验平台随附的资料中找到"CH340 驱动(USB 串口驱动)"文件夹，双击打开文件夹中的"SETUP. EXE"进行安装，驱动安装界面如图 9.13 所示。界面中提示 INF 文件为 CH341SER. INF，不需要理会(CH341、CH340 驱动是共用的)，直接点安装即可。

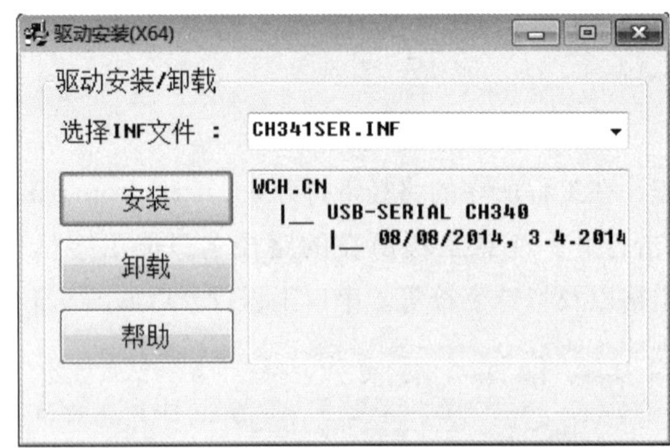

图 9.13 USB 串口驱动程序安装界面

开发板电源打开后，在程序下载界面点击“Hardware Setup”，在弹出的对话框中选择当前的硬件连接为“USB-Blaster”。然后点击“Start”将工程编译完成后得到的 sof 文件下载到开发板中。接下来打开串口助手，串口助手是上位机中用于辅助串口调试的小工具，可以选择安装使用实验平台随附资料中“串口调试助手”文件夹中提供的串口助手。

在串口助手中选择与开发板相连接的 CH340 虚拟串口，具体的端口号(这里是 COM4)需要根据实际情况选择，可以在计算机设备器中查看。设置波特率为 115200bps，数据位为 8，停止位为 1，无校验位，最后确认打开串口。

串口打开后，在发送文本框中输入数据“5A”并点击发送，可以看到串口助手中接收到数据“5A”，接收到的数据与发送的数据一致，程序所实现的串口数据环回功能验证成功(图 9.14)。

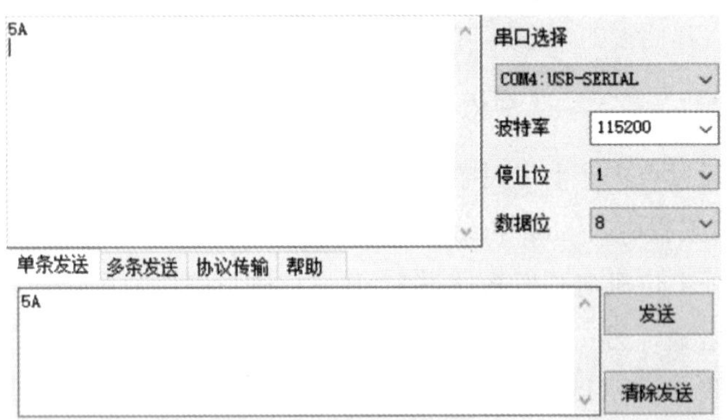

图 9.14 设计验证结果

从图 9.14 中可以看出，该设计采用 Verilog HDL 语言实现了 FPGA 与上位机的串口环路数据传输。

FPGA 在数据采集、高速数字信号处理领域的应用中，通常需要与外设通过 UART 实现串行数据通信。本章主要描述了串口通信协议 RS232 的基本工作原理及其 FPGA 设计与实现，给出了基于 USB 的串口通信系统模型结构、设计要点与应用。

本章习题

1. 设计一个基于串口通信的数据传输系统，要求将 AD 模块采集到的数据传输到上位机。

2. 设计一个基于串口通信的数据传输系统，要求将上位机的数据传输到 FPGA 接收系统中，并利用显示模块完成数据的显示。

3. 修改本章实验，要求采用不同的传输数据完成一个数据文件的传输。

第10章 FPGA实现SPI串行通信

本章在简要介绍SPI通信协议和SD卡原理的基础上，基于配套的开发平台实现SD卡的SPI方式数据的读写。通过SPI通信方式向SD卡指定的扇区地址中写入512个字节的数据，写完后将数据读出，并验证数据的正确性。通过对本章的学习，初学者可以掌握SPI的FPGA应用设计和SD卡的读写知识。

10.1 SPI通信原理简介

SPI(Serial Peripheral Interface)协议是由摩托罗拉公司提出的通信协议，即串行外围设备接口，是一种高速全双工的通信总线，被广泛地使用在ADC、LCD等设备与MCU、FPGA和DSP芯片之间的高速通信场合。SPI通信设备之间常用的连接方式见图10.1。

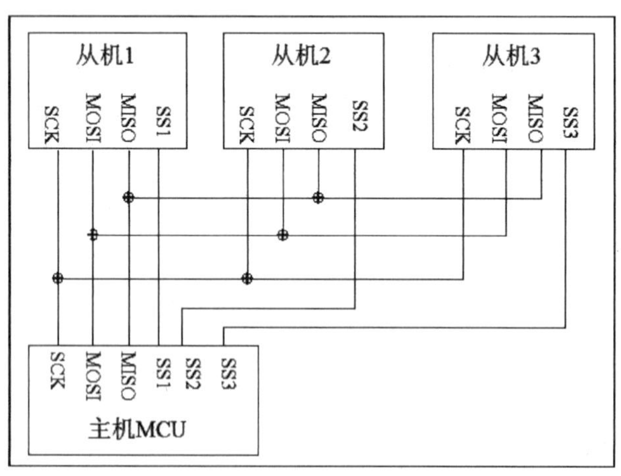

图10.1　SPI通信设备之间常用的连接方式

SPI通信使用3条总线及片选线，3条总线分别为SCK、MOSI、MISO，片选线为SS，它们的作用分别如下。

SS(Slave Select)：从设备选择信号线，常称为片选信号线，也称为NSS、CS，以下用 NSS 表示。当有多个 SPI 从设备与 SPI 主机相连时，设备的其他信号线 SCK、MOSI 及 MISO 同时并联到相同的 SPI 总线上，即无论有多少个从设备，都共同使用 SCK、MOSI、MISO 这 3 条总线；而每个从设备都有独立的一条 NSS 信号线，该信号线独占主机的一个引脚，即有多少个从设备，就有多少条片选信号线。SPI 协议中没有设备地址，它使用 NSS 信号线来寻址，当主机要选择某个从设备时，把该从设备的 NSS 信号线设置为低电平，即片选有效，接着主机开始与被选中的从设备进行 SPI 通信。因此 SPI 通信以 NSS 线置低电平为开始信号，以 NSS 线被拉高作为结束信号。

SCK(Serial Clock)：时钟信号线，用于通信中数据同步。它由通信主机产生并决定了通信的速率，不同的设备支持的最高时钟频率不一样，如 STM32 的 SPI 时钟频率最大为 fpclk/2。

MOSI(Master Output，Slave Input)：主设备输出/从设备输入引脚。主机的数据从这条信号线输出，从机由这条信号线读入主机发送的数据，即这条线上数据的方向为主机到从机。

MISO(Master Input，Slave Output)：主设备输入/从设备输出引脚。主机从这条信号线读入数据，从机的数据由这条信号线输出到主机，即在这条线上数据的方向为从机到主机。

与 I2C 类似，SPI 协议也定义了通信的起始和停止信号、数据有效性、时钟同步等数据位。

图 10.2 所示的是一个 SPI 主机的通信时序。NSS、SCK、MOSI 信号都由主机控制产生，MISO 信号由从机产生，主机通过该信号线读取从机的数据。MOSI 与 MISO 的信号只在 NSS 为低电平低的时候才有效，在 SCK 的每个时钟周期 MOSI 和 MISO 传输一位数据。

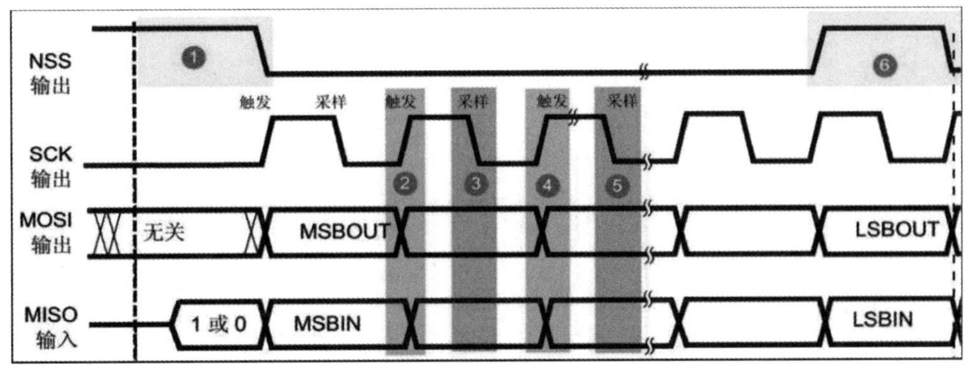

图 10.2 SPI 主机通信时序

SPI 主机通信流程中包含的各个信号分解如下。

(1)SPI 通信的起始和停止信号。

在图 10.2 中的标号①处，NSS 信号线由高变低，SPI 通信开始。NSS 是每个从机各自独占的信号线，当从机在自己的 NSS 线检测到起始信号后，就知道自己被主机选中了，开始准备与主机通信。在图中的标号⑥处，NSS 信号由低变高，SPI 通信停止，表示本次通信结束，从机的选中状态被取消。

(2)数据有效性。

SPI 使用 MOSI 和 MISO 信号线来传输数据，使用 SCK 信号线进行数据同步。MOSI 和 MISO 数据线在 SCK 的每个时钟周期传输一位数据，且数据输入/输出是同时进行的。数据传输时，MSB 先行或 LSB 先行并没有作硬性规定，但要保证两个 SPI 通信设备之间使用同样的协定，一般都会采用图 10.2 中的 MSB 先行模式。

观察图中的②④标号处，MOSI 和 MISO 的数据在 SCK 的上升沿期间变化输出，在 SCK 的下降沿时被采样，即在 SCK 的下降沿时刻，MOSI 和 MISO 的数据有效，高电平时表示数据“1”，低电平时表示数据“0”。在其他时刻数据无效，MOSI 和 MISO 为下一次表示数据做准备。SPI 每次数据传输可以 8 位或 16 位为单位，每次传输的单位数不受限制。

(3)CPOL/CPHA 及通信模式。

图 10.2 中的时序只是 SPI 中的一种通信模式，SPI 一共有 4 种通信模式，它们的主要区别是总线空闲时 SCK 的时钟状态以及数据采样时刻。在此引入“时钟极性 CPOL”和“时钟相位 CPHA”的概念进行简要说明。

时钟极性 CPOL 是指 SPI 通信设备处于空闲状态时，SCK 信号线的电平信号(即 SPI 通信开始前、NSS 线为高电平时 SCK 的状态)。CPOL＝0 时，SCK 在空闲状态下为低电平；CPOL＝1 时则相反。

如图 10.3 所示，时钟相位 CPHA 是指数据的采样时刻，当 CPHA＝0 时，MOSI 或 MISO 数据线上的信号将会在 SCK 时钟线的“奇数边沿”被采样；当 CPHA＝1 时，数据线在 SCK 的“偶数边沿”被采样。

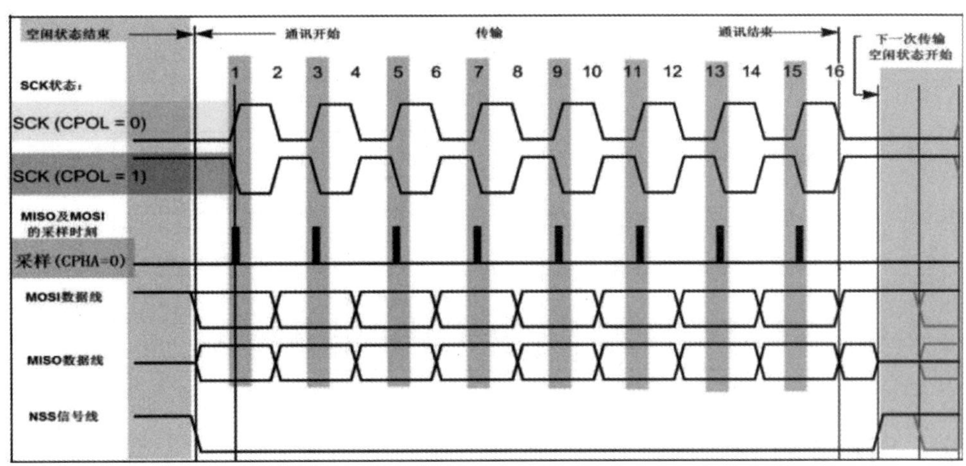

图 10.3　CPHA=0 时的 SPI 通信模式

来分析如图 10.3 所示当 CPHA=0 时的时序图。首先根据 SCK 在空闲状态时的电平，分为两种情况。SCK 信号线在空闲状态为低电平时，CPOL=0；在空闲状态为高电平时，CPOL=1。

无论 CPOL 为 0 还是为 1，因为配置的时钟相位 CPHA=0，在图中可以看到，采样时刻都是在 SCK 的奇数边沿。当 CPOL=0 时，时钟的奇数边沿是上升沿，而 CPOL=1 时，时钟的奇数边沿是下降沿。因此 SPI 的采样时刻不是由上升/下降沿决定的。如图 10.4 所示，MOSI 和 MISO 数据线的有效信号在 SCK 的奇数边沿保持不变，数据信号将在 SCK 奇数边沿时被采样，在非采样时刻，MOSI 和 MISO 的有效信号才发生切换。类似地，当 CPHA=1 时，不受 CPOL 的影响，数据信号在 SCK 的偶数边沿被采样。

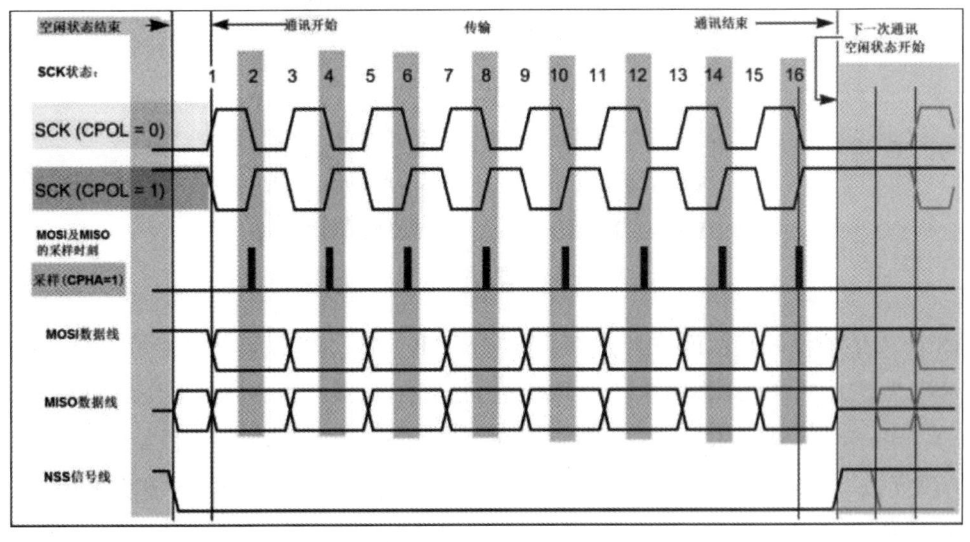

图 10.4　CPHA=1 时的 SPI 通信模式

由CPOL和CPHA的不同状态，SPI分成了4种模式，见表10.1，主机与从机需要工作在相同的模式下才可以正常通信，实际中采用较多的是“模式0”与“模式3”。

表10.1　SPI的4种模式

SPI模式	CPOL	CPHA	空闲时SCK时钟	采样时刻
0	0	0	低电平	奇数边沿
1	0	1	低电平	偶数边沿
2	1	0	高电平	奇数边沿
3	1	1	高电平	偶数边沿

10.2　SD卡简介

SD卡的英文全称是Secure Digital Card，是在MMC卡(Multimedia Card)的基础上发展而来，主要增加了两个特色，即更高的安全性和更快的读写速度。SD卡和MMC卡的长度和宽度都是32mm×24mm，不同的是SD卡的厚度为2.1mm，而MMC卡的厚度为1.4mm，SD卡比MMC卡略厚，以容纳更大容量的存贮单元，同时SD卡比MMC卡的触点引脚要多，且在侧面多了一个写保护开关。SD卡与MMC卡保持着向上兼容，MMC卡可以被新的SD卡设备存取，兼容性则取决于应用软件，但SD卡却不可以被MMC卡设备存取。SD卡和MMC卡可通过卡片上面的标注进行区分，如图10.5左侧图片上面标注为“MultiMediaCard”字母样式的为MMC卡，右侧图片上面标注为“SD”字母样式的为SD卡。

图10.5　MMC外观图(左)和SD卡外观图(右)

图10.5右侧图片显示的SD卡实际上为SDHC卡，SD卡从存储容量上分为3个级别，分别为SD卡、SDHC卡(Secure Digital High Capacity)和SDXC卡(SD eXtended Capacity)。SD卡在MMC卡的基础上发展而来，使用FAT12/FAT16文件系统，并采用SD 1.0协议规范，该协议规定了SD卡的最大存储容量为2GB；SDHC卡是大容量存储SD卡，使用FAT32文件系统，SDHC卡采用SD 2.0协议规范，该协议规定了SDHC卡的存储容量范围为2GB～32GB；SDXC卡是新提出的标准，SDXC卡使用exFAT 文件系

统，即扩展 FAT 文件系统，SDXC 卡采用 SD 3.0 协议规范，该协议规定了 SDXC 卡的存储容量范围为 32GB～2TB。表 10.2 为不同类型的 SD 卡采用的协议规范、容量等级及支持的文件系统。

表 10.2　SD 卡的类型、协议规范、容量等级及支持的文件系统

SD 卡类型	协议规范	容量等级	支持的文件系统
SD	SD 1.0	<2GB	FAT12，FAT16
SDHC	SD 2.0	2GB～32GB	FAT32
SDXC	SD 3.0	32GB～2TB	exFAT

不同协议规范的 SD 卡有着不同速度等级的表示方法。在 SD 1.0 协议规范中使用“X”表示不同的速度等级；在 SD 2.0 协议规范中，使用 SpeedClass 表示不同的速度等级；SD 3.0 协议规范使用 UHS(Ultra High Speed)表示不同的速度等级。SD 2.0 规范中将 SD 卡的速度等级划分为普通卡(Class2、Class4、Class6)和高速卡(Class10)；SD 3.0 规范将 SD 卡的速度等级划分为 UHS 速度等级 1 和 3。不同等级的 SD 卡读写速度和应用如图 10.6 所示。

	标志	串列数据最低写入速度	SD总线模式	推荐用途
UHS速度等级	U3	30MB/秒	UHS-II UHS-I	4K、2K 视频录制
	U1	10MB/秒		全高清视频录制 连续拍摄高清静态影像
Speed Class	CLASS10	10MB/秒	高速（HS）	
	CLASS6	6MB/秒	普通速度（NS）	高清或全高清视频录制
	CLASS4	4MB/秒		
	CLASS2	2MB/秒		一般视频录制

图 10.6　SD 卡不同速度等级表示法

SD 卡共有 9 个引脚线，可工作在 SDIO 模式或者 SPI 模式。在 SDIO 模式下，共用到 CLK、CMD、DAT［3：0］六根信号线；在 SPI 模式下，共用到 CS(SDIO _ DAT［3］)、CLK(SDIO _ CLK)、MISO(SDIO _ DAT［0］)、MOSI(SDIO _ CMD)四根信号线。SD 卡接口定义以及各引脚功能说明如图 10.7 所示。

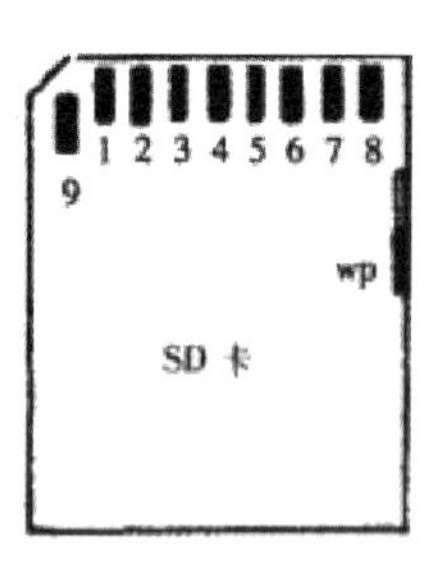

引脚编号	引脚名称	功能(SDIO 模式)	功能(SPI 模式)
Pin 1	DAT3/CS	数据线 3	片选信号
Pin 2	CMD/MODI	命令线	主机输出，从机输入
Pin 3	VSS1	电源地	电源地
Pin 4	VDD	电源	电源
Pin 5	CLK	时钟	时钟
Pin 6	VSS2	电源地	电源地
Pin 7	DATO/MISO	数据线 0	主机输入，从机输出
Pin 8	DAT1	数据线 1	保留
Pin 9	DAT2	数据线 2	保留

图 10.7　SD 卡接口定义以及各引脚功能说明

除标准 SD 卡外，还有 MicroSD 卡(原名 TF 卡)，是一种极细小的快闪存储器卡，是由 SanDisk(闪迪)公司发明，主要用于移动手机。MicroSD 卡插入适配器(Adapter)后可以转换成 SD 卡，其操作时序和 SD 卡是一样的。MicroSD 卡接口定义以及各引脚功能说明如图 10.8 所示。

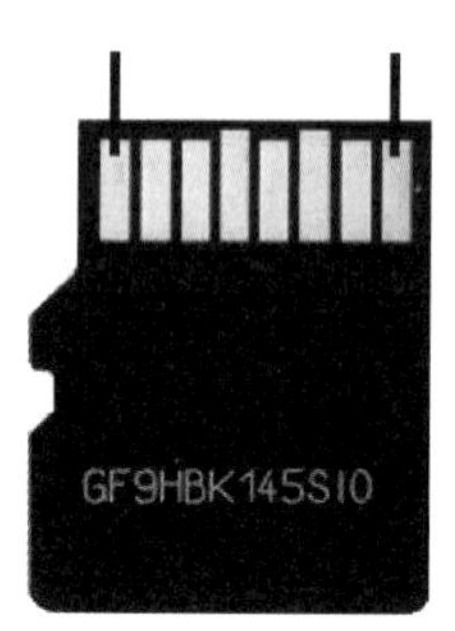

引脚编号	引脚名称	功能(SDIO 模式)	功能(SPI 模式)
Pin 1	DAT2	数据线 2	保留
Pin 2	DAT3/CS	数据线 3	片选信号
Pin 3	CMD/MODI	命令线	主机输出，从机输入
Pin 4	VDD	电源	电源
Pin 5	CLK	时钟	时钟
Pin 6	VSS	电源地	电源地
Pin 7	DATO/MISO	数据线 0	主机输入，从机输出
Pin 8	DAT1	数据线 1	保留

图 10.8　MicroSD 卡接口定义以及各引脚功能说明

标准 SD 卡 2.0 版本的工作时钟频率可以达到 50MHz，在 SDIO 模式下采用 4 位数据位宽，理论上可以达到 200Mbps(50M×4bit)的传输速率；在 SPI 模式下采用 1 位数据位宽，理论上可以达到 50Mbps 的传输速率。因此，SD 卡在 SDIO 模式下的传输速率更快，同时其操作时序也更复杂。对于使用 SD 卡读取音乐文件和图片来说，SPI 模式下的传输速度已经能够满足需求，因此本章采用 SD 卡的 SPI 模式来对 SD 卡进行读写测试。

SD 卡在正常读写操作之前，必须先对 SD 卡进行初始化，SD 卡的初始化过程就是向 SD 卡中写入命令，使其工作在预期的工作模式。在对 SD 卡进行读写操作时，同样需要先发送写命令和读命令，因此 SD 卡的命令格式是学习 SD 卡的重要内容。SD 卡的命令格式由 6 个字节组成，发送数据时高位在前，SD 卡的写入命令格式如图 10.9 所示。

CMD	参数内容	校验
Byte1	Byte2～5	Byte6

图 10.9　SD 卡命令格式

Byte1：命令字的第一个字节为命令号(如 CMD0、CMD1 等)，格式为“0 1 × × × × × ×”。命令号的最高位始终为 0，是命令号的起始位；次高位始终为 1，是命令号的发送位；低 6 位为具体的命令号(如 CMD55，8'd55＝8'b0011 _ 0111，命令号为 0 1 1 1 0 1 1 1＝0×77)。Byte2～Byte5：命令参数，有些命令参数是保留位，没有定义参数的内容，保留位应设置为 0。Byte6：前 7 位为 CRC(循环冗余校验)校验位，最后一位为停止位 0。SD 卡在 SPI 模式下默认不开启 CRC 校验，在 SDIO 模式下开启 CRC 校验。也就是说，在 SPI 模式下，CRC 校验位必须要发送，但是 SD 卡会在读到 CRC 校验位时自动忽略它，因此校验位全部设置为 1 即可。

SD 卡上电默认是 SDIO 模式，在接收 SD 卡返回的 CMD0 响应命令时，拉低片选 CS，进入 SPI 模式。因此在发送 CMD0 命令的时候，SD 卡处于 SDIO 模式，需要开启 CRC 校验。另外，CMD8 的 CRC 校验是始终启用的，也需要启用 CRC 校验。除了这两个命令，其他命令的 CRC 可以不用做校验。

SD 卡命令分为标准命令(如 CMD0)和应用相关命令(如 ACMD41)。ACMD 命令是特殊命令，发送方法同标准命令一样，但是在发送应用相关命令前，必须先发送 CMD55 命令，告诉 SD 卡接下来的命令是应用相关命令，而非标准命令。发送完命令后，SD 卡会返回响应命令的信息，不同的 CMD 命令会有不同类型的返回值，常用的返回值有 R1 类型、R3 类型和 R7 类型(R7 类型是 CMD8 命令专用)。SD 卡的常用命令说明如表 10.3 所示。

表 10.3　SD 卡常用命令

命令索引	命令号(HEX)	参数	返回类型	描述
CMD0	0x40	保留位	R1	重置 SD 卡进入默认状态，如果返回值为 0x01，则表示 SD 卡复位成功

续表10.3

命令索引	命令号(HEX)	参数	返回类型	描述
CMD8	0x48	Bit [31：12]：保留位 Bit [11：8]：主机电压范围(VHS) 0：未定义 1：2.7V~3.6V 2：低电压 4：保留位 8：保留位 其他：未定义 Bit [7：0]：校验字节，注意校验字节不是 CRC 校验位，而是此字节与返回的校验字节相同。如果这个字节为“0XAA”，那么当接收 CMD8 命令回复的数据时，接收到的校验字节也是“0XAA”	R7	发送主机的电压范围以及查询 SD 卡支持的电压范围，需要注意的是，V1.0 版本的卡不支持此命令，只有 V2.0 版本的卡才支持此命令。如果 SD 卡返回的值为 0x01，则表示此卡为 V2.0 卡，否则为 MMC 卡或者 V1.0 卡
CMD17	0x51	Bit [31：0]：SD 卡读扇区地址	R1	SD 卡的读命令
CMD24	0x58	Bit [31：0]：SD 卡写扇区地址	R1	SD 卡的写命令
CMD55	0x77	Bit [31：16]：RCA（SD 卡相对地址)，在 SPI 模式下没有用到 Bit [15：0]：保留位	R1	告诉 SD 卡接下来的命令是应用相关命令，而非标准命令
ACMD41	0x69	Bit [31]：保留位 Bit [30]：HCS(OCR [30])，如果主机支持 SDHC 或 SDXC 的卡，则此位应设置为 1	R3	要求访问的 SD 卡发送它的操作条件寄存器(OCR)内容

SD 卡返回类型 R1 的数据格式如图 10.10 所示。

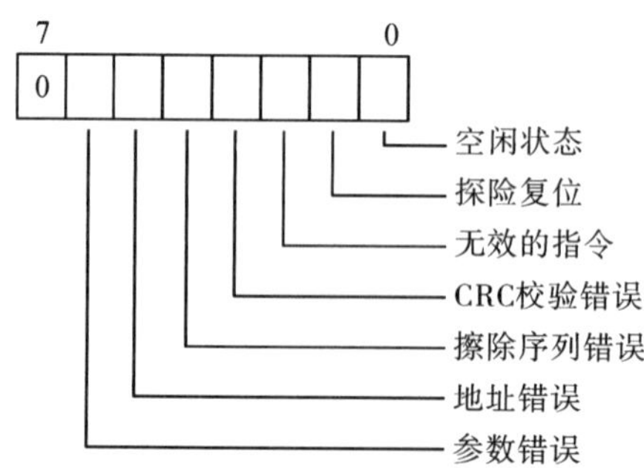

图 10.10　SD **卡返回类型** R1 **的数据格式**

由图 10.10 可知，SD 卡返回类型 R1 共返回 1 个字节，最高位固定为 0，其他位分别表示对应状态的标志，高电平有效。

SD 卡返回类型 R3 的数据格式如图 10.11 所示。

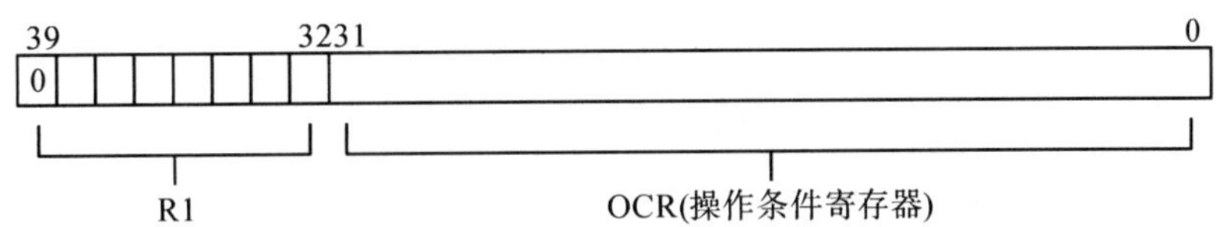

图 10.11　SD **卡返回类型** R3 **的数据格式**

由图 10.11 可知，SD 卡返回类型 R3 共返回 5 个字节，首先返回的第一个字节为前面介绍的 R1 的内容，其余字节为操作条件寄存器(Operation Conditions Register，OCR)的内容。

SD 卡返回类型 R7 的数据格式如图 10.12 所示。

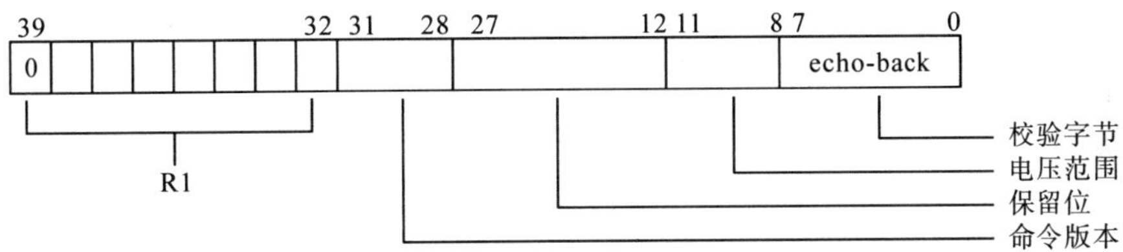

图 10.12　SD **卡返回类型** R7 **的数据格式**

由图 10.12 可知，SD 卡返回类型 R7 共返回 5 个字节，首先返回的第一个字节为前面介绍的 R1 的内容，其余字节包含 SD 卡操作电压信息和校验字节等内容。其中电压范围是一个比较重要的参数，其具体内容如下：

Bit [11：8]：操作电压反馈

0：未定义

1：2.7V～3.6V

2：低电压

4：保留位

8：保留位

其他：未定义

SD 卡在正常读写操作前，必须先进行初始化，使其工作在预期的工作模式下。SD 卡 1.0 版本协议和 2.0 版本协议在初始化过程中有区别，只有 2.0 版本协议的 SD 卡才支持 CMD8 命令，因此响应此命令的 SD 卡可以判断为 2.0 版本协议的卡，否则为 1.0 版本协议的 SD 卡或者 MMC 卡。对于 CMD8 无响应的情况，可以发送 CMD55＋ACMD41 命令，如果返回 0，则表示 1.0 版本协议卡初始化成功，如果返回错误，则确定为 MMC 卡。在确定为 MMC 卡后，继续向卡发送 CMD1 命令，如果返回 0，则 MMC 卡初始化成功，否则判断为错误卡。由于市面上大多采用 2.0 版本协议的 SD 卡，接下来仅介绍 2.0 版本协议的初始化流程，以下提到的 SD 卡均代表基于 2.0 版本协议的 SDHC 卡，其详细初始化步骤如下：

(1)SD 卡完成上电后，主机 FPGA 先对从机 SD 卡发送至少 74 个同步时钟，在上电同步期间，片选 CS 引脚和 MOSI 引脚必须为高电平(MOSI 引脚除发送命令或数据外，其余时刻都为高电平)。

(2)拉低片选 CS 引脚，发送命令 CMD0(0x40)复位 SD 卡，命令发送完成后等待 SD 卡返回响应数据。

(3)SD 卡返回响应数据后，先等待 8 个时钟周期再拉高片选 CS 信号，此时判断返回的响应数据。如果返回的数据为复位完成信号 0x01，则在接收返回信息期间片选 CS 为低电平，此时 SD 卡进入 SPI 模式，并开始进行下一步，如果返回的值为其他值，则重新执行第 2 步。

(4)拉低片选 CS 引脚，发送命令 CMD8(0x48)查询 SD 卡的版本号，只有 2.0 版本的卡才支持此命令，命令发送完成后等待 SD 卡返回响应数据。

(5)SD 卡返回响应数据后，先等待 8 个时钟周期再拉高片选 CS 信号，此时判断返回的响应数据。如果返回的电压范围为 4'b0001，即 2.7V～3.6V，说明此 SD 卡为 2.0 版本，进行下一步，否则重新执行第 4 步。

(6)拉低片选 CS 引脚，发送命令 CMD55(0x77)告诉 SD 卡下一次发送的命令是应用相关命令，命令发送完成后等待 SD 卡返回响应数据。

(7)SD 卡返回响应数据后，先等待 8 个时钟周期再拉高片选 CS 信号，此时判断返回的响应数据。如果返回的数据为空闲信号 0x01，则开始进行下一步，否则重新执行第 6 步。

(8)拉低片选 CS 引脚，发送命令 ACMD41(0x69)查询 SD 卡是否初始化完成，命令发送完成后等待 SD 卡返回响应数据。

(9)SD 卡返回响应数据后，先等待 8 个时钟周期再拉高片选 CS 信号，则此时判断返回的响应数据。如果返回的数据为 0x00，则此时初始化完成，否则重新执行第 6 步。SD 卡上电及复位命令时序如图 10.13 所示。

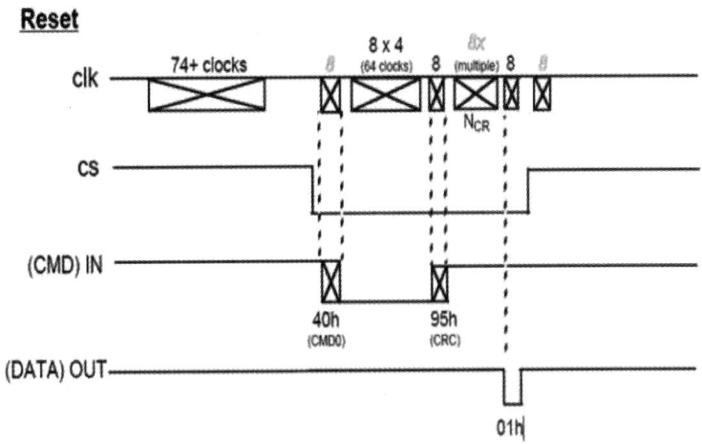

图 10.13　SD 卡上电及复位命令时序

至此，SD 卡完成了复位和初始化操作，进入 SPI 模式的读写操作。SD 卡在初始化的时候，SPI _ CLK 的时钟频率不能超过 400kHz。因此在初始化完成后，再将 SPI _ CLK 的时钟频率切换至 SD 卡的最大时钟频率。SD 卡读写一次的数据量必须为 512 个字节的整数倍，即对 SD 卡读写操作的最小数据量为 512 个字节。可以通过命令 CMD16 来配置单次读写操作的数据长度，以使每次读写的数据量为(n×512)个字节(n≥1)，本次 SD 卡的读写操作使用 SD 卡默认配置，即单次读写操作的数据量为 512 个字节。SD 卡初始化完成后，即可进行读写测试。SD 卡的读写测试是先向 SD 卡中写入数据，再从 SD 卡中读出数据，并验证数据的正确性。SD 卡的写操作时序如图 10.14 所示。

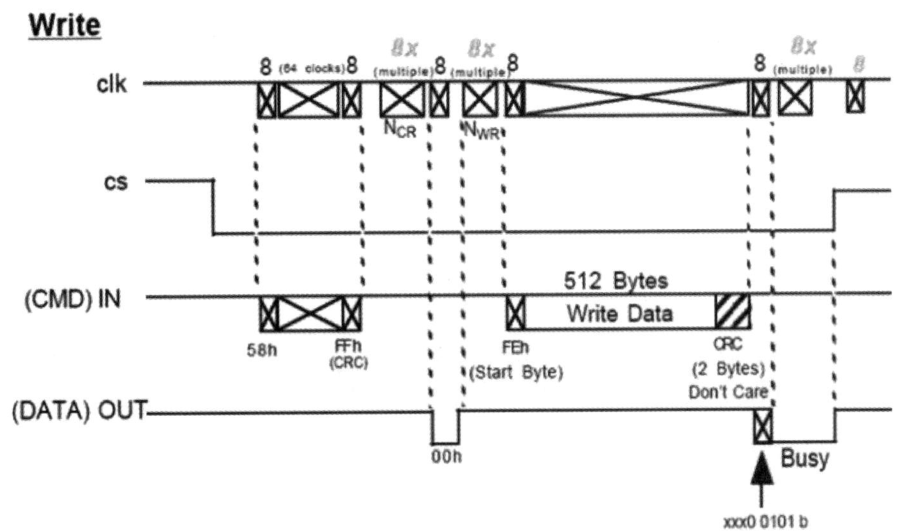

图 10.14　SD 卡写操作时序

SD 卡的写操作流程如下：

(1)拉低片选 CS 引脚，发送命令 CMD24(0x58)读取单个数据块，命令发送完成后等待 SD 卡返回响应数据。

(2)SD 卡返回正确响应数据 0x00 后，等待至少 8 个时钟周期，开始发送数据头 0xfe。

(3)发送完数据头 0xfe 后，接下来开始发送 512 个字节的数据。

(4)数据发送完成后，发送 2 个字节的 CRC 校验数据。由于 SPI 模式下不对数据进行 CRC 校验，故直接发送两个字节的 0xff 即可。

(5)校验数据发送完成后，等待 SD 卡响应。

(6)SD 卡返回响应数据后会进入写忙状态(MISO 引脚为低电平)，即此时不允许其他操作。当检测到 MISO 引脚为高电平时，SD 卡退出写忙状态。

(7)拉高 CS 引脚，等待 8 个时钟周期后允许进行其他操作。

SD 卡的读操作时序如图 10.15 所示。

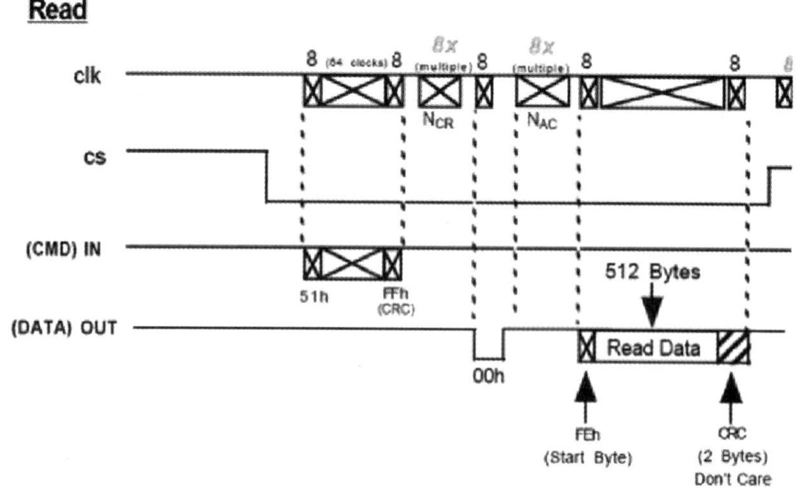

图 10.15　SD 卡读操作时序

SD 卡的读操作流程如下：

(1)拉低片选 CS 引脚，发送命令 CMD17(0x51)读取单个数据块，命令发送完成后等待 SD 卡返回响应数据。

(2)SD 卡返回正确响应数据 0x00 后，准备开始解析 SD 卡返回的数据头 0xfe。

(3)解析到数据头 0xfe 后，接下来接收 SD 卡返回的 512 个字节的数据。

(4)数据解析完成后，接下来接收两个字节的 CRC 校验值。由于 SPI 模式下不对数据进行 CRC 校验，故可直接忽略这两个字节。

(5)校验数据接收完成后，等待 8 个时钟周期。

(6)拉高片选 CS 引脚，等待 8 个时钟周期后允许进行其他操作。

对于 SD 卡的 SPI 模式而言，采用的 SPI 的通信模式为模式 3，即 CPOL＝1，

CPHA=1，在 SD 卡 2.0 版本协议中，SPI _ CLK 的时钟频率可达 50MHz。

这里还需要补充一些关于 FAT 文件系统的知识。如果对 SD 卡的读写测试像 EEPROM 一样仅仅是写数据，以及读数据并验证数据的正确性的话，那么是不需要 FAT 文件系统的。而 SD 卡经常被用来在 Windows 操作系统上存取数据，就必须使用 Windows 操作系统支持的 FAT 文件系统才能在电脑上正常使用。

FAT(File Allocation Table，文件分配表)是 Windows 操作系统所使用的一种文件系统，它的发展过程经历了 FAT12、FAT16、FAT32 三个阶段。FAT 文件系统用“簇”作为数据单元，一个“簇”由一组连续的扇区组成，一个扇区由 512 个字节组成。簇所包含的扇区数必须是 2 的整数次幂，其扇区个数最大为 64，即 32KB(512Byte × 64 = 32KB)，所有的簇从 2 开始进行编号，每个簇都有一个自己的地址编号，用户文件和目录都存储在簇中。

FAT 文件系统的基本结构依次为分区引导记录、文件分配表(FAT 表 1 和 FAT 表 2)、根目录和数据区。分区引导记录区通常占用分区的第一个扇区，共 512 个字节，且包含 BIOS 参数记录块 BPB(BIOS Parameter Block)、磁盘标志记录表、分区引导记录代码区和结束标志 0x55AA。

文件在磁盘上以簇为单位存储，但是同一个文件的数据并不一定完整地存放在磁盘的一个连续的区域内，往往会分成若干簇，FAT 表就是记录文件存储中簇与簇之间连接的信息，这就是文件的链式存储。对于 FAT16 文件系统来说，每个簇用 16 Bit 来表示文件分配表，而对于 FAT32 文件系统来说，使用 32Bit 来表示文件分配表，这是两者之间最重要的区别。

根目录是文件或者目录的首簇号。在 FAT32 文件系统中，不再对根目录的位置做硬性规定，可以存储在分区内可寻址的任意簇内。但是通常根目录是最早建立的(格式化后就生成了)目录表，因此看到的情况基本上都是根目录首簇紧邻 FAT2，占簇区顺序上的第 1 个簇(即 2 号簇)。

数据区紧跟在根目录后面，是文件等数据存放的地方，占用大部分的磁盘空间。

10.3　以 SPI 方式向 SD 卡读写数据应用设计

基于本书配套的开发平台，通过 SPI 方式向 SD 卡指定的扇区地址中写入 512 个字节的数据，写完后将数据读出，并验证数据的正确性。

10.3.1　硬件原理图设计

本书配套的 FPGA 实验平台上有一个 SD 卡插槽，用于插入 SD 卡，其原理如图 10.16 所示。

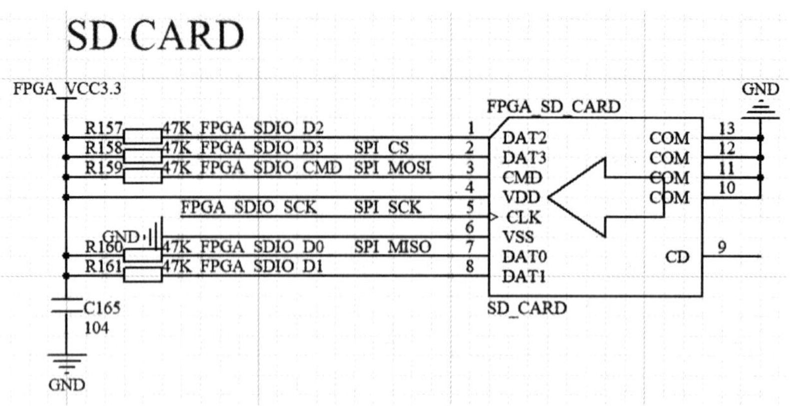

图 10.16　SD 卡接口原理图

由图 10.16 可知，在 SD 卡的 SPI 模式下，只用到了 SDIO_D3(SPI_CS)、SDIO_CMD(SPI_MOSI)、SDIO_SCK(SPI_SCK)和 SDIO_D0(SPI_MISO)引脚，而其他两个引脚是在 SD 卡的 SDIO 模式下用到的。

10.3.2　Verilog HDL 软件设计

通过前面介绍的 SD 卡初始化、写操作以及读操作可知，SD 卡的这三个操作相互独立且不能同时进行，因此可以将 SD 卡的初始化、写操作以及读操作分别划分为三个独立的模块，最后将这三个模块例化在 SD 卡的控制器模块中，便于在其他工程项目中使用。图 10.17 所示是本章实验的系统框图，PLL 时钟模块为各个模块提供驱动时钟，SD 卡测试数据产生模块用于产生测试数据并写入 SD 卡，写完后从 SD 卡中读出数据，最终读写测试结果由 LED 显示模块通过控制 LED 灯的显示状态来指示。

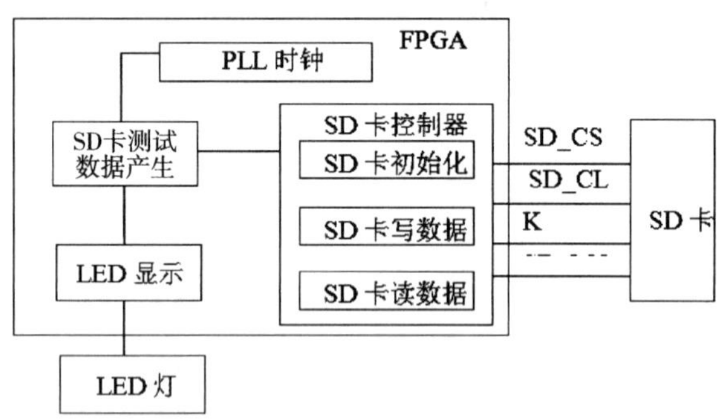

图 10.17　SD 卡读写测试系统框图

顶层模块的原理图如图 10.18 所示。

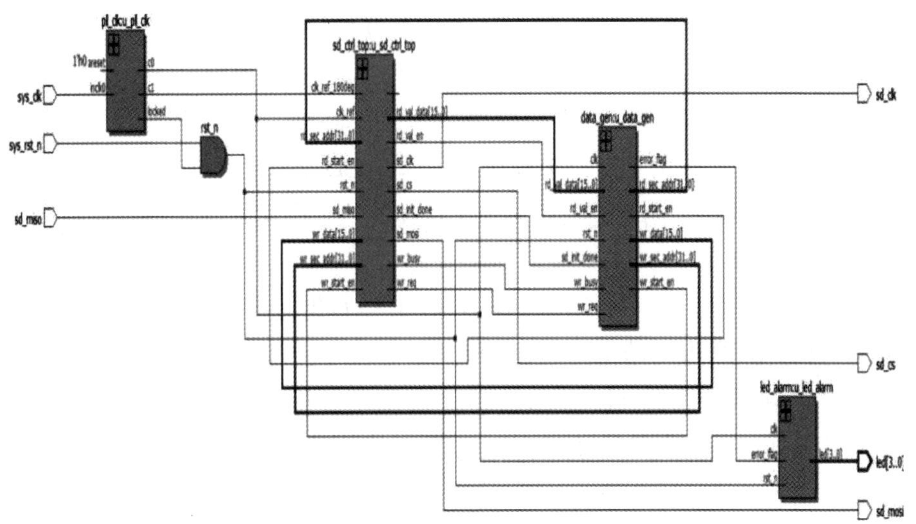

图 10.18　顶层模块原理图

由图 10.18 可知，SD 卡测试数据产生模块产生的开始写入信号(wr _ start _ en)及数据(wr _ data)连接至 SD 卡控制器模块，数据写完后输出开始读出信号(rd _ start _ en)，即可从 SD 卡控制器中读出数据(rd _ data)，数据测试的结果 error _ flag 连接至 LED 显示模块，完成各模块之间的数据交互。

FPGA 顶层模块(top _ sd _ rw)例化了以下 4 个模块：PLL 时钟模块(pll _ clk)、SD 卡测试数据产生模块(data _ gen)、SD 卡控制器模块(sd _ ctrl _ top)和 LED 显示模块(led _ alarm)。

顶层模块(top _ sd _ rw)：顶层模块完成了对其他 4 个模块的例化，SD 卡测试数据产生模块产生的开始写入信号及数据连接至 SD 卡控制器模块，数据写完后从 SD 卡控制器中读出数据，并验证数据的正确性，将验证的结果连接至 LED 显示模块。

PLL 时钟模块(pll _ clk)：PLL 时钟模块通过调用锁相环(PLL)IP 核来实现，总共输出两个时钟，频率都是 50MHz，但两个时钟相位相差 180°。SD 卡的 SPI 通信模式为 CPOL=1，CPHA=1，即 SPI _ CLK 在空闲时为高电平，数据发送是在时钟的第一个边沿，也就是 SPI _ CLK 由高电平到低电平的跳变，因此数据采集是在上升沿，数据发送是在下降沿。为了在程序代码中统一使用上升沿，使用两个相位相差 180°的时钟来对 SD 卡进行操作。

SD 卡测试数据产生模块(data _ gen)：SD 卡测试数据产生模块产生的开始写入信号和数据写入 SD 卡控制器模块中，数据写完后从 SD 卡控制器中读出，并验证数据的正确性，将验证的结果发送给 LED 显示模块。

LED 显示模块(led _ alarm)：LED 显示模块将 SD 卡测试数据产生模块输出的验证结果值通过控制 LED 灯的显示状态来指示。

SD 卡控制器模块(sd _ ctrl _ top)：SD 卡控制器模块例化了 SD 卡初始化模块(sd _ init)、SD 卡写数据模块(sd _ write)和 SD 卡读数据模块(sd _ read)。SD 卡初始化模块完成对 SD 卡的上电初始化操作，SD 卡写数据模块完成对 SD 卡的写操作，SD 卡读数据模块完成对 SD 卡的读操作。由于这三个模块都操作了 SD 卡的引脚信号，且这三个模块在同一时间内不会同时操作，因此该模块实现了对其他三个模块的例化以及选择 SD 卡的引脚连接至其中某一个模块。

SD 卡控制器模块输出的 sd _ init _ done(SD 卡初始化完成信号)连接至 SD 卡测试数据产生模块，只有在 SD 卡初始化完成后(sd _ init _ done 为高电平)，才能对 SD 卡进行读写测试。SD 卡控制器模块将 SD 卡的初始化以及读写操作封装成方便用户调用的接口，SD 卡测试数据产生模块只需对 SD 卡控制器模块的用户接口进行操作即可完成对 SD 卡的读写操作。

在代码中定义了一个参数(L _ TIME)，用于在读写测试错误时控制 LED 闪烁的时间，其单位是 1 个时钟周期。因为输入的时钟频率为 50MHz，周期为 20ns，所以 20 * 25'd25 _ 000 _ 000=500ms，即 LED 在读写错误时每 500ms 闪烁一次。

SD 卡控制器模块例化了 SD 卡初始化模块(sd _ init)、SD 卡写数据模块(sd _ write)和 SD 卡读数据模块(sd _ read)。这三个模块都驱动着 SD 卡的引脚。代码中的 init _ sd _ clk 用于初始化 SD 卡时提供较慢的时钟，在 SD 卡初始化完成后，再将较快的时钟 clk _ ref _ 180deg 赋值给 sd _ clk。sd _ clk 从上电之后，是一直都有时钟的，而在前面说过 SPI _ CLK 的时钟在空闲时为高电平或者低电平。事实上，为了简化设计，sd _ clk 在空闲时提供时钟也是可以的，其是否有效主要由片选信号来控制。

有必要介绍一下 SD 卡控制器模块的使用方法。当外部需要对 SD 卡进行读写操作时，首先要判断 sd _ init _ done(SD 卡初始化完成)信号，该信号拉高之后才能对 SD 卡进行读写操作。在对 SD 卡进行写操作时，只需给出 wr _ start _ en(开始写 SD 卡数据信号)和 wr _ sec _ addr(写数据扇区地址)，此时 SD 卡控制器模块会拉高 wr _ busy 信号，开始对 SD 卡发起写入命令。在命令发起成功后，SD 卡控制器模块会输出 wr _ req(写数据请求)信号，此时给出 wr _ data(写数据)，即可将数据写入 SD 卡中。待所有数据写入完成后，wr _ busy 信号拉低，即可再次发起读写操作。SD 卡的读操作是给出 rd _ start _ en (rd _ start _ en)和 rd _ sec _ addr(读数据扇区地址)，此时 SD 卡控制器会拉高 rd _ busy (读数据忙)信号，开始对 SD 卡发起读出命令。在命令发起成功后，SD 卡控制器模块会输出 rd _ val _ en(读数据有效)信号和 rd _ val _ data(读数据)，待所有数据读完后，拉低 rd _ busy 信号。需要注意的是，SD 卡单次写入和读出的数据量为 512 个字节，因为接口封装为 16 位数据，所以单次读写操作会有 256 个 16 位数据。

SD 卡初始化模块完成对 SD 卡的上电初始化操作，在 SD 卡的简介部分已经详细地介绍了 SD 卡的初始化流程，只需要按照 SD 卡的初始化步骤即可完成 SD 卡的初始化。由

SD 卡的初始化流程可知，其步骤非常适合状态机编写，其状态跳转图如图 10.19 所示。

由图 10.19 可知，把 SD 卡初始化过程定义为 7 个状态，分别为 st _ idle(初始状态)、st _ send _ cmd0(发送软件复位命令)、st _ wait _ cmd0(等待 SD 卡响应)、st _ send _ cmd8(发送 CMD8 命令)、st _ send _ cmd55(发送 CMD55 命令)、st _ send _ acmd41(发送 ACMD41 命令)以及 st _ init _ done(SD 卡初始化完成)。因为 SD 卡的初始化只需要上电后执行一次，所以在初始化完成后，状态机一直处于 st _ init _ done 状态。

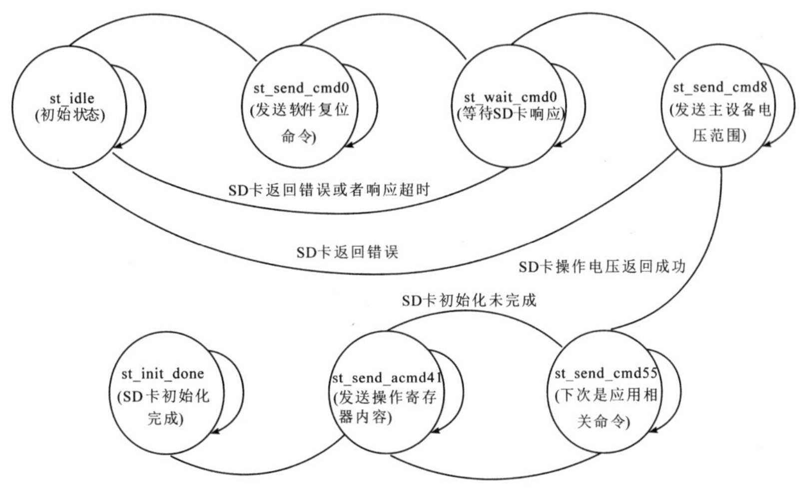

图 10.19　SD **卡初始化状态跳转图**

10.4　下载验证

首先打开 SD 卡读写测试实验工程，在工程所在的路径下打开 top _ sd _ rw/par 文件夹，在里面找到“top _ sd _ rw. qpf”并双击打开。注意工程所在的路径名只能由字母、数字以及下划线组成，不能出现中文、空格以及特殊字符等。工程打开后如图 10.20 所示。

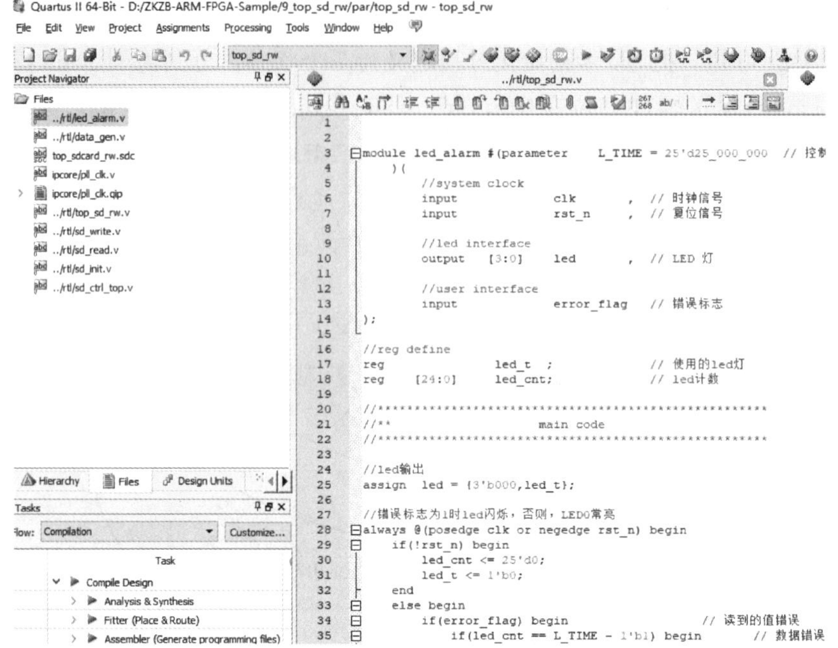

图 10.20　SD 卡读写测试实验工程

然后将 SD 卡适配器(用于插入 MicroSD 卡)或者 SD 卡插入开发板的 SD 卡插槽，注意带有金属引脚的一面朝上。接下来将下载器一端连接电脑，另一端与开发板上的对应端口连接，最后连接电源线并打开电源开关。

本次设计是基于市面上常用的 SD 2.0 版本协议的 SDHC 卡或者 SD 2.0 版本协议的 MicroSD 卡，存储容量为 2GB～32GB。接下来下载程序，验证 SD 卡读写测试功能。下载完成后开发板上最右侧的 LED 灯常亮，说明从 SD 卡读出的 512 个字节(256 个 16 位数据)与写入的数据相同，SD 卡读写测试程序下载验证成功(图 10.21)。

图 10.21　设计验证结果

SD 卡以市场价格低、存储容量大、数据传输速率高等优点被广泛应用于各种便携式设备中。本章主要介绍了 SPI 通信协议的工作原理和 SD 卡读写操作的具体步骤。通过本章的学习，读者应该能够掌握 SPI 协议的工作流程，SD 卡的读写控制过程，便于掌握在复杂数字电路系统设计中对大量数据进行存储处理的技术。

本章习题

1. 设计一个系统，将《生日歌》写入开发平台的 SD 卡中，然后将 SD 卡中的数据读出，并利用蜂鸣器进行播放。

2. 利用 MATLAB 软件生成一个正弦波数据，并将该数据写入开发平台的 SD 卡中，然后将数据读出，验证是否正确。

3. 修改本章实验，要求完成四种不同的数据传输时序的数据通信。

4. 设计一个基于 SPI 模式 0 的主机通信控制器。

第11章 FPGA实现I2C总线的EEPROM访问控制

本章首先介绍I2C总线的主要应用、原理和协议，然后简述基于I2C总线的EEPROM的读写时序。接下来基于FPGA读写I2C总线接口的EEPROM存储器AT24C64芯片，并结合简单的硬件设计对AT24C64的Verilog HDL程序进行功能验证，为初学者提供FPGA的I2C总线接口实现应用设计案例。

11.1 I2C通信简介

I2C(Inter-Integrated Circuit)即集成电路总线，是由Philips半导体公司(现在的NXP半导体公司)在20世纪80年代初设计出来的一种简单、双向、二线制总线标准，多用于主机和从机在数据量不大且传输距离短的场合下的主从通信。

I2C总线由数据线SDA和时钟线SCL构成通信线路，既可用于发送数据，也可用于接收数据。在主控IC与被控IC之间可进行双向数据传送，数据的传输速率在标准模式下可达100kbit/s，在快速模式下可达400kbit/s，在高速模式下可达3.4Mbit/s，各种被控器件并联在总线上，通过器件地址(SLAVE ADDR)识别。本书配套实验平台的I2C总线物理拓扑结构如图11.1所示，采用主从工作方式的总线结构。

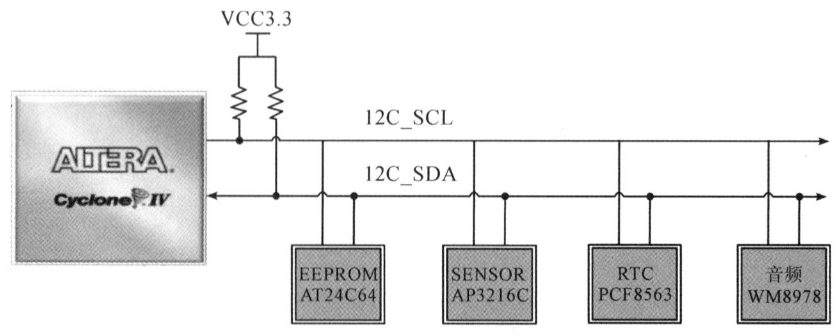

图11.1 I2C总线物理拓扑结构

图11.1中的I2C _ SCL是串行时钟线，I2C _ SDA是串行数据线，由于I2C器件一般

采用开漏结构与总线相连，所以 I2C _ SCL 和 I2C _ SDA 均需接上拉电阻。当总线空闲时，这两条线路都处于高电平状态，当连到总线上的任一器件输出低电平时，都将使总线拉低，即各器件的 SDA 和 SCL 均为“线与”关系。

I2C 总线支持多主和主从两种工作方式，通常工作在主从模式。在主从模式中总线系统只有一个主机，其他器件为 I2C 总线的外围从机。主机启动数据发送(发出启动信号)并产生时钟信号，数据发送完成后，发出停止信号。

I2C 总线采用结构简单的两线传输，但须通过控制 SCL 和 SDA 的时序，使其满足 I2C 的总线传输协议，方可实现器件间的数据传输。在 I2C 器件开始通信前，串行时钟线 SCL 和串行数据线 SDA 线由于上拉电路而处于高电平状态，I2C 总线处于空闲状态。若主机开始传输数据，只需在 SCL 为高电平时将 SDA 线拉低，产生一个起始信号，从机检测到起始信号后，准备接收数据。当数据传输完成后，主机只需产生一个停止信号，告诉从机数据传输结束。停止信号的产生是在 SCL 为高电平时，SDA 从低电平跳变到高电平，从机检测到停止信号后，停止接收数据。起始信号之前为空闲状态，起始信号之后到停止信号之前的这段时间为数据传输状态，主机可以向从机写数据，也可以读取从机输出的数据，数据的传输由双向数据线 SDA 完成。停止信号产生后，总线再次处于空闲状态。I2C 整体时序如图 11.2 所示。

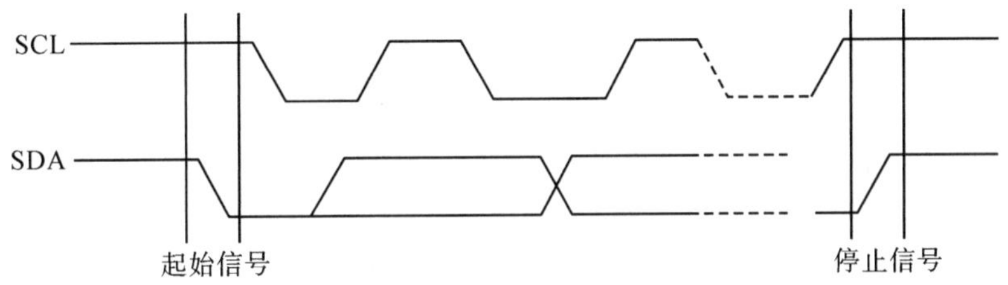

图 11.2　I2C **整体时序**

I2C 总线只有一根数据线进行数据的传输，如果不规定好传输规则肯定会导致信息错乱。采用两线结构的 I2C 虽然只有一根数据线，但还有一根时钟线，数据线在时钟信号的同步下实现有顺序的数据传输，具体的 I2C 时序如图 11.3 所示。

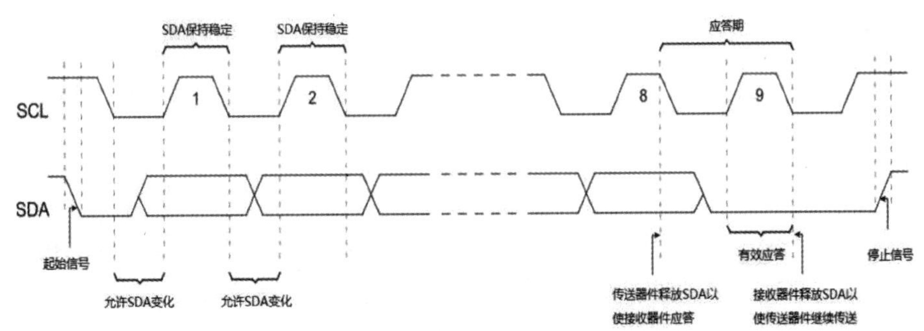

图 11.3　I2C **具体时序**

11.2　EEPROM 简介

每个 I2C 器件都有一个物理地址，有些 I2C 器件的物理地址是固定的，而有些 I2C 器件的物理地址由一个固定部分和一个可编程部分构成。因为一个系统中有几个同样的器件，故器件地址的可编程部分能使连接到 I2C 总线上的器件数量最大。例如 EEPROM 器件，为扩大系统 EEPROM 容量，可能需要多个 EEPROM 器件。器件可编程地址的位数由其可用的引脚决定，如 EEPROM 器件一般会留下 3 个引脚用于可编程地址位。然而有些 I2C 器件在出厂时器件地址就固定设置好了，如实时时钟 PCF8563 的器件地址为固定的 7'h51。当主机向某个器件发送数据时，只需向总线上发送接收器件的器件地址即可实现器件寻址。

对于如图 11.4 所示的 EEPROM 存储器芯片 AT24C64 而言，其器件地址为 1010 加 3 位的可编程地址，3 位可编程地址由器件上的 3 个引脚 A2、A1、A0 的硬件连接决定。当硬件电路上分别将这 3 个引脚连接到 GND 或 VCC 时，就可以设置不同的可编程地址。在本书配套的实验平台上，这 3 个引脚接 GND。

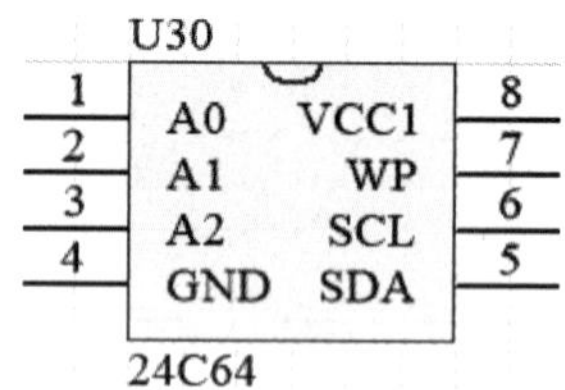

图 11.4　AT24C64 可编程引脚

I2C 总线在进行数据传输时，主机首先向总线上发出数据传输开始信号，对应开始位 S，然后按照从高到低的位序在总线上发送 7bit 器件地址，第 8bit 为读写控制位R/W，该位为 0 时表示主机对从机进行写操作，当该位为 1 时表示主机对从机进行读操作，然后等待从机响应。AT24C64 的传输器件地址格式如图 11.5 所示。

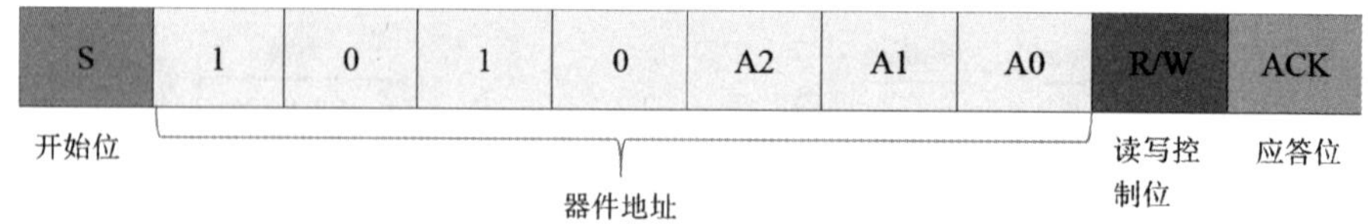

图 11.5　器件地址格式示意图

在发送完第一个字节(其中 7 位为器件地址，1 位为读写控制位)并收到从机正确应答后，就开始向总线发送字地址(Word Address)。一般而言，每个兼容 I2C 协议的器件，其内部都会有可供读写的寄存器或存储器，对于本次实验用到的 EEPROM 存储器，其内部就是一系列顺序编址的存储单元。当对一个器件中的存储单元及寄存器进行读写时，首先要指定存储单元及寄存器的地址，即字地址，然后向该地址写入内容。存储器字地址为一个或两个字节长度，具体长度由器件内部的存储单元数量决定，当存储单元数量不超过一个字节所能表示的最大数量(2^8＝256)时，用一个字节表示，超过一个字节所能表示的最大数量时，就需要用两个字节来表示。例如，同是 EEPROM 存储器，AT24C02 的存储单元容量为 2Kbit＝256Byte，用一个字节地址即可寻址所有的存储单元，而 AT24C64 的存储单元容量为 64Kb＝8KB，需要 13 位(2^13＝8KB)的地址位，而 I2C 又是以字节为单位进行传输的，所以需要用两个字节地址来寻址整个存储单元。

图 11.6 和图 11.7 分别为单字节和双字节字地址器件的地址分布图，其中单字节字地址的器件是存储容量为 2Kb 的 EEPROM 存储器 AT24C02，双字节字地址的器件是存储容量为 64Kb 的 EEPROM 存储器 AT24C64，WA7 即字地址 Word Address 的第 7 位，以此类推，用 WA 是为了区别前面器件地址中的 A。

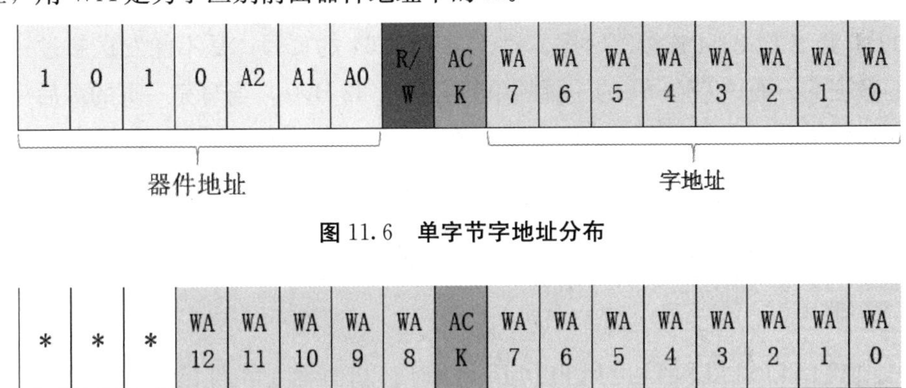

图 11.6　单字节字地址分布

图 11.7　双字节字地址分布

当主机发送完字地址而从机正确应答后，I2C 总线主机实现对从机内部存储单元的寻址。如果读写控制位 R/W 为“0”即写命令，从机就处于接收数据的状态，主机向从机写数据。写数据分为单次写和连续写，对应字节写与页写。图 11.8 所示是 AT24C64 的单次写时序，对于字地址为单字节的 I2C 器件而言，在发送完字地址即对应图 11.7 中的字地址高位且从机应答后，即可串行发送 8bit 数据。

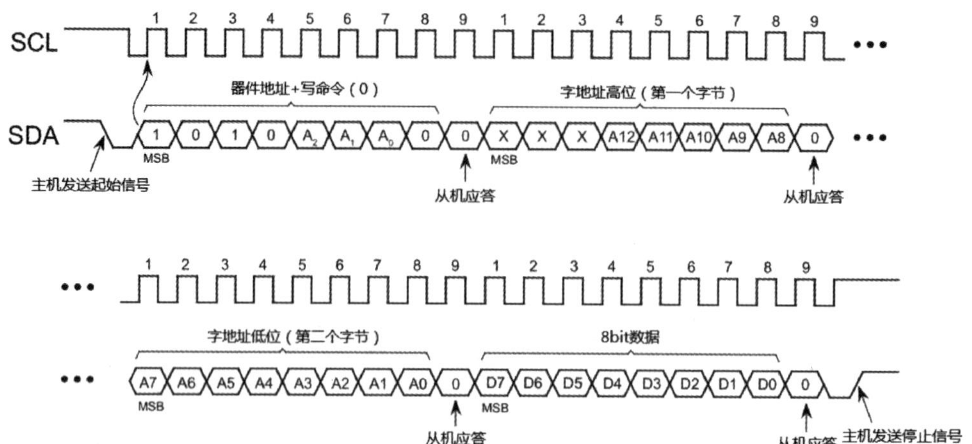

图 11.8　单次写(字节写)时序

图 11.9 是 AT24C64 连续写时序。对于 AT24C64 的页写，是不能发送超过一页的单元容量的数据的，而 AT24C64 的一页的单元容量为 32 Byte，当写完一页的最后一个单元时，地址指针指向该页的开头，如果再写入数据，就会覆盖该页的起始数据。

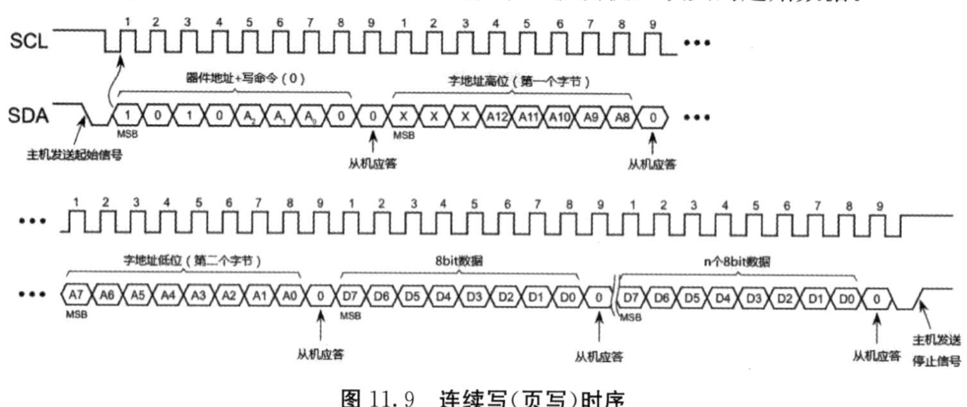

图 11.9　连续写(页写)时序

由图 11.8 和图 11.9 可知，单次写和连续写的区别在于完成一字节数据传输后，是发送结束信号还是继续传输下一字节数据。如果发送的是结束信号，就称为单次写，如果继续传输下一字节数据，就称为连续写。

如果读写控制位 R/W 为“1”即读命令，主机就处于接收数据状态，从机从该地址单元向 I2C 总线发送数据。读数据有当前地址读、随机读和连续读三种方式。当前地址读是指在一次读或写操作后发起读操作。I2C 器件在读写操作后其字地址自动加 1，因此当前地址读可以读取下一个字地址的数据。例如上次读或写操作的单元地址为 02 时，当前地址读的内容就为地址 03 处的单元数据，其时序图如图 11.10 所示。

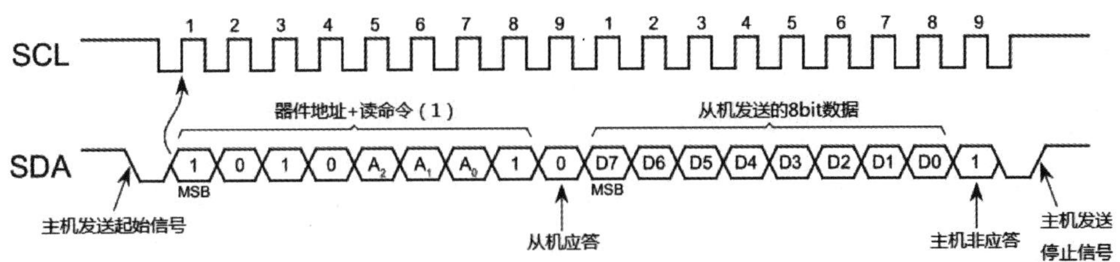

图 11.10　当前地址读时序

由于当前地址读对读取任意字地址单元的数据困难，于是出现了随机地址读。随机地址读的时序见图 11.11，当发送完器件地址和字地址后，再一次发送起始信号和器件地址，而且第一次发送器件地址的读写控制位为“0”的写命令，第二次发送器件地址的读写控制位为“1”的读命令。这是因为需要使从机内的存储单元地址指针指向想要读取的存储单元地址处，所以首先发送了一次 Dummy Write，也就是虚写操作，虚写并不是真的要写数据，而是通过这种虚写操作使地址指针指向虚写操作中字地址的位置，等从机应答后，就可以对当前字地址读数据了。随机地址读是没有发送数据的单次写操作和当前地址读操作的结合体。

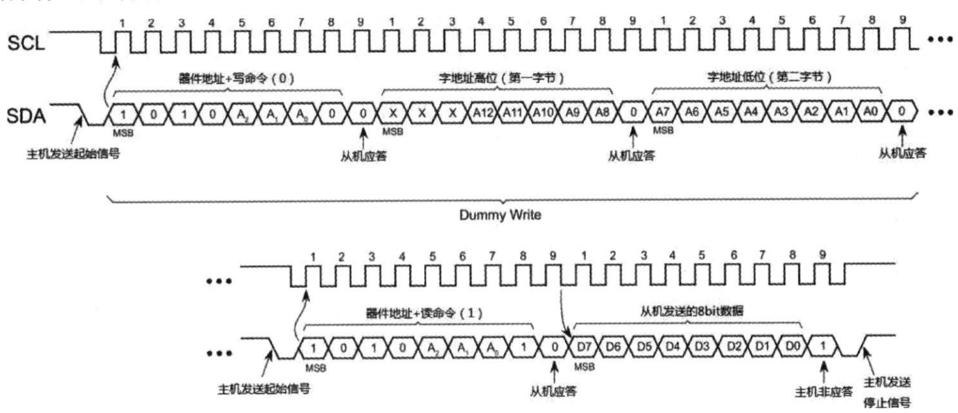

图 11.11　随机地址读时序

连续读对应的是当前地址读和随机地址读都是一次读取一个字节而言的，它是将当前地址读或随机地址读的主机非应答改成应答，表示继续读取数据。图 11.12 是在当前地址读下的连续读。

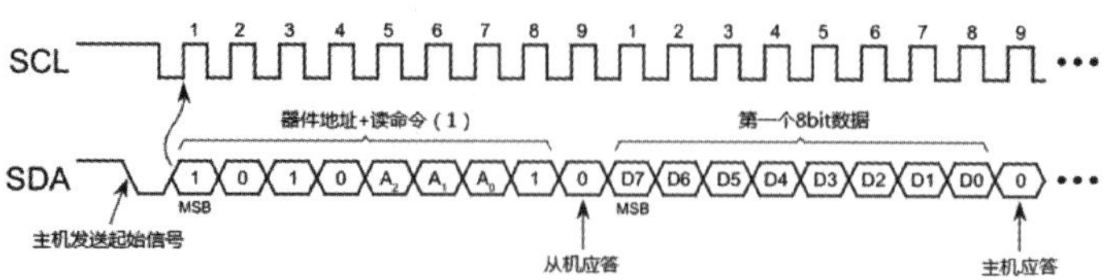

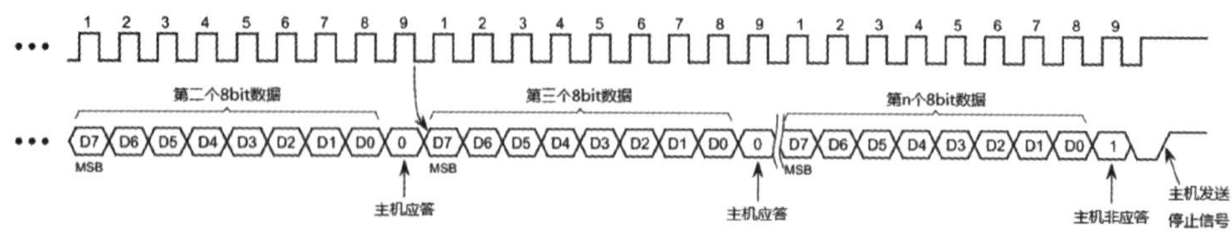

图 11.12 连续读时序

本章主要采用单次写和随机读方式进行 EEPROM 读写测试。

11.3 基于 I2C 总线的 FPGA 读写 EEPROM 应用设计

FPGA 从 EEPROM(AT24C64)的存储器地址 0 至存储器地址 255 分别写入数据 0～255；写完之后再开始读取存储器地址 0～255 中的数据，若读取的值正确会点亮 LED，否则 LED 闪烁。

11.3.1 硬件原理图设计

实例采用 24C64 芯片与 FPGA 组成硬件电路，电路如图 11.13 所示。

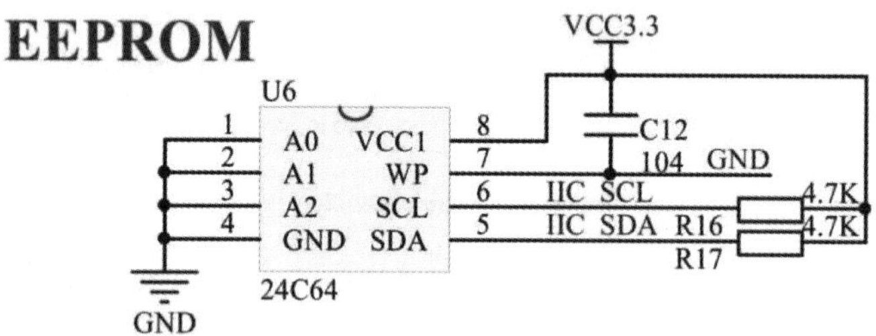

图 11.13 EEPROM 原理图

AT24C64 的引脚主要包括 A2、A1、A0 三个可编程地址输入端，电源输入引脚 VCC，电源地引脚 GND，双向串行数据输入/输出端 SDA(Serial Data)，串行时钟 SCL (Serial clock)，数据保护写信号引脚 WP。当写保护引脚 WP 接 GND 时，芯片可以正常写；当写保护引脚 WP 接 VCC 时，写保护使能即禁止向芯片写入数据，只能进行读操作。由图 11.14 可知，EEPROM 可编程地址 A2、A1、A0 连接到地，所以 AT24C64 的器件地址为 1010000。

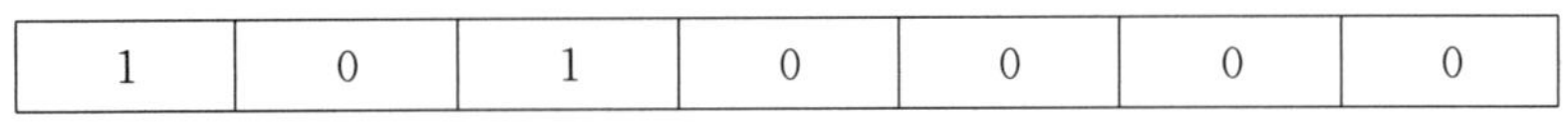

1	0	1	0	0	0	0

图 11.14　AT24C64 的器件地址

11.3.2　Verilog HDL 程序设计

根据系统基于 I2C 总线访问 EEPROM 的功能，可确定系统程序设计流程，即 FPGA 首先向 EEPROM 写数据，数据写完后从 EEPROM 读出所写入的数据，并判断读出数据与写入数据是否相同，如果相同则 LED 常亮，否则 LED 闪烁。系统的 Verilog HDL 程序功能框图如图 11.15 所示。

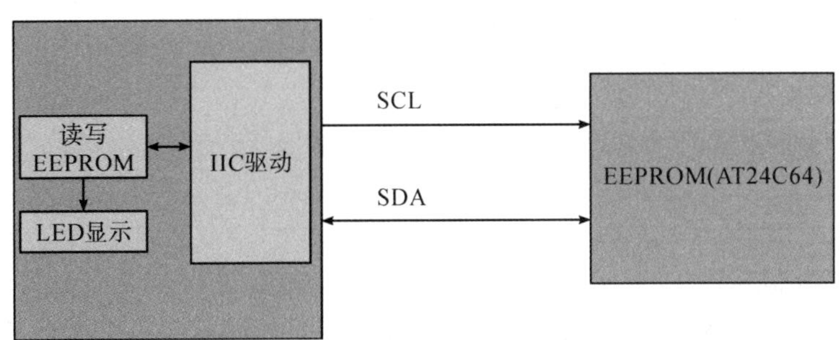

图 11.15　EEPROM 程序功能框图

由系统 Verilog HDL 总体框图可知，FPGA 程序主要包括顶层模块(e2prom _ top)、读写模块(e2prom _ rw)、I2C 驱动模块(i2c _ dri)和 LED 显示模块(led _ alarm)。其中在顶层模块中完成对 I2C 驱动模块的例化。各模块端口及信号连接如图 11.16 所示。

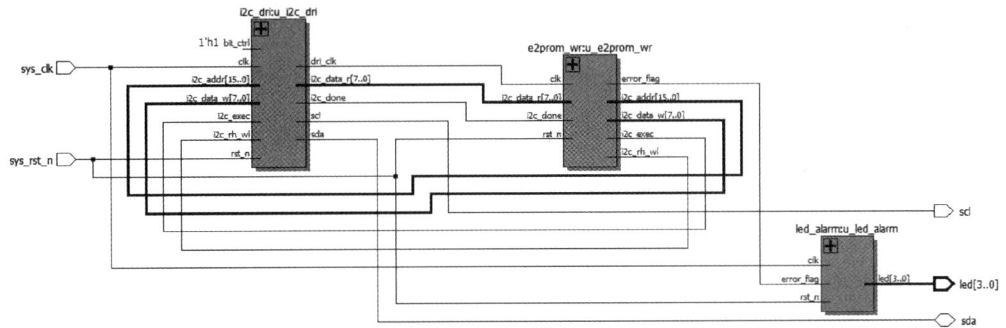

图 11.16　顶层模块原理图

I2C 驱动模块 i2c _ dri 实现 I2C 的读写操作。当 FPGA 通过 EEPROM 读写模块 e2prom _ rw 向 EEPROM 读写数据时，拉高 I2C 触发控制信号 i2c _ exec 以使能 I2C 驱动模块，并使用读写控制信号 i2c _ rh _ wl 控制读写操作，即当 i2c _ rh _ wl 为低电平时，I2C 驱动模块 i2c _ dri 执行写操作，当 i2c _ rh _ wl 为高电平时，I2C 驱动模块 i2c _ dri 执行读操作。此外，e2prom _ rw 模块通过 i2c _ addr 接口向 i2c _ dri 模块输入器件字地址，通过 i2c _ data _ w 接口向 i2c _ dri 模块输入写的数据，并通过 i2c _ data _ r 接口读取 i2c _ dri 模块所读到的数据。error _ flag 是错误标志，用来控制 LED 的显示状态。

顶层模块的代码如下：

```
module e2prom _ top(
    //system clock
    input     sys _ clk,          //系统时钟
    input     sys _ rst _ n,      //系统复位
    //eeprom interface
    output    rom _ scl,          // EEPROM 的时钟线 scl
    inout     rom _ sda,          // EEPROM 的数据线 sda
    //user interface
    output   [3: 0]    led        // LED 显示
);

//parameter define
parameter    SLAVE _ ADDR=7'b1010000;     //器件地址(SLAVE _ ADDR)
parameter    BIT _ CTRL=1'b1;             //字地址位控制参数(16b/8b)
parameter    CLK _ FREQ=26'd50 _ 000 _ 000;   // i2c _ dri 模块的驱动时钟频率
(CLK _ FREQ)
parameter    I2C _ FREQ=18'd250 _ 000;    // I2C 的 SCL 时钟频率
parameter    L _ TIME=17'd125 _ 000;      // LED 闪烁时间参数

//wire define
wire    clk;                              // I2C 操作时钟
wire    i2c _ exec;                       // I2C 触发控制
wire    [15: 0]    i2c _ addr;            // I2C 操作地址
wire    [ 7: 0]    i2c _ data _ w;        // I2C 写入的数据
wire    i2c _ done;                       // I2C 操作结束标志
wire    i2c _ rh _ wl;                    // I2C 读写控制
wire    [ 7: 0]    i2c _ data _ r;        // I2C 读出的数据
wire    error _ flag;                     //错误标志

//* * * * * * * * * * * * * * * * * * * * * * * * * * * * * * * * * * *
* * * * * * * * * * * * * * * * * * * * 
//* *                         main code
```

```
//********************************************************************************
********************

//例化 e2prom 读写模块
e2prom_rw u_e2prom_rw(
    //global clock
    .clk(clk),                          //时钟信号
    .rst_n(sys_rst_n),                  //复位信号
    //i2c interface
    .i2c_exec(i2c_exec),                // I2C 触发执行信号
    .i2c_rh_wl(i2c_rh_wl),              // I2C 读写控制信号
    .i2c_addr(i2c_addr),                // I2C 器件内地址
    .i2c_data_w(i2c_data_w),            // I2C 要写的数据
    .i2c_data_r(i2c_data_r),            // I2C 读出的数据
    .i2c_done(i2c_done),                // I2C 一次操作完成
    //user interface
    .error_flag(error_flag)       //错误标志
);

//例化 i2c_dri
i2c_dri #(
    .SLAVE_ADDR(SLAVE_ADDR), // slave address 从机地址，放此处方便参
数传递
    .CLK_FREQ(CLK_FREQ),          // i2c_dri 模块的驱动时钟频率(CLK_
FREQ)
    .I2C_FREQ(I2C_FREQ)           // I2C 的 SCL 时钟频率
)u_i2c_dri(
    //global clock
    .clk(sys_clk),                // i2c_dri 模块的驱动时钟(CLK_FREQ)
    .rst_n(sys_rst_n),            //复位信号
    //i2c interface
    .i2c_exec(i2c_exec),          // I2C 触发执行信号
    .bit_ctrl(BIT_CTRL),          //器件地址位控制(16b/8b)
    .i2c_rh_wl(i2c_rh_wl),        // I2C 读写控制信号
```

```
        .i2c_addr(i2c_addr),              // I2C 器件内地址
        .i2c_data_w(i2c_data_w),          // I2C 要写的数据
        .i2c_data_r(i2c_data_r),          // I2C 读出的数据
        .i2c_done(i2c_done),              // I2C 一次操作完成
        .scl(rom_scl),                    // I2C 的 SCL 时钟信号
        .sda(rom_sda),                    // I2C 的 SDA 信号
        //user interface
        .dri_clk(clk)                     // I2C 操作时钟
    );
    //例化 led_alarm 模块
    led_alarm #(.L_TIME(L_TIME)           //控制 LED 闪烁时间
    )u_led_alarm(
        //system clock
        .clk(clk),                        //时钟信号
        .rst_n(sys_rst_n),                //复位信号
        //led interface
        .led(led),                        // LED 灯
        //user interface
        .error_flag(error_flag)           //错误标志
    );
    endmodule
```

当程序用于读写不同器件地址的 EEPROM 时，将 SLAVE_ADDR 修改为新的器件地址；字地址位控制参数(16b/8b)BIT_CTRL 是用来控制不同字地址的 I2C 器件读写时序中字地址的位数，当 I2C 器件的字地址为 16 位时，参数 BIT_CTRL 设置为“1”，当 I2C 器件的字地址为 8 位时，参数 BIT_CTRL 设置为“0”；i2c_dri 模块的驱动时钟频率 CLK_FREQ 是指在例化 I2C 驱动模块 i2c_dri 时，驱动 i2c_dri 模块的时钟频率信号；I2C 的 SCL 时钟频率参数 I2C_FREQ 是用来控制 I2C 协议中的 SCL 的频率，一般不超过 400kHz；LED 闪烁时间参数 L_TIME 用来控制 LED 闪烁间隔时间，参数值与驱动该模块的 clk 时钟频率有关。例如，控制 LED 闪烁间隔时间为 0.25s，clk 的频率为 1MHz 时，0.25s/1μs=250000，代码中当计数器计数到 L_TIME 的值时，LED 状态改变一次，LED 高电平加上低电平的时间才是一次闪烁的时间，故 L_TIME 的值应定义成 125000。

由上述 I2C 读写时序可知，I2C 驱动模块非常适合采用状态机来编写。无论是字节写还是随机读都要先从空闲状态开始，先发送起始信号，然后发送器件地址和读写命令(为

了便于叙述，使用“控制命令”来表示器件地址和读写命令），待发送完控制命令，并接收应答信号后发送字地址，接下来进行读写数据传输；读写数据传输结束后接收应答信号，最后发送停止信号，此时 I2C 读写操作结束，再次进入空闲状态。

I2C 驱动模块所采用的状态机如图 11.17 所示，共有 8 个状态，一开始状态机处于空闲状态 st _ idle，当 I2C 执行信号触发(i2c _ exec＝1)时，状态机进入发送控制命令状态 st _ sladdr；发送完控制命令后就发送字地址，这里出于简单考虑，不对从机 EEPROM 的应答信号进行判断。由于字地址存在单字节和双字节的区别，故通过 bit _ ctrl 信号判断是单字节还是双字节字地址。对于双字节的字地址，先发送高 8 位即第一个字节，发送完高 8 位后进入发送 8 位字地址状态 st _ addr8，也就是发送双字节地址的低 8 位；对于单字节的字地址，直接进入发送 8 位字地址状态 st _ addr8。发送完字地址后，根据读写判断标志来判断是读操作还是写操作。如果是写(wr _ flag＝0)就进入写数据状态 st _ data _ wr，开始向 EEPROM 发送数据；如果是读(wr _ flag＝1)就进入发送器件地址读状态 st _ addr _ rd 发送器件地址，此状态结束后就进入读数据状态 st _ data _ rd，接收 EEPROM 输出的数据。读或写数据结束后就进入结束 I2C 操作状态 st _ done 并发送结束信号，此时 I2C 总线再次进入空闲状态 st _ idle。

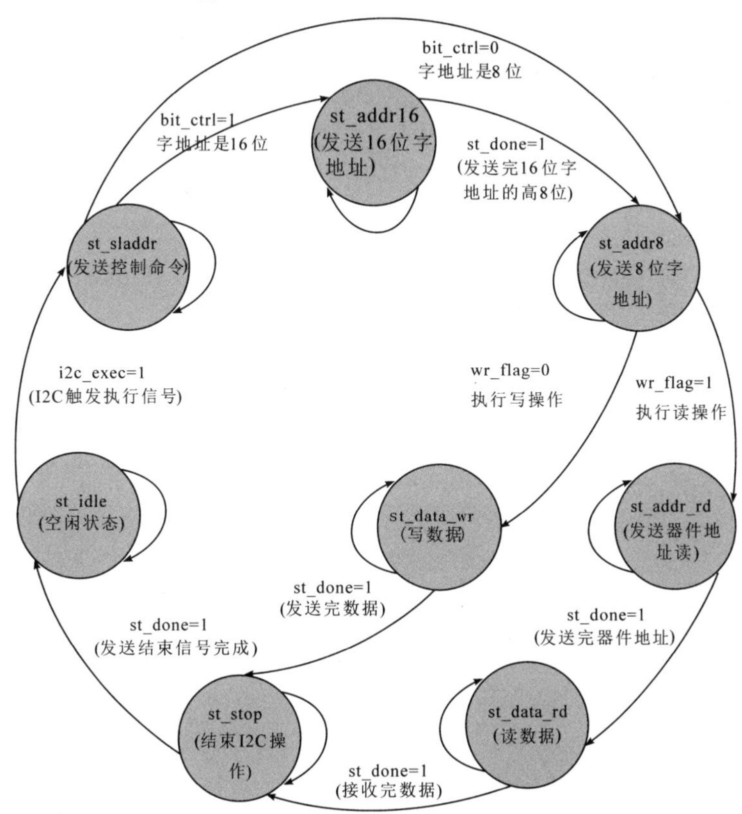

图 11.17　I2C 驱动模块状态跳转图

在 Verilog HDL 程序中采用三段式状态机。但由于 Verilog HDL 代码较长，在此主要介绍其中的第二段源代码。

```
//组合逻辑判断状态转移条件
always@( * ) begin
next _ state=st _ idle;
case(cur _ state)
  st _ idle: begin //空闲状态
    if(i2c _ exec) begin
      next _ state=st _ sladdr;
    end
    else
      next _ state=st _ idle;
end
st _ sladdr: begin
    if(st _ done) begin
      if(bit _ ctrl)//判断是 16 位还是 8 位字地址
        next _ state=st _ addr16;
      else
        next _ state=st _ addr8;
    end
    else
      next _ state=st _ sladdr;
end
st _ addr16: begin //写 16 位字地址
if(st _ done) begin
    next _ state=st _ addr8;
end
else begin
    next _ state=st _ addr16;
end
end
st _ addr8: begin // 8 位字地址
if(st _ done) begin
    if(wr _ flag==1'b0)//读写判断
```

```
          next _ state=st _ data _ wr;
        else
          next _ state=st _ addr _ rd;
        end
    else begin
        next _ state=st _ addr8;
    end
    end
    st _ data _ wr: begin //写数据(8bit)
    if(st _ done)
        next _ state=st _ stop;
    else
        next _ state=st _ data _ wr;
    end
    st _ addr _ rd: begin //写地址以进行读数据
    if(st _ done) begin
        next _ state=st _ data _ rd;
    end
    else begin
        next _ state=st _ addr _ rd;
    end
    end
    st _ data _ rd: begin //读取数据(8bit)
    if(st _ done)
        next _ state=st _ stop;
    else
        next _ state=st _ data _ rd;
    end
    st _ stop: begin //结束 I2C 操作
    if(st _ done)
        next _ state=st _ idle;
    else
        next _ state=st _ stop;
    end
```

```
    default: next_state=st_idle;
    endcase
  end
```

对照图 11.17 可分析程序中各状态之间的跳转。EEPROM 读写模块主要实现对 I2C 读写过程的控制，包括给出字地址及需要写入该地址中的数据、启动 I2C 读写操作、判断读写数据是否一致等。

11.4 下载验证

首先打开工程所在路径下的 e2prom_top/par 文件夹，在里面找到“e2prom_top.qpf”并双击打开工程。工程所在的路径名只能由字母、数字以及下划线组成，不能出现中文、空格以及特殊字符等。EEPROM 读写工程打开后如图 11.18 所示。

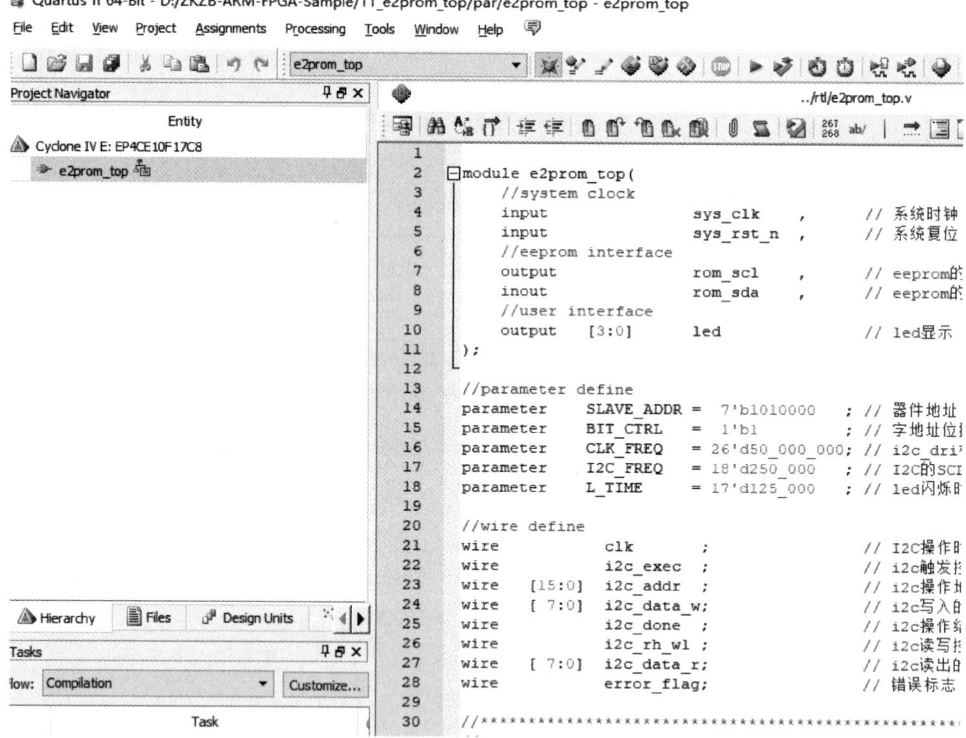

图 11.18 EEPROM 读写工程

打开项目后下载程序，验证通过 I2C 协议读写 EEPROM 设计。下载完成后观察到实验平台从左数第三个 LED 常亮，说明通过 EEPROM 读写程序正常工作。

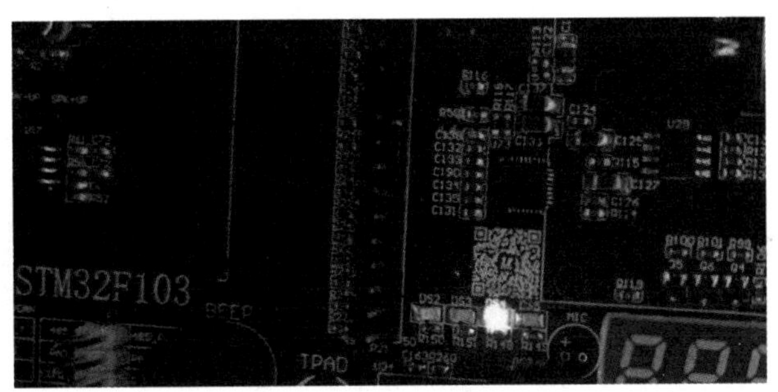

图 11.19　设计验证结果

I2C 总线作为高性能的串行传输总线，已在微电子领域得到了广泛的应用。本章实验在开发平台上采用 Verilog HDL 硬件描述语言，通过 Moore 型有限状态机编程设计了 I2C 总线控制器，进而完成对 EEPROM 的读写操作。实验结果表明，所设计的 I2C 总线控制器遵循 I2C 总线接口协议，数据传输稳定可靠。

本章习题

1. 设计一个系统，将温度传感器采集到的数据利用 I2C 控制器读出，并显示在数码管上。

2. 修改本章实验，利用 MATLAB 软件生成一个 512 点的正弦波数据，并将该数据 I2C 控制器写入 EEPROM 中，然后将数据读出，验证是否正确。

第12章 FPGA 读取环境光传感器应用设计

本章在利用 FPGA 实现 I2C 接口的 EEPROM 读写访问应用的基础上，介绍 FPGA 通过 I2C 总线实现环境光传感器 AP3216C 的信号采集应用，旨在提供 FPGA 与外部传感器组成应用系统的设计方案。

12.1 环境光传感器 AP3216C 简介

AP3216C 是敦南科技推出的一款整合型传感器，它在内部集成了数字环境光传感器(Ambilent Light Sensor，ALS)、距离传感器(Proximity Sensor，PS)和一个红外 LED (Infrared Radiation LED，IR LED)。其中距离传感器具有 10 位分辨率，环境光传感器具有 16 位分辨率。AP3216C 能够支持多种工作模式，在 ALS+PS+IR 模式下，AP3216C 能够实现环境光照强度和距离值的连续采集。AP3216C 内部功能模块框图如图 12.1 所示。

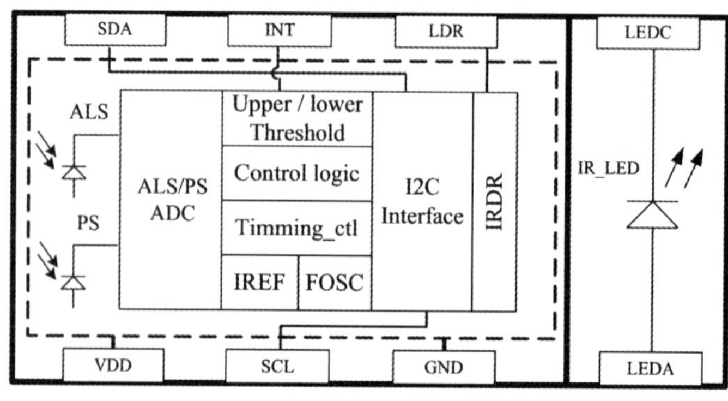

图 12.1 AP3216C 功能模块框图

当有物体接近时，AP3216C 内部的红外发光二极管 IR _ LED 发出的红外线碰撞到物体后，反射到芯片内部的红外光电二极管 PS 上，PS 将光信号转换成电流信号，通过模数转换器 ADC 将其转换成数字信号并存储在寄存器中，并且物体离得越近，反射到 PS 上的红外光强度越高，从而能够实现感应物体距离远近的功能。与之类似，可见光光电二极管 ALS 感应环境光强度，并将其转换成数字信号，从而实现对环境光强度的检测。AP3216C 内部有一系列专用寄存器，通过这些寄存器，FPGA 可以控制 AP3216C 的工作模式、中断方式以及采集数据。结合具体应用本章只介绍需要使用的一些寄存器，其他寄存器的描述和说明详见 AP3216C 数据手册。本章使用到的 AP3216C 寄存器如表 12.1 所示。

表 12.1　AP3216C 寄存器

<table>
<tr><th>地址</th><th>有效位</th><th>指令</th><th>说明</th></tr>
<tr><td>0X00</td><td>2：0</td><td>系统模式</td><td>000：掉电模式(默认)
001：ALS 功能激活
010：PS+IR 功能激活
011：ALS+PS+IR 功能激活
100：软复位
101：ALS 单次模式
110：PS+IR 单次模式
111：ALS+PS+IR 单次模式</td></tr>
<tr><td rowspan="2">0X0A</td><td>7</td><td rowspan="2">IR 低位数据</td><td>0：IR&PS 数据有效；1：无效</td></tr>
<tr><td>1：0</td><td>IR 最低 2 位数据</td></tr>
<tr><td>0X0B</td><td>7：0</td><td>IR 高位数据</td><td>IR 高 8 位数据</td></tr>
<tr><td>0X0D</td><td>7：0</td><td>ALS 高位数据</td><td>ALS 高 8 位数据</td></tr>
<tr><td rowspan="3">0X0E</td><td>7</td><td rowspan="3">PS 低位数据</td><td>0，物体在远离；1，物体在靠近</td></tr>
<tr><td>6</td><td>0，IR 数据有效；1，IR 数据无效</td></tr>
<tr><td>3：0</td><td>PS 最低 4 位数据</td></tr>
<tr><td rowspan="3">0X0F</td><td>7</td><td rowspan="3">PS 高位数据</td><td>0，物体在远离；1，物体在靠近</td></tr>
<tr><td>6</td><td>0，IR 数据有效；1，IR 数据无效</td></tr>
<tr><td>5：0</td><td>PS 高 6 位数据</td></tr>
</table>

表 12.1 中地址 0X00 对应的是系统模式控制寄存器，主要实现 AP3216C 的工作模式控制。在初始化的时候需将它配置为 011，开启 ALS+PS+IR 检测功能，地址为 0X0A～0X0F 的 6 个寄存器分别为 IR、PS、ALS 信号模数转换后的数据寄存器，用以存储 AP3216C 采集到的红外光强度、环境光强度和距离值。FPGA 通过 I2C 总线接口与 AP3216C 进行数据通信，实现对 AP3216C 相关寄存器的配置和数据采集。AP3216C 写寄存器的时序如图 12.2 所示。

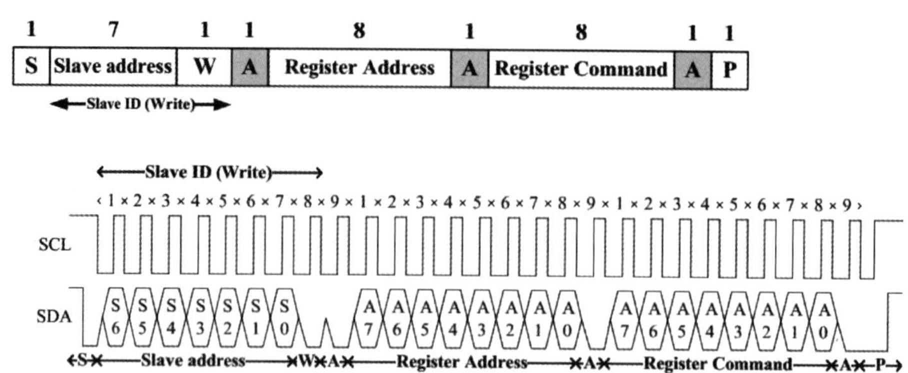

图 12.2　AP3216C 写寄存器时序

如图 12.2 所示，FPGA 先在 SDA 总线上发送 AP3216C 的器件地址 0X1E 和读写控制位，最低位 W=0 表示写数据；随后发送 8 位寄存器地址，最后发送写入寄存器中的配置指令。其中 S 表示 I2C 起始信号；W 表示读/写标志位，即 W=0 表示写，W=1 表示读；A 为应答信号；P 为 I2C 停止信号。AP3216C 的读寄存器时序如图 12.3 所示。

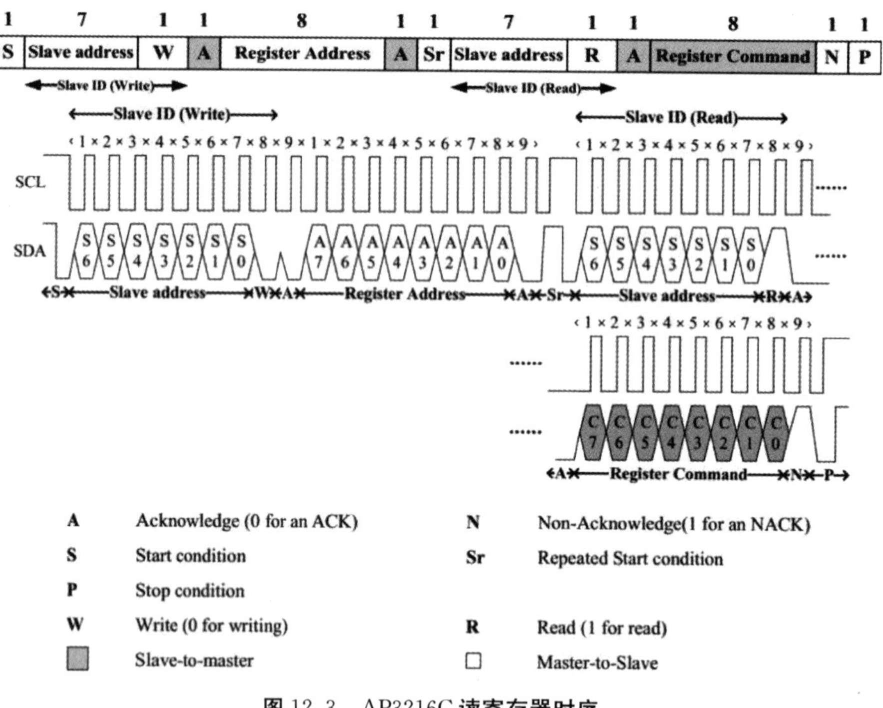

图 12.3　AP3216C 读寄存器时序

如图 12.3 所示，FPGA 首先通过 SDA 数据线发送 7 位器件地址与写操作标志，然后发送寄存器地址，随后重新发送起始信号 S，再次发送 7 位地址和读操作标志，最后读取数据寄存器值。其中 S 表示重新发送 I2C 起始信号，N 表示不对 AP3216C 进行应答。

12.2　基于 FPGA 的环境光采集设计应用

本设计中 FPGA 通过 I2C 总线读取 AP3216C 器件内环境光强度和物体距离数据，并将结果用数码管进行显示，同时用 4 个 LED 灯的亮灭来指示物体距离的远近。

12.2.1　系统硬件设计

本设计采用 AP3216C 的硬件电路如图 12.4 所示。AP3216C 作为 I2C 总线接口的从器件，与 EEPROM 等功能模块统一挂接在本书配套的实验平台的 I2C 总线上。LEDA 是器件内部红外发光二极管(IR _ LED)的阳极，LEDC 为阴极，一般连接到 LED 的驱动输出 LDR 脚。

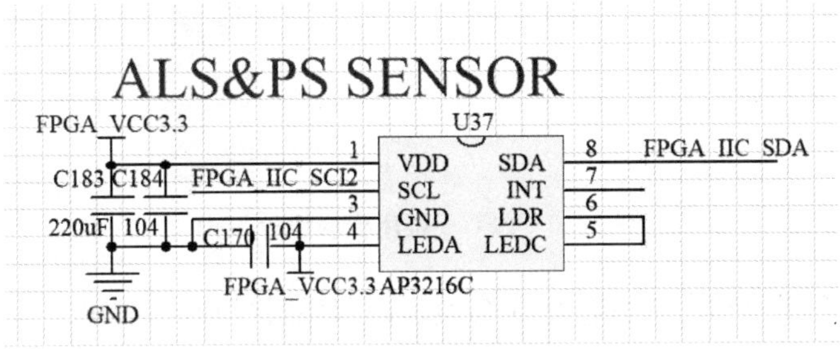

图 12.4　AP3216C 接口原理图

12.2.2　Verilog HDL 软件设计

根据 FPGA 应用设计实现的功能，系统的控制流程如下：FPGA 首先通过 I2C 总线读取 AP3216C 采集的环境光及距离数据，然后将读到的距离值用于控制 4 个 LED 的亮灭，以指示物体的远近，同时用数码管将环境光的光照强度显示出来。该系统的 Verilog HDL 设计功能框图如图 12.5 所示。

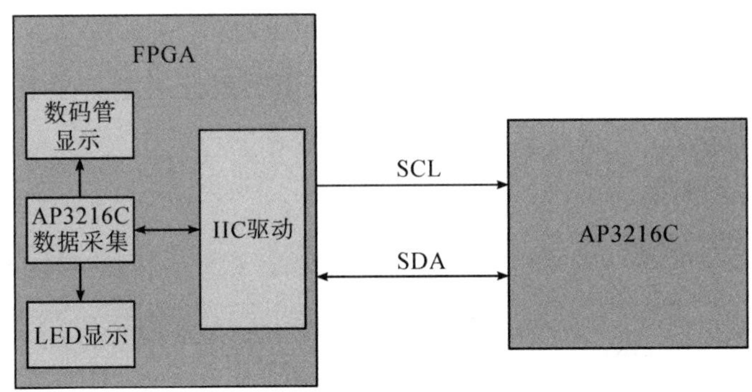

图 12.5　AP3216C 环境光采集系统设计框图

Verilog HDL 程序中各模块之间的信号连接如图 12.6 所示。

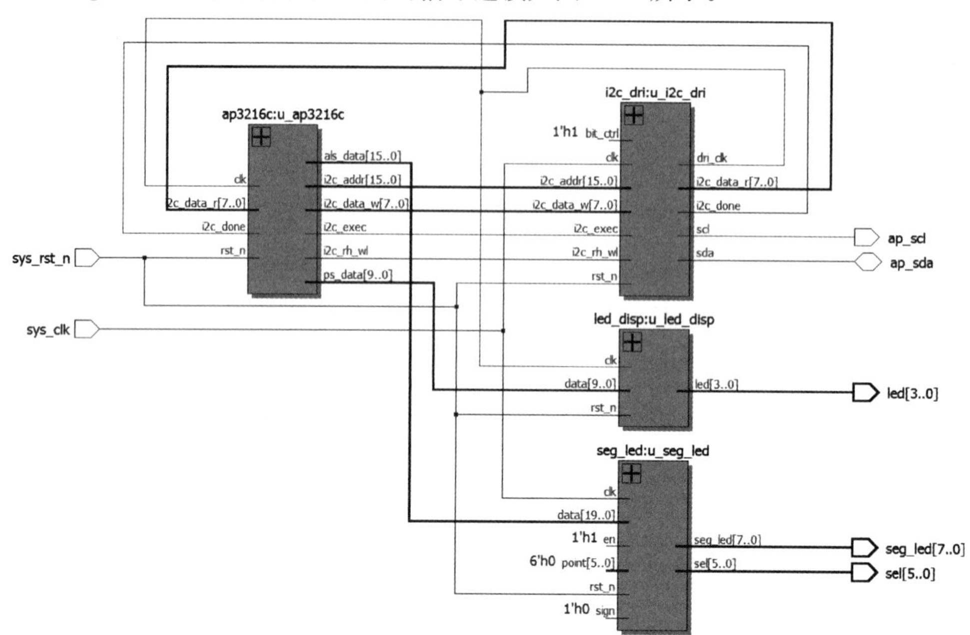

图 12.6　FPGA **程序模块设计架构**

由系统框图可知 FPGA 部分包括 5 个模块，即顶层模块 ap3216c _ top、I2C 驱动模块 i2c _ dri、AP3216C 数据采集模块 ap3216c、LED 显示模块 led _ disp，以及数码管显示模块 seg _ led。顶层模块 ap3216c _ top 例化 I2C 驱动模块 i2c _ dri、数据采集模块 ap3216c、LED 显示模块 led _ disp，以及数码管显示模块 seg _ led。AP3216C 数据采集模块通过 I2C 驱动模块与 AP3216C 器件进行通信，并将采集到的环境光强度送入数码管显示模块显示，采集到的距离值用 LED 显示模块显示。

由于 AP3216C 采用 I2C 协议与 FPGA 进行通信，故采用 I2C 驱动模块 i2c _ dri 实现 FPGA 与 AP3216C 数据交互。数据采集模块 ap3216c 通过调用 I2C 驱动模块 i2c _ dri 来实现 AP3216C 采集数据的读取。FPGA 读到的环境光照强度数值 als _ data 传递给数码管模块 seg _ led 显示，将读到的距离值 ps _ data 传递给 LED 显示模块(led _ disp)，以控制 4 个 LED 灯的亮灭以指示物体的远近，即根据距离值的远近决定点亮 LED 个数，距离越近，LED 点亮个数越多，距离越远，LED 点亮个数越少。

顶层模块的代码如下：

```
module ap3216c_top(
    //global clock
    input      sys_clk,          //系统时钟
    input      sys_rst_n,        //系统复位
```

```
    //ap3216c interface
    output      ap_scl,             // I2C 时钟线
    inout       ap_sda,             // I2C 数据线

    //user interface
    output      [3:0]   led,                // LED 灯接口
    output      [5:0]   sel,                //数码管位选
    output      [7:0]   seg_led             //数码管段选
);
//parameter define
parameter   SLAVE_ADDR=7'h1e;           //器件地址
parameter   BIT_CTRL=1'b0;              //字地址位控制参数(16b/8b)
parameter   CLK_FREQ=26'd50_000_000;  // i2c_dri 模块的驱动时钟频率(CLK
_FREQ)
parameter   I2C_FREQ=18'd250_000;      // I2C 的 SCL 时钟频率

//wire define
wire    clk;                            // I2C 操作时钟
wire    i2c_exec;                       // I2C 触发控制
wire    [15:0]   i2c_addr;              // I2C 操作地址
wire    [ 7:0]   i2c_data_w;            // I2C 写入的数据
wire    i2c_done;                       // I2C 操作结束标志
wire    i2c_rh_wl;                      // I2C 读写控制
wire    [ 7:0]   i2c_data_r;            // I2C 读出的数据
wire    [15:0]   als_data;              // ALS 的数据
wire    [ 9:0]   ps_data;               // PS 的数据

//******************************************************************
**************************
//**                      main code
//******************************************************************
**************************

//例化 i2c_dri，调用 I2C 协议
```

```
i2c_dri #(
.SLAVE_ADDR(SLAVE_ADDR),      // slave address 从机地址，放此处方便参数传递
.CLK_FREQ(CLK_FREQ),          // i2c_dri 模块的驱动时钟频率(CLK_FREQ)
 .I2C_FREQ(I2C_FREQ)          // I2C 的 SCL 时钟频率
)u_i2c_dri(
    //global clock
    .clk(sys_clk),                // i2c_dri 模块的驱动时钟(CLK_FREQ)
    .rst_n(sys_rst_n),            //复位信号
    //i2c interface
    .i2c_exec(i2c_exec),          // I2C 触发执行信号
    .bit_ctrl(BIT_CTRL),          //器件地址位控制(16b/8b)
    .i2c_rh_wl(i2c_rh_wl),        // I2C 读写控制信号
    .i2c_addr(i2c_addr),          // I2C 器件内地址
    .i2c_data_w(i2c_data_w),      // I2C 要写的数据
    .i2c_data_r(i2c_data_r),      // I2C 读出的数据
    .i2c_done(i2c_done),          // I2C 一次操作完成
    .scl(ap_scl),                 // I2C 的 SCL 时钟信号
    .sda(ap_sda),                 // I2C 的 SDA 信号
    //user interface
    .dri_clk(clk)                 // I2C 操作时钟
);

//例化 AP3216C 测量模块
ap3216c u_ap3216c(
    //system clock
    .clk(clk),                    //时钟信号
    .rst_n(sys_rst_n),            //复位信号
    //i2c interface
    .i2c_rh_wl(i2c_rh_wl),        // I2C 读写控制信号
    .i2c_exec(i2c_exec),          // I2C 触发执行信号
    .i2c_addr(i2c_addr),          // I2C 器件内地址
    .i2c_data_w(i2c_data_w),      // I2C 要写的数据
```

```
        .i2c_data_r(i2c_data_r),          // I2C 读出的数据
        .i2c_done(i2c_done),              // I2C 一次操作完成
        //user interface
        .als_data(als_data),              // ALS 的数据
        .ps_data(ps_data)                 // PS 的数据
    );

    //例化动态数码管显示模块
    seg_led u_seg_led(
        //module clock
        .clk(sys_clk),                    //时钟信号
        .rst_n(sys_rst_n),                //复位信号
        //seg_led interface
        .seg_sel(sel),                    //位选
        .seg_led(seg_led),                //段选
        //user interface
        .data(als_data),                  //显示的数值
        .point(6'd0),                     //小数点具体显示的位置，从高到低，高电
平有效
        .en(1'd1),                        //数码管使能信号
        .sign(1'b0)                       //符号位(高电平显示“—”号)
    );

    //例化 LED 模块
    led_disp u_led_disp(
        //system clock
        .clk(clk),                        //时钟信号
        .rst_n(sys_rst_n),                //复位信号
        //led interface
        .led(led),                        // LED 灯接口
        //user interface
        .data(ps_data)                    // PS 的数据
    );
```

endmodule

因同时采集到环境光照强度值和距离值，需配置系统寄存器 0x00 为 011，使 AP3216C 工作在 PS 和 ALS 模式下，此时 AP3216C 交替采集距离值 PS 和环境光照强度值 ALS。由图 12.7 可以看到，I2C 配置完系统寄存器后采集距离值 PS 需要的时间为 12.5ms，采集环境光照强度值 ALS 需要的时间为 100ms。

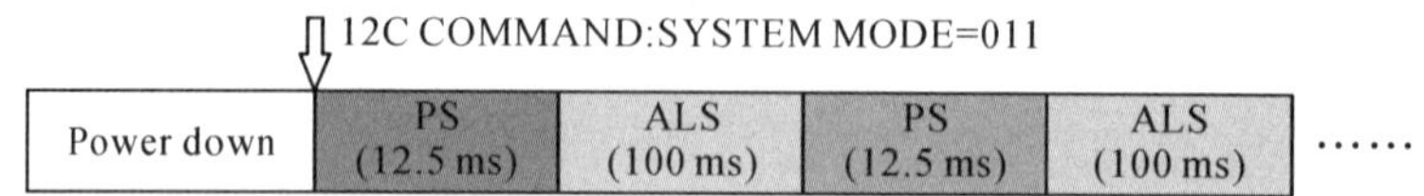

图 12.7　采集时序图

12.3　下载验证

首先找到环境光传感器实验工程所在路径下的 ap3216c _ top/par 文件夹，在里面找到“ap3216c _ top. qpf”文件，并双击打开。注意工程所在的路径名只能由字母、数字以及下划线组成，不能出现中文、空格以及特殊字符等，工程打开后如图 12.8 所示。

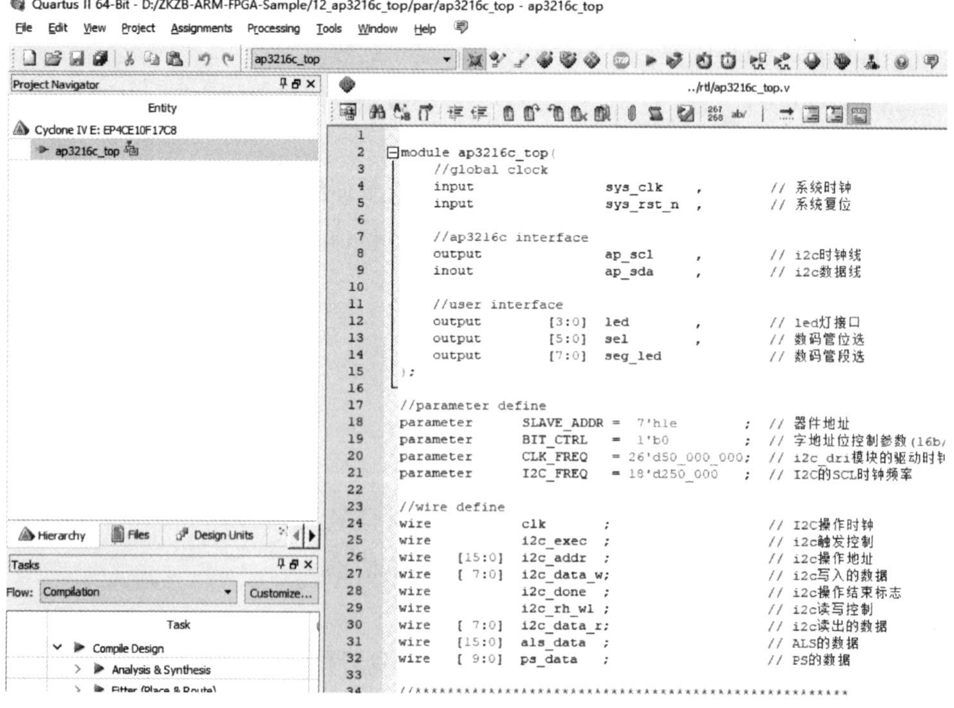

图 12.8　环境光传感器实验工程

最后连接电源线和下载编程线并下载程序，验证 AP3216C 的传感器功能。下载完成后，观察到实验平台上数码管显示的值随着环境光照强度的增强而变大，物体的位置靠近

AP3216C 时，LED 点亮个数增加，远离时 LED 点亮个数减少，说明环境光传感器实验程序下载验证成功(图 12.9)。

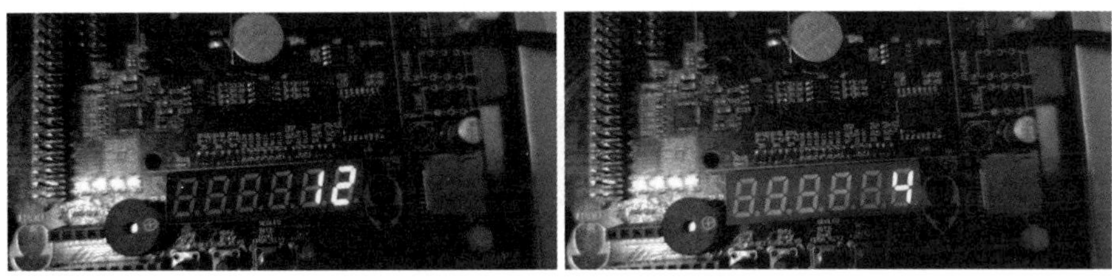

图 12.9　设计验证结果

随着科学技术的迅猛发展，信息采集与融合趋于多元化和复杂化。单一的传感器已经无法满足需求。因此，多传感器信息融合技术开始广泛应用于各行各业，并提高了信息处理的准确性和完整性。

基于 I2C 总线的传感器数据采集与处理在物联网中的应用越来越广泛，已渗透到生活、生产中的各个方面。通过本章学习，应掌握如何利用 FPGA 实现 I2C 控制器，进而利用 I2C 控制器读取传感器或者其他外设上的数据。

本章习题

1. 设计一个系统，利用 I2C 控制器读出摄像头中的数据，并将数据写入 EEPROM，然后将数据读出显示在 OLED 中。

2. 修改本章实验，将环境光照强度的大小用 LED 灯点亮的个数表示，将物体的位置用数码管显示(单位为 cm)。

第13章 FPGA 实现 AD/DA 转换设计

FPGA 具有强大的并行数字信号处理能力，并在仪器仪表、消费电子产品中广泛应用。FPGA 实现数字信号处理的前提是有数模与模数转换器实现数字信号与模拟信号的转换。本章介绍基于 FPGA 的 AD/DA 转换设计应用，为 FPGA 数字信号处理奠定基础。

13.1 PCF8591 信号转换器件

PCF8591 是一款低功耗的单电源供电的 8 位 CMOS 数据采集与转换器件，具有 4 个模拟输入、1 个模拟输出和 1 个串行 I2C 总线接口(图 13.1)。PCF8591 集成了包括多路复用模拟输入、片上跟踪和保持、8 位 AD 转换和 8 位 DA 转换等模块，但最大转换速率取决于 I2C 总线的最高传输速率。

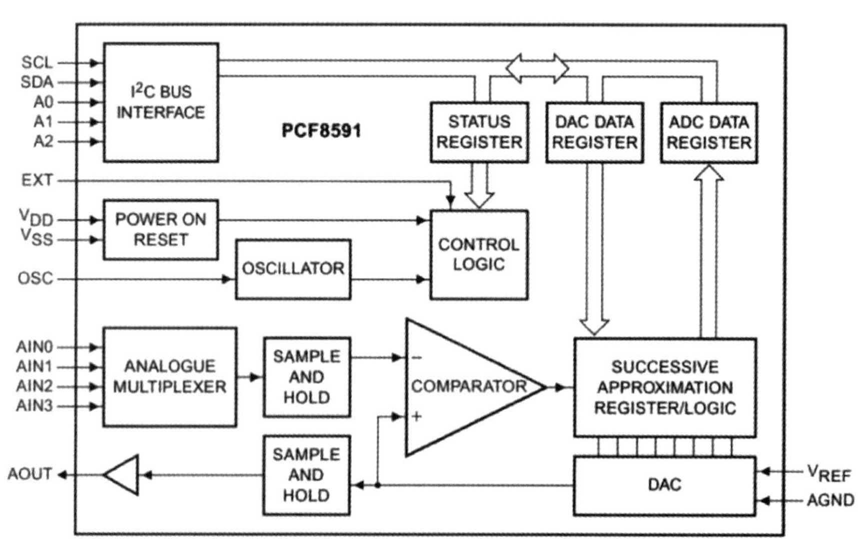

图 13.1 PCF8591 内部功能框图

FPGA 通过 I2C 总线配置完状态寄存器 STATUS REGISTER，将模数转换后的数据传送到 DAC 数据寄存器 DATA REGISTER 后，经片内数模转换器 DAC 将数字信号转换成对应的模拟电压。其片内 DAC 模块如图 13.2 所示，由连接至外部参考电压的具有 256 个接头的电阻分压电路和选择开关组成。数模转换时接头开关译码器切换一个接头至 DAC 输出线，最后经 AOUT 引脚输出。

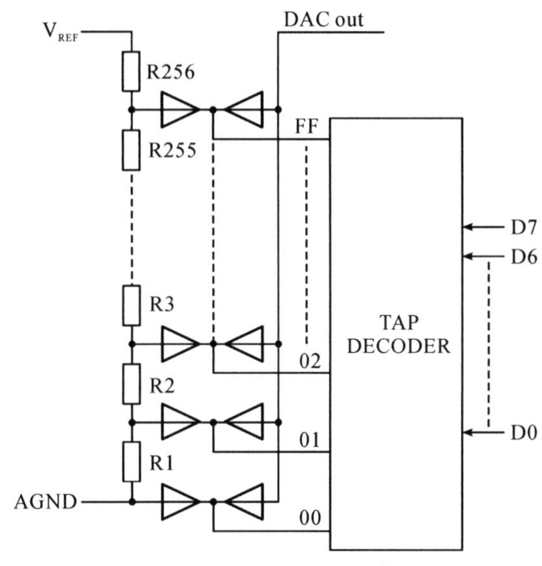

图 13.2　DAC **电阻电路**

片内 DAC 亦用于逐次逼近式 ADC，为了在 AD 转换进行时能够保持 DA 转换的电压输出，器件内集成了采样和保持电路。AIN0～AIN3 为多路复用模拟输入接口。外部的模拟信号通过多路复用模拟输入接口后被采样和保持，并通过比较器采用逐次逼近转换技术转换成数字信号。

PCF8591 采用 I2C 总线协议与控制器(FPGA)进行通信，其 7 位器件地址由固定部分和可编程部分组成。可编程部分根据地址引脚 A0、A1、A2 来设置，第 8 位为读写控制位 R/W，格式如图 13.3 所示。

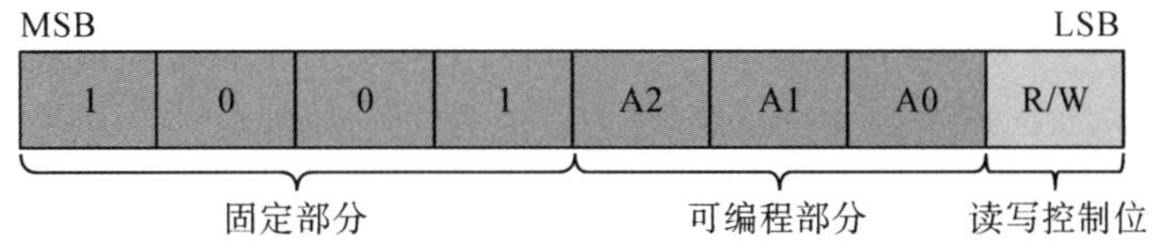

图 13.3　**器件地址格式**

发送完器件地址和读写控制位后才发送控制字。PCF8591 将控制字存储在控制寄存器中，实现器件的控制功能，控制字格式如图 13.4 所示。

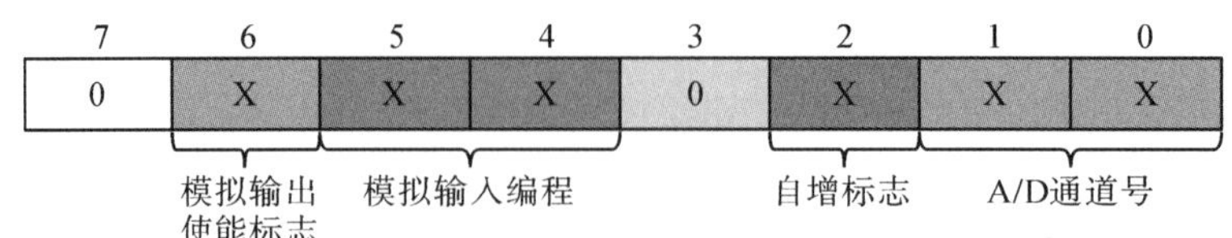

图 13.4　**控制字格式**

控制字第 6 位用于使能模拟输出，第 5 位和第 4 位用于模拟输入编程。当第 5 位和第 4 位为 00 时，AIN0～AIN3 为四个单端输入；为 01 时，AIN0～AIN3 为三个差分输入；为 10 时，AIN0～AIN3 组成两个单端输入和一个差分输入；为 11 时，AIN0～AIN3 为两个差分输入。本设计应用使用四个单端输入。控制字第 2 位为自增标志位，高有效。如果自增标志位置 1，每次 AD 转换后通道号将自动增加。第 1 位和第 0 位用于选择通道号：00 为通道 0；01 为通道 1；10 为通道 2；11 为通道 3。第 7 位和第 3 位是预留位且必须设置为 0。上电复位后，控制寄存器所有比特位均为 0。

在进行 DA 转换时，发送完控制字后将发送需要转换的 8 位数据，这 8 位数据被 PCF8591 存储在 DAC 数据寄存器，并使用片上 DA 转换器转换成对应的模拟电压输出。转换电压过程如图 13.5 所示。

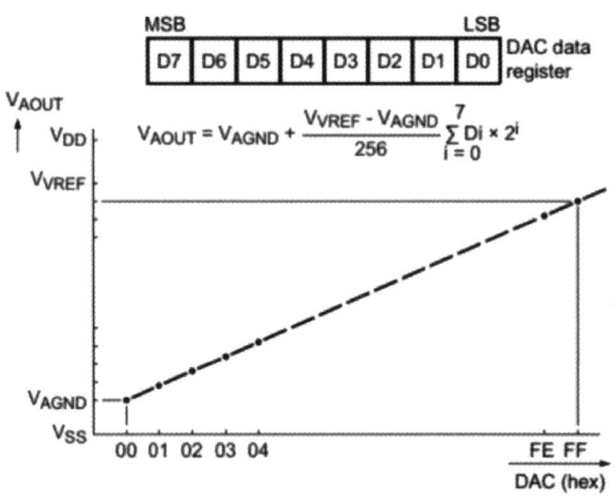

图 13.5　DA **转换电压**

从图 13.6 所示的 DA 转换时序图中，可以看出在发送第一个字节的转换数据时，DAC 输出的还是先前的转换值，在 PCF8591 发送应答信号后，DAC 才开始输出相应的模拟电压。

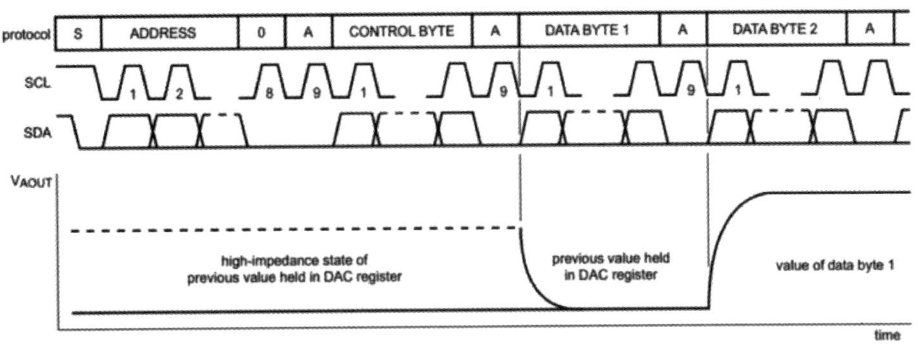

图 13.6　DA 转换时序

在进行 AD 转换时，一个 AD 转换周期总是开始于发送一个有效读模式命令给 PCF8591。AD 转换周期在每次应答时钟脉冲的后沿被触发，并在传输当前 AD 数据寄存器的数据时执行转换操作，AD 转换时序如图 13.7 所示。

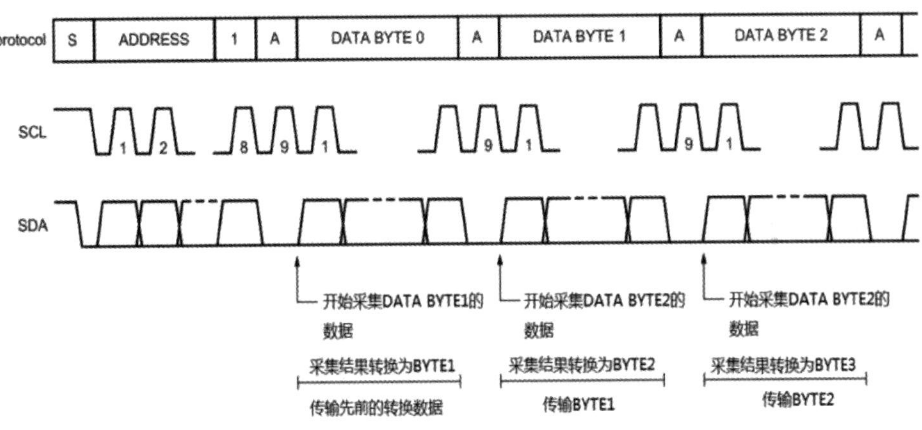

图 13.7　AD 转换时序

由图 13.7 可知，DATA BYTE0 是 ADC 寄存器当前存储的值，即前一时刻转换的数值。PCF8591 在传送 DATA BYTE0 时采样所选模拟输入通道的输入电压，并转换为对应的 8 位二进制码，即 DATA BYTE1 的数据。转换结果被保存在 ADC 数据寄存器中。上电复位后，ADC 寄存器中的数据默认为 0x80，故读取的第一个 ADC 数据为 0x80，本设计采用的是单端输入，其转换特性如图 13.8 所示。

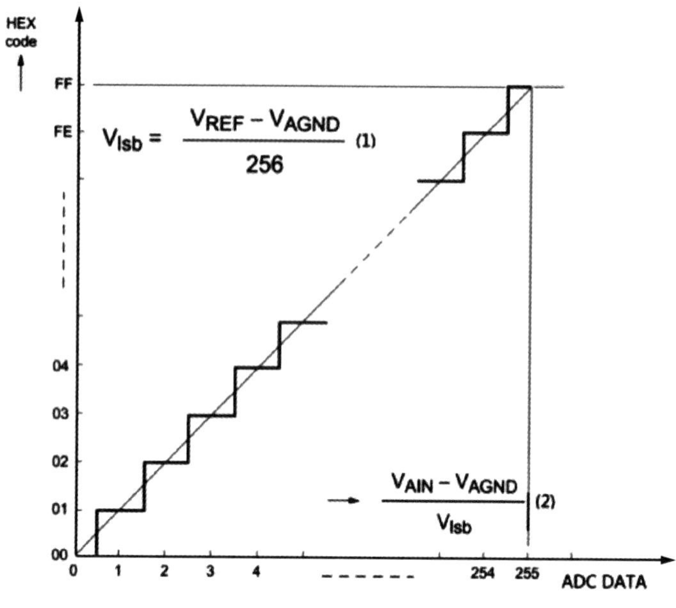

图 13.8　单端输入的 AD 转换特性

由图 13.8 可知，AD 转换精度 V_{lsb} 与参考电压 VREF 和模拟地 AGND 有关，而 ADC 转换的数据又与转换精度有关，故 AGND 引脚必须连接到系统模拟地，即 0V 信号。

13.2　基于 FPGA 的 AD/DA 数据转换设计

本设计通过本书配套的实验平台的 PCF8591 模块实现数模与模数转换。FPGA 输出从 0～255 变化的数字信号，经 DAC 转换后得到模拟信号，然后利用 ADC 采集该模拟信号，并将采集的电压值显示在数码管上。

13.2.1　硬件设计

本设计采用的硬件电路如图 13.9 所示。

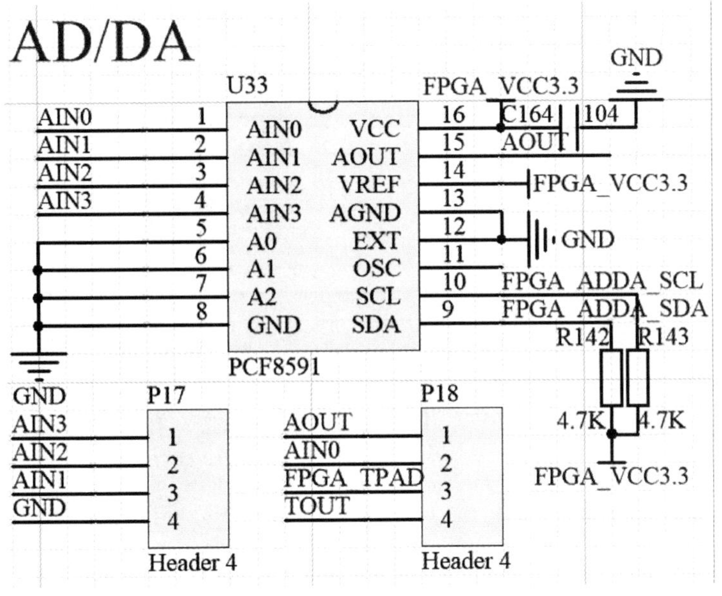

图 13.9　PCF8591 接口原理图

由设计要求可知，需要把 DA 转换输出引脚 AOUT 连接至任一 AD 输入引脚，这里选择 AIN0，相应的控制字设置为 8'h40。

13.2.2　Verilog HDL 设计

本设计的控制流程为 FPGA 首先通过 I2C 总线向 PCF8591 写入 DA 转换的数据，然后从 PCF8591 中读取 AD 转换的值，将读取到的值转换为实际的模拟电压，并用数码管显示出来。系统功能框图如图 13.10 所示。

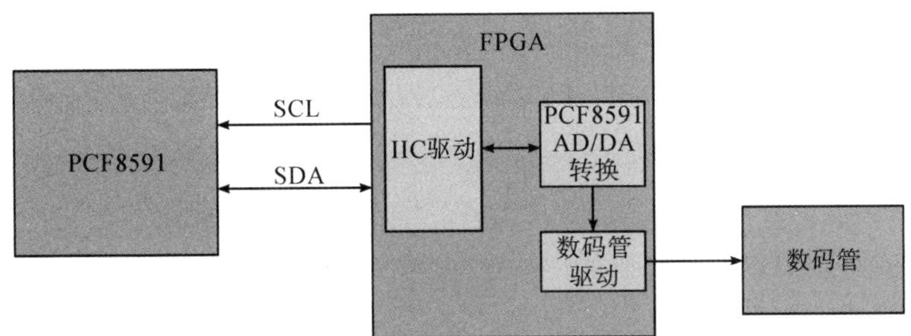

图 13.10　基于 FPGA 的信号转换框图

Verilog HDL 程序的各模块端口及信号连接如图 13.11 所示。

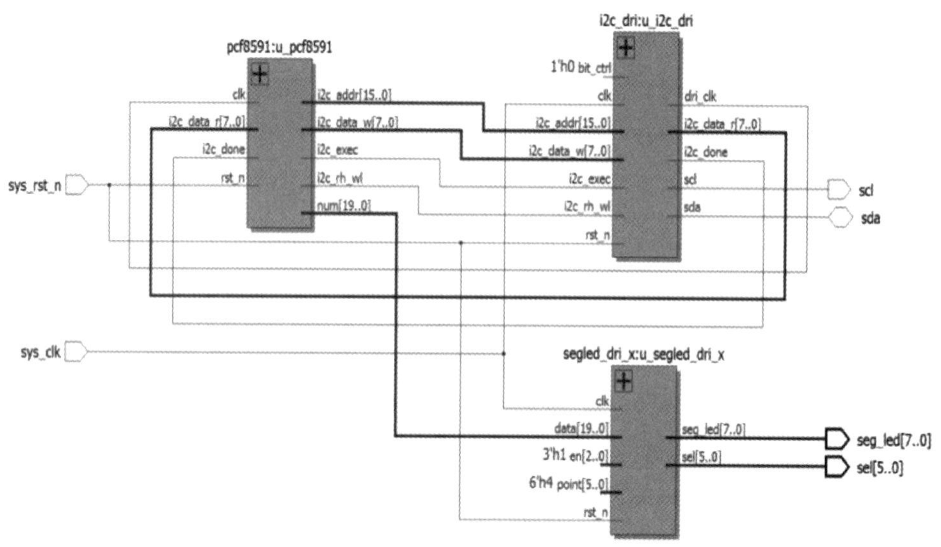

图 13.11　顶层模块原理图

顶层模块 adda _ top 例化了 I2C 驱动模块 i2c _ dri、PCF8591 AD 和 DA 转换模块，以及数码管驱动模块 seg _ led，以实现各模块控制及数据交互。AD 和 DA 转换模块 pcf8591 调用 I2C 驱动模块实现 FPGA 与 PCF8591 的数据通信与控制，并将读到的 AD 数值转换成模拟电压(num)传递给数码管驱动模块 segled _ dri _ x 显示。

顶层模块的代码如下：

```
module adda_top(
    //system clock
    input               sys_clk,        //系统时钟
    input               sys_rst_n,      //系统复位

    //PCF8591 interface
    output              scl,            // I2C 时钟线
    inout               sda,            // I2C 数据线

    //user interface
    output      [5:0]   sel,            //数码管位选
    output      [7:0]   seg_led         //数码管段选
);

//parameter define
```

```
    parameter    SLAVE _ ADDR=7'h48;             //器件地址(SLAVE _ ADDR)
    parameter    BIT _ CTRL=1'b0;                //字地址位控制参数(16b/8b)
    parameter    CLK _ FREQ=26'd50 _ 000 _ 000;    // i2c _ dri 模块的驱动时钟频率
(CLK _ FREQ)
    parameter    I2C _ FREQ=18'd250 _ 000;        // I2C 的 SCL 时钟频率
    parameter    POINT=6'b00 _ 1000;             //控制点亮数码管小数点的位置

    //wire define
    wire    clk;                                // I2C 操作时钟
    wire    i2c _ exec;                         // I2C 触发控制
    wire    [15: 0]    i2c _ addr;              // I2C 操作地址
    wire    [ 7: 0]    i2c _ data _ w;          // I2C 写入的数据
    wire    i2c _ done;                         // I2C 操作结束标志
    wire    i2c _ rh _ wl;                      // I2C 读写控制
    wire    [ 7: 0]    i2c _ data _ r;          // I2C 读出的数据
    wire    [19: 0]    num;                     //数码管要显示的数据

    //*****************************************************
*********************
    //**                          main code
    //*****************************************************
*********************

    //例化 AD/DA 模块
    pcf8591 u _ pcf8591(
        //global clock
        . clk(clk),                             //时钟信号
        . rst _ n(sys _ rst _ n),               //复位信号
        //i2c interface
        . i2c _ exec(i2c _ exec),               // I2C 触发执行信号
        . i2c _ rh _ wl(i2c _ rh _ wl),         // I2C 读写控制信号
        . i2c _ addr(i2c _ addr),               // I2C 器件内地址
        . i2c _ data _ w(i2c _ data _ w),       // I2C 要写的数据
        . i2c _ data _ r(i2c _ data _ r),       // I2C 读出的数据
```

```
        .i2c_done(i2c_done),                    // I2C 一次操作完成
        //user interface
        .num(num)                               //采集到的电压
    );

    //例化 i2c_dri
    i2c_dri #(
        .SLAVE_ADDR(SLAVE_ADDR),                // slave address 从机地址，放此处
方便参数传递
        .CLK_FREQ(CLK_FREQ),                    // i2c_dri 模块的驱动时钟频率
(CLK_FREQ)
        .I2C_FREQ(I2C_FREQ)                     // I2C 的 SCL 时钟频率
    )u_i2c_dri(
        //global clock
        .clk(sys_clk),                          // i2c_dri 模块的驱动时钟(CLK_
FREQ)
        .rst_n(sys_rst_n),                      //复位信号
        //i2c interface
        .i2c_exec(i2c_exec),                    // I2C 触发执行信号
        .bit_ctrl(BIT_CTRL),                    //器件地址位控制(16b/8b)
        .i2c_rh_wl(i2c_rh_wl),                  // I2C 读写控制信号
        .i2c_addr(i2c_addr),                    // I2C 器件内地址
        .i2c_data_w(i2c_data_w),                // I2C 要写的数据
        .i2c_data_r(i2c_data_r),                // I2C 读出的数据
        .i2c_done(i2c_done),                    // I2C 一次操作完成
        .scl(scl),                              // I2C 的 SCL 时钟信号
        .sda(sda),                              // I2C 的 SDA 信号
        //user interface
        .dri_clk(clk)                           // I2C 操作时钟
    );

    //例化动态数码管显示模块
    seg_led u_seg_led(
        //module clock
```

```
    .clk(sys_clk),                              //时钟信号
    .rst_n(sys_rst_n),                          //复位信号
    //seg_led interface
    .seg_sel(sel),                              //位选
    .seg_led(seg_led),                          //段选
    //user interface
    .data(num),                                 //显示的数值
    .point(POINT),                              //小数点具体显示的位置，从高到
低，高电平有效
    .en(1'd1),                                  //数码管使能信号
    .sign(1'b0)                                 //符号位(高电平显示“—”号)
);
endmodule
```

13.3　下载验证

打开 PCF8591 模数/数模转换设计工程，如图 13.12 所示。

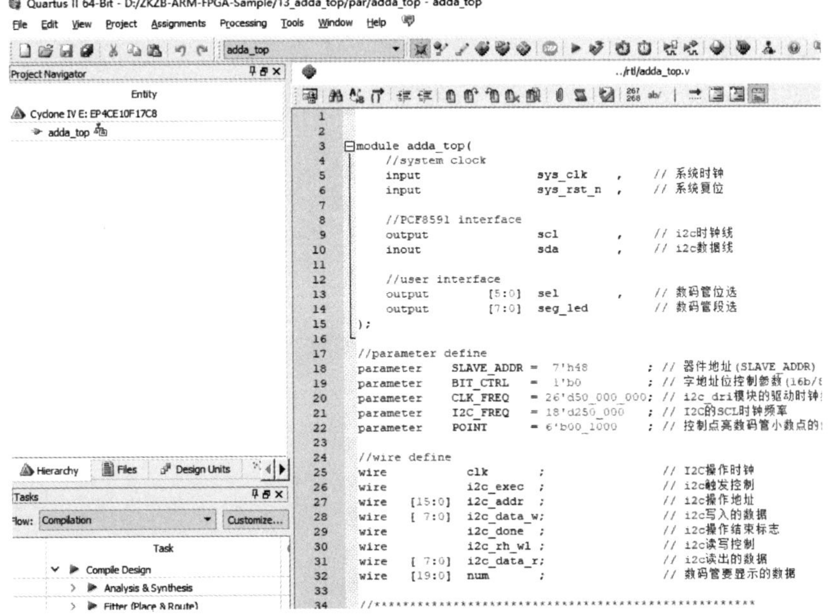

图 13.12　ADC 模数/DAC 数模转换(PCF8591)工程

下载完成后观察到开发板上数码管显示的值从 0 增加到 3.3V，说明 ADC 模数/DAC 数模转换(PCF8591)实验程序下载验证成功(图 13.13)。

图 13.13　设计验证结果

模数转换电路(Analog to Digital Converter，ADC)可以将现实世界的模拟信号转换为数字电子系统中的数字信号，广泛用于通信、自动化、仪器仪表等诸多领域。本章重点描述了 ADC 电路的基本工作原理和流程，给出了 ADC 控制电路的 Verilog HDL 编程实现和实物验证。

本章习题

1. 修改本章实验，对外加信号源——1kHz 的正弦波信号，首先进行 AD 转换，其次将转换后的数据经 DA 转换输出，并利用示波器观测输出信号。

2. 设计一个数字处理系统，利用 AD 转换模块采集开发平台的电源电压(x)，并对采集到的数据做简单的数学处理(y=x/2+1.5)，然后利用 DA 模块转换输出，并利用数码管显示输出的数据。

第14章 基于FPGA的SDRAM读写控制器设计

本章在简要介绍SDRAM读写操作的基本原理和时序后，介绍了基于FPGA的SDRAM的读写控制器设计，通过相关硬件设计、Verilog HDL设计和测试验证过程讨论，旨在帮助初学者掌握FPGA控制SDRAM访问技术，从而为复杂的FPGA数字系统设计奠定基础。

14.1 SDRAM简介

SDRAM(Synchronous Dynamic Random Access Memory)是同步动态随机存储器。同步是指内存工作需要同步时钟，存储器内部的命令发送与数据传输都以它为基准；动态是指存储阵列需要不断地刷新来保证数据不丢失；随机是指数据不是线性依次存储，而是自由指定地址进行数据读写。SDRAM具有空间存储量大、读写速度快、价格相对便宜等优点。然而由于SDRAM内部利用电容来存储数据，为保证数据不丢失，需要持续对各存储电容进行刷新操作；同时在读写过程中需要考虑行列管理、各种操作延时等，因此SDRAM控制逻辑相对复杂。

SDRAM内部是一个存储阵列，可类比为一张表格。在向这个表格中写数据时，需先指定一个行(Row)，再指定一个列(Column)，方可准确地找到所需要的“单元格”，这样就构成了SDRAM寻址的基本原理。其存储寻址原理如图14.1所示。

图14.1所示的SDRAM存储芯片中的存储阵列称为L-Bank。通常SDRAM的存储空间被划分为4个L-Bank，在寻址时需要先指定其中一个L-Bank，然后在这个选定的L-Bank中选择相应的行与列进行寻址。对SDRAM的读写是针对存储单元进行的，对SDRAM来说一个存储单元的容量取决于数据总线的位宽，单位是bit。SDRAM芯片的总存储容量计算方法为：SDRAM总存储容量＝L-Bank的数量×行数×列数×存储单元的容量，SDRAM存储数据利用了电容的充放电特性以及能够保持电荷的能力。一个大小为1bit的存储单元的结构如图14.2所示。它主要由行列选通三极管、存储电容、刷新放大器组成。行地址与列地址选通使得存储电容与数据线导通，从而可进行放电(读取)与充电

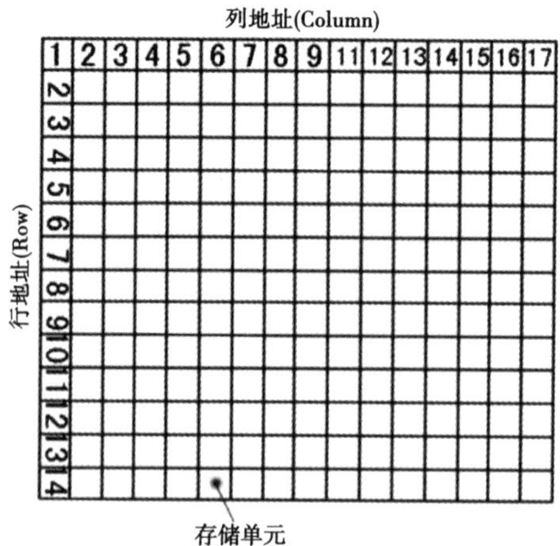

图 14.1　SDRAM 寻址原理

(写入)操作。

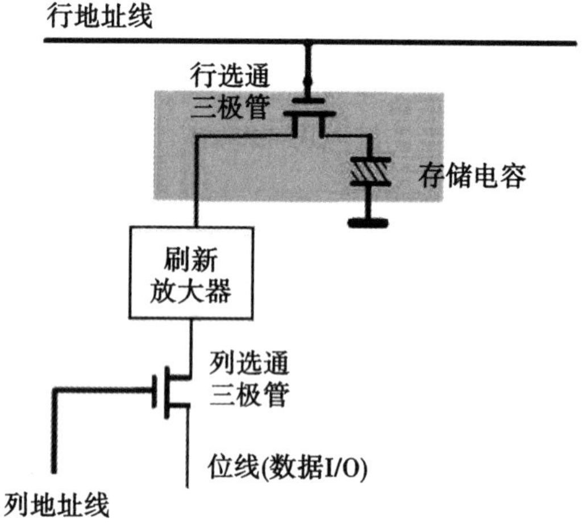

图 14.2　SDRAM 存储单元结构示意图

图 14.3 为 SDRAM 的功能框图，SDRAM 内部集成了一个逻辑控制单元，并且由一个模式寄存器为其提供控制参数。SDRAM 接收外部输入的控制命令，并在逻辑控制单元的控制下进行寻址、读写、刷新、预充电等操作。

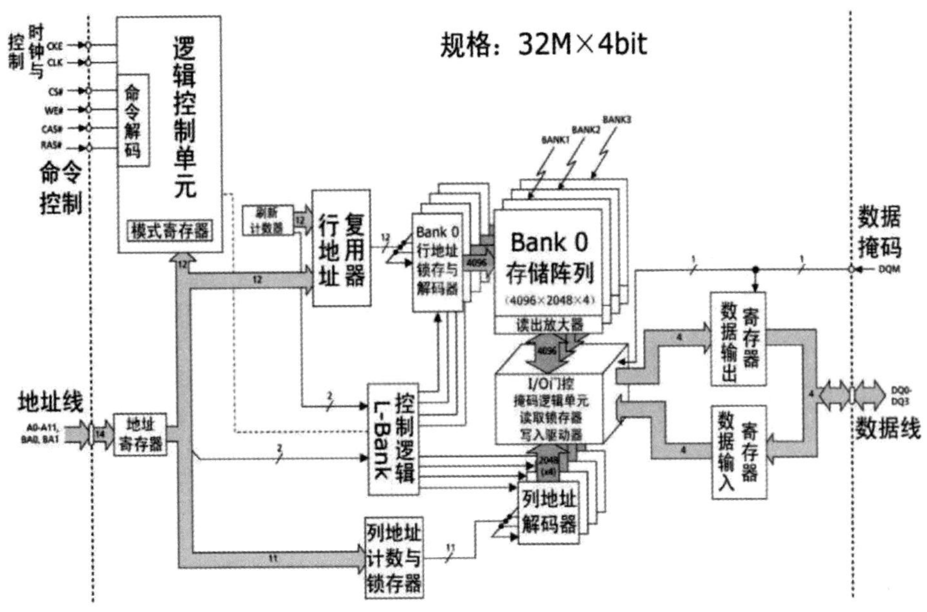

图 14.3　SDRAM 功能框图

SDRAM 读写基本过程为：首先对 SDRAM 芯片进行初始化，然后进入 SDRAM 读写控制流程，其中包括行激活、列读写、预充电、刷新等一系列操作。只有熟练掌握每一个操作所对应的时序要求，才能够正确地对 SDRAM 进行读写操作。

14.1.1　芯片初始化

SDRAM 芯片上电之后需要一个初始化的过程，以保证芯片能够按照预期方式正常工作，初始化流程如图 14.4 所示。

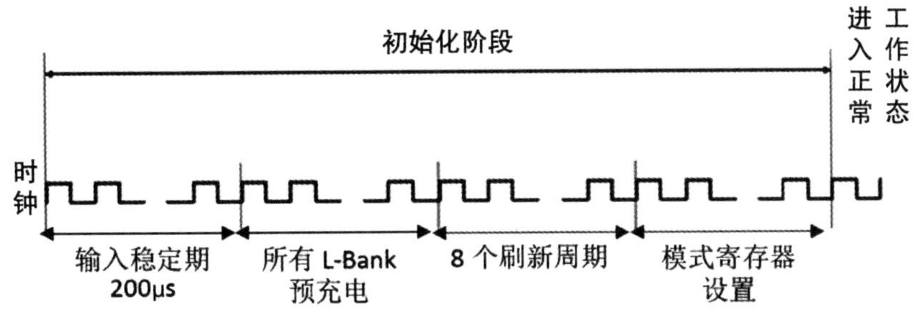

图 14.4　SDRAM 初始化流程

SDRAM 上电后要有 200μs 的输入稳定期，在这个时间内不可对 SDRAM 的接口做任何操作；200μs 结束以后对所有 L-Bank 预充电，然后连续 8 次刷新操作。初始化最关键的阶段就在于模式寄存器(Mode Register，MR)的设置，简称 MRS(MR Set)。

图 14.5 所示为模式寄存器，用于配置模式寄存器的参数由地址线提供，地址线不同的位分别用于表示不同的参数。SDRAM 通过配置模式寄存器来确定芯片的工作方式，包

括突发长度(Burst Length)、潜伏期(CAS Latency)以及操作模式等。在模式寄存器设置指令发出后，需要等待一段时间才能够向 SDRAM 发送新的指令，这个时间称为模式寄存器设置周期 tRSC(Register Set Cycle)。

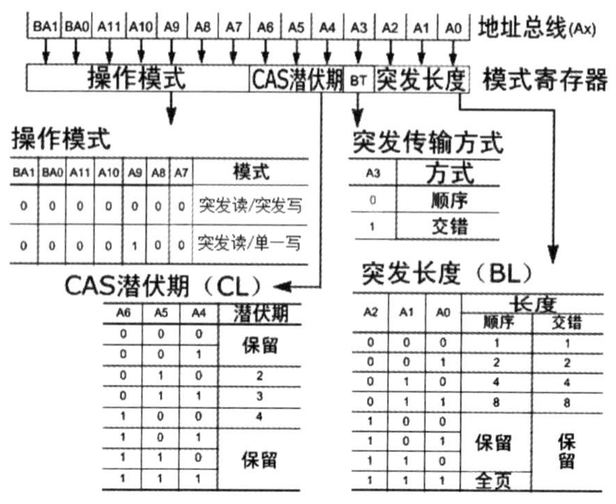

图 14.5　模式寄存器

14.1.2　行激活

初始化完成后，无论是读操作还是写操作，都要先激活 SDRAM 中的一行，使之处于活动状态，又称行有效。在此之前还需进行 SDRAM 芯片的片选和 L-Bank 定址，不过它们与行激活可以同时进行。

由图 14.6 可知在片选 CS＃、L-Bank 定址的同时，行地址选通脉冲 RAS(Row Address Strobe)也处于有效状态。此时地址线 An 为行地址。图中 A0～A11 为 12 位地址线，可寻址 4096 个行(2^12＝4096)，A0～A11 的数值就确定了存储单元行地址。由于行激活的同时也使相应的 L-Bank 有效，故行激活亦称为 L-Bank 有效。

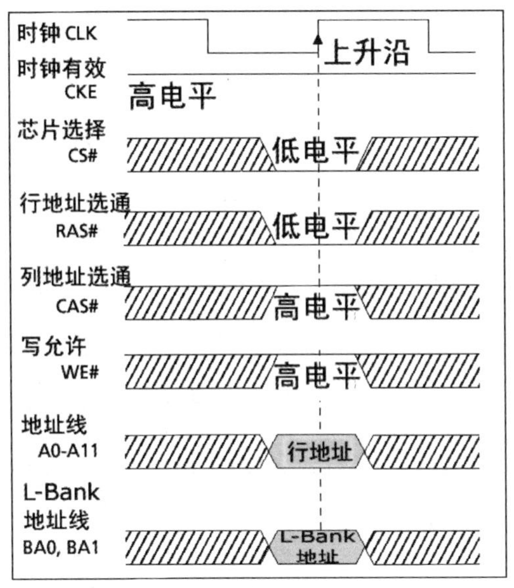

图 14.6　行激活时序图

14.1.3　列读写

行地址激活后方可进行列地址寻址。在 SDRAM 中，地址线是行列分时复用的，因此列寻址时地址线仍然是 A0～A11。利用行地址选通脉冲 RAS(Row Address Strobe)与列地址选通脉冲 CAS(Column Address Strobe)来区分行寻址与列寻址，如图 14.7 所示，“x16”表示存储单元容量为 16bit。在通常情况下，SDRAM 中存储阵列 L-Bank 的列数小于行数，即列地址的位宽小于行地址，列寻址时 A0～A11 地址线高位可能未使用，如图 14.7 中的 A9、A11。此外，列寻址信号与读/写命令同时发出，读/写命令是通过写使能 WE(Write Enable)信号来控制的，WE 为低电平时是写命令，为高电平时是读命令。

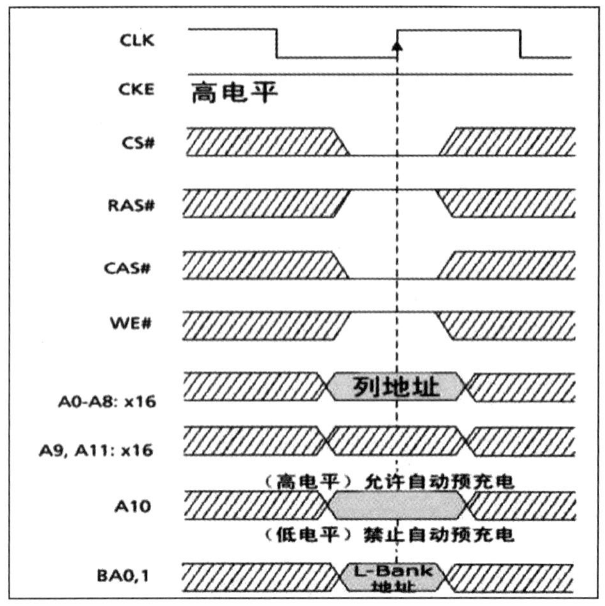

图 14.7　列选通与读操作时序

然而，在发送列读/写命令时必须要与行激活命令有一个时间间隔，这个间隔被定义为 tRCD(RAS to CAS Delay)，即 RAS 至 CAS 延迟。因为在行激活命令发出后，芯片存储阵列电子元件响应需要一定时间。tRCD 是 SDRAM 的一个重要时序参数，广义的 tRCD 以时钟周期数(Clock Time，tCK)为单位，如图 14.8 所示的 tRCD＝3tCK，代表 RAS 至 CAS 延迟为三个时钟周期，而具体到确切时间，需取决于时钟频率。

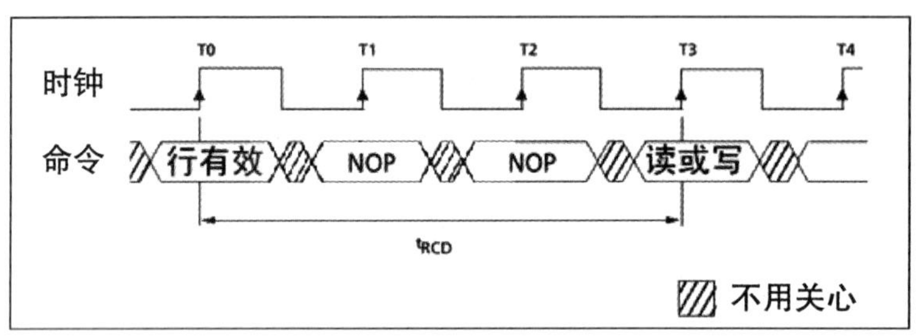

图 14.8　tRCD＝3 时序

14.1.4　数据读

在选定列地址后即可寻址具体的存储单元，数据便可通过 I/O 通道 DQ 输出到内存总线上了。但在 CAS 发出之后，仍需经过一定时间延迟 DQ 才能有数据输出，从 CAS 读取命令发出到第一次数据输出的这段时间，定义为 CL(CAS Latency)。CL 越小，SDRAM 响应越快。CL 只在数据读取时出现，故 CL 又被称为读取潜伏期 RL(Read Latency)。CL 的单位与 tRCD 一样，为时钟周期数，具体耗时取决于时钟频率(图 14.9)。

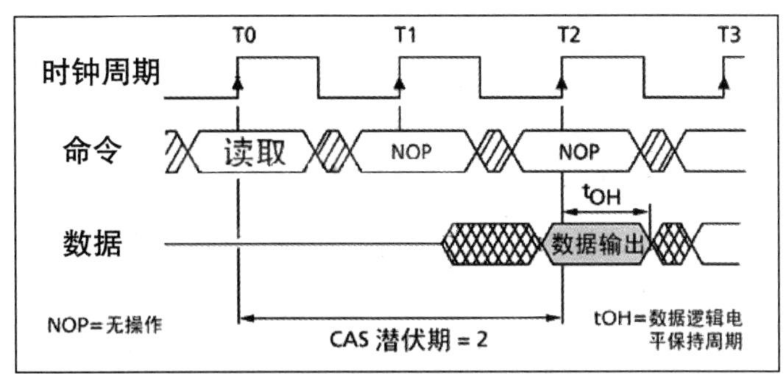

图 14.9　CL=2 时序

14.1.5　数据写

SDRAM 数据写操作也是在 tRCD 之后进行，行寻址与列寻址的时序图和上文一样，只是在列寻址时，WE# 为有效状态。

由图 14.10 可知数据与写指令同时发送。不过数据并不是即时写入存储单元，数据写入存储单元需要一定的周期。为使数据可靠地写入存储单元，需留出足够的写入校正时间(Write Recovery Time，tWR)，这个操作亦称为写回(Write Back)。tWR 至少占用一个时钟周期，甚至更多时钟周期。

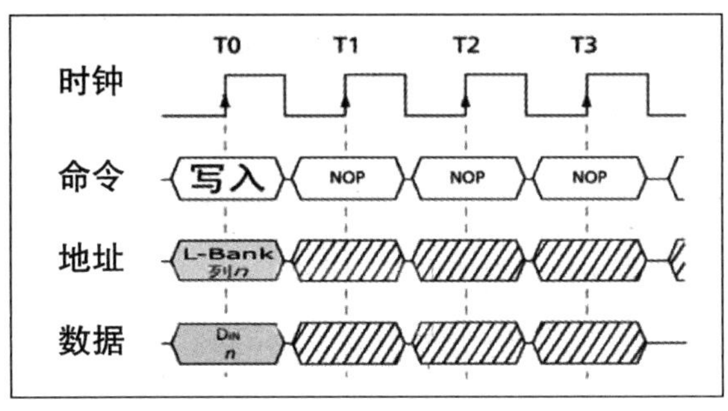

图 14.10　数据写入的时序

14.1.6　突发操作

突发(Burst)是指在同一行中相邻的存储单元连续进行数据传输的方式，连续传输所涉及的存储单元的数量就是突发长度 BL(Burst Lengths)。上述读/写操作，都是一次对一个存储单元进行寻址。实际应用中很少对 SDRAM 中的单个存储空间进行读/写，一般都需要完成连续存储空间中的数据传输。在连续读/写操作时，为了对当前存储单元的下一个单元进行寻址，需要像如图 14.11 所示的时序那样，不断发送列地址与读/写命令。

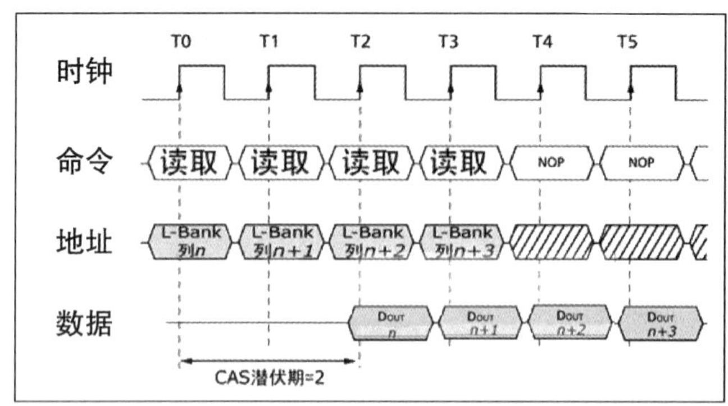

图 14.11　非突发连续读操作

由图 14.11 可知，由于读延迟相同，从而数据传输在 I/O 端是连续的，但占用了大量的内存控制资源，在数据进行连续传输时无法输入新的命令，效率低下。由此出现了突发传输技术，只要指定起始列地址与突发长度，内存便可自动对后面相应数量的存储单元进行读/写操作，而不再需要控制器连续地提供列地址。除了第一笔数据的传输需要 tRCD+CL 个周期，其后每个数据只需要一个周期的延时即可获得，如图 14.12 所示。

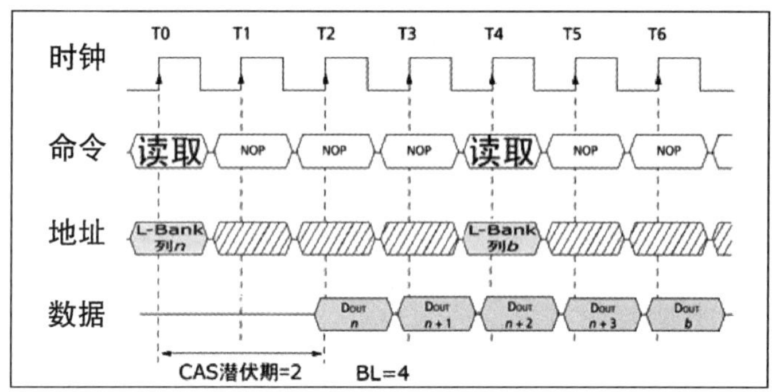

图 14.12　突发连续读操作

14.1.7　预充电

在对 SDRAM 某一存储地址进行读/写操作结束后，如果要对同一个 L-Bank 的另一行进行寻址，就需将原来有效的行关闭，并重新发送行/列地址。L-Bank 关闭现有工作行，准备打开新行的操作就是预充电(Precharge)。在读/写过程中，工作行内的存储体由于“行激活”而使存储电容受到干扰，因此在关闭工作行前需对本行所有存储体进行重写。预充电实际上是对工作行中所有存储体进行数据重写，并对行地址进行复位以准备新行工作的过程。预充电可通过命令控制，也可通过辅助设定让芯片在每次读/写操作后自动进行预充电。

仔细观察图 14.7 所示的时序，发现地址线 A10 控制着是否进行在读/写之后对当前

L-Bank 自动进行预充电，即“辅助设定”。而在单独的预充电命令中，A10 控制着是对指定的 L-Bank 还是所有的 L-Bank 进行预充电，前者需要提供 L-Bank 的地址，后者只需将 A10 信号置于高电平。在发出预充电命令后，要经过一段时间才能发送行激活命令打开新的工作行，这个间隔被称为预充电有效周期 tRP(Precharge command Period)，如图 14.13 所示。和 tRCD、CL 一样，tRP 的单位也是时钟周期数。

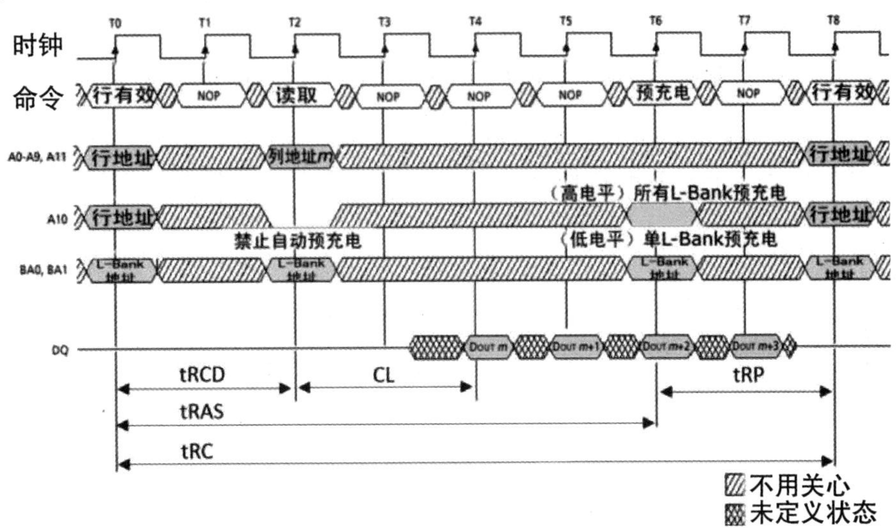

图 14.13　**读取时预充电时序**(CL=2，BL=4，tRP=2)

自动预充电的开始时间与图 14.13 一样，但无单独的预充电命令，并在发出读取命令时，A10 地址线设为高电平。可见控制好预充电启动时间很重要，可以在读取操作结束后立刻进入新行的寻址以保证读操作效率。

在写操作时，由于每笔数据的真正写入需要足够的周期数，即写回周期 tWR，故预充电不能与写操作同时进行，必须在 tWR 之后才能发出预充电命令，以确保数据的可靠写入，否则重写的数据可能出错，如图 14.14 所示。

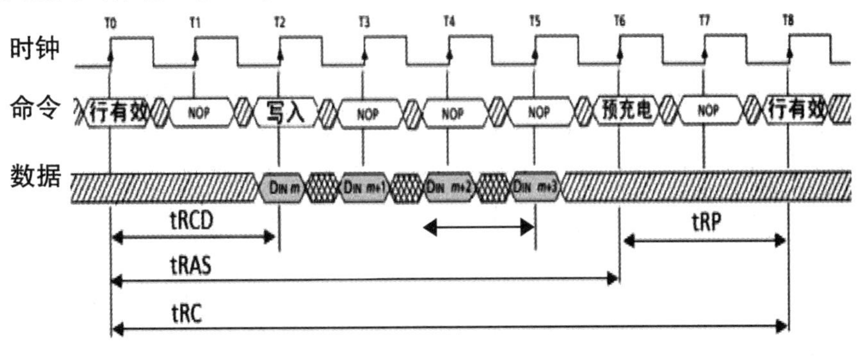

图 14.14　**写入时预充电时序**(BL=4，tWR=1，tRP=2)

14.1.8 刷新

SDRAM 是同步“动态”随机存储器，需不断刷新(Refresh)才能保留住数据，因此刷新是 SDRAM 最重要的操作。刷新操作与预充电类似，都是重写存储体中的数据，但二者又有显著的区别。预充电是对一个或所有 L-Bank 中的工作行进行操作，并且是不定期的；而刷新是有固定周期的，并依次对所有行进行操作，用以保持数据。与所有 L-Bank 预充电不同的是，刷新行是指所有 L-Bank 中地址相同的行，而预充电中的行地址并不一定相同。

存储体中电容的数据有效保存期上限是 64ms，即每一行刷新的循环周期是 64ms。SDRAM 芯片参数中的 4096 Refresh Cycles/64ms 或 8192 Refresh Cycles/64ms 标识，其中 4096 与 8192 代表芯片中每个 L-Bank 的行数。刷新命令一次仅对一行有效，在 64ms 内这两种规格的芯片分别需要完成 4096 次和 8192 次刷新操作。因此，L-Bank 为 4096 行时刷新命令的发送间隔为 15.625μs(64ms/4096)，8192 行刷新间隔为 7.8125μs(64ms/8192)。

刷新操作分为自动刷新 AR(Auto Refresh)与自刷新 SR(Self Refresh)两种。不论是何种刷新方式，均无需外部提供行地址信息，因为这是 SDRAM 内部的自动操作。对于自动刷新 AR，SDRAM 片内有一个行地址生成器，自动生成行地址信息。刷新是针对一行中的所有存储体进行，无需列寻址，故 AR 又称列提前于行定位式刷新 CBR(CAS Before RAS)。

自动刷新过程中所有 L-Bank 都停止工作。每次刷新操作所需时间为自动刷新周期 tRC，自动刷新指令发出后需等待 tRC 才能发送其他指令。64ms 之后再次对同一行进行刷新操作，如此周而复始进行循环刷新。刷新操作会对 SDRAM 的性能造成无法回避的影响，这是 DRAM 相对于 SRAM 取得成本优势时所付出的代价。自刷新 SR 主要用于休眠模式低功耗状态下的数据保存。在发出 AR 命令时，将 CKE 置于无效状态即可进入 SR 模式，此时无需系统时钟，而是根据内部时钟进行刷新。在 SR 期间除 CKE 外的所有外部信号都是无效的，只有重新使 CKE 有效才能退出自刷新模式并进入正常工作状态。

14.1.9 数据掩码

猝发传输长度 BL=4，表示一次只传送 4 个数据。如果其中的第二个数据是不需要的，就要采用数据掩码 DQM(Data I/O Mask)技术屏蔽不需要的数据。通过 DQM 技术就可以控制 I/O 端口取消哪些输出或输入的数据。为精确屏蔽一个数据总线位宽中的每个字节，每个 DQM 信号线对应一个字节。当数据总线为 16bit 的 SDRAM 芯片时，就需两个 DQM 引脚。SDRAM 官方规定，在读取时 DQM 发出两个时钟周期后生效，如图 14.15 所示，而在写入时 DQM 与写入命令一样立即生效，如图 14.16 所示。

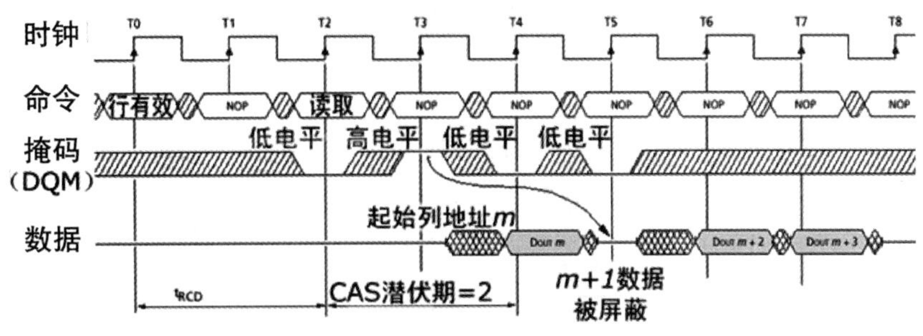

图 14.15　读取时 DQM 信号时序

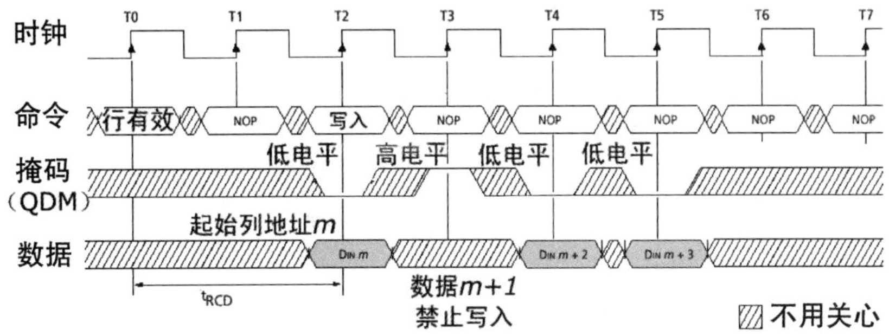

图 14.16　写入时 DQM 信号时序

14.2　基于 FPGA 的 SDRAM 存储器读写应用设计

本章介绍的应用设计任务是首先向本书配套的实验平台上的 SDRAM 中写入 1024 个数据，要求从 SDRAM 存储空间的起始地址写起，写完数据后再将数据读出，并验证读出数据是否正确。

14.2.1　硬件原理图设计

本应用设计所采用的 SDRAM 芯片型号为 W9825G6DH-6，内部分为 4 个 L-Bank，行地址为 13 位，列地址为 9 位，数据总线位宽为 16bit。因此 SDRAM 总存储空间为 4×(2^13)×(2^9)×16bit＝256Mbit，即 32MB。W9825G6DH-6 工作时钟频率最高可达 166MHz，潜伏期 CAS Latency 可选为 2 或 3，突发长度支持 1、2、4、8 或全页，64ms 内需要完成 8K 次刷新操作。具体的硬件电路如图 14.7 所示。

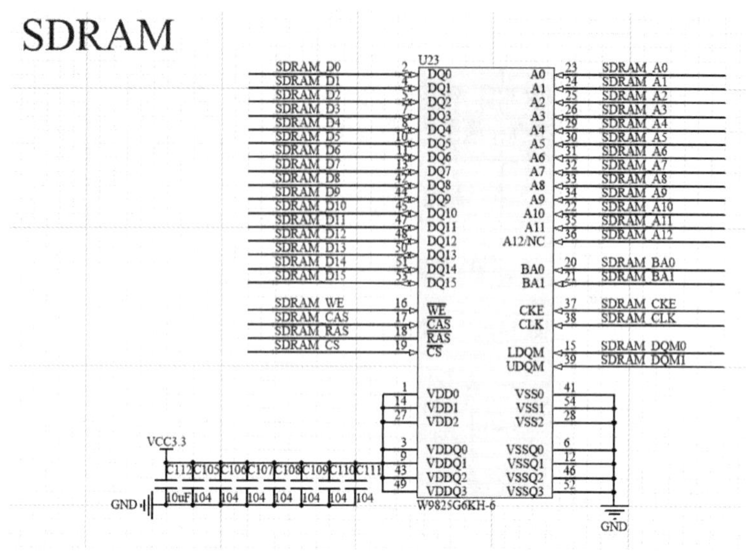

图 14.17　SDRAM 原理图

14.2.2　Verilog HDL 设计

在本应用设计中，SDRAM 的控制时序较为复杂，因此将 SDRAM 控制器封装成 FIFO 接口，这样操作 SDRAM 就像读写 FIFO 一样简单。整个系统的功能框图如图 14.18 所示。

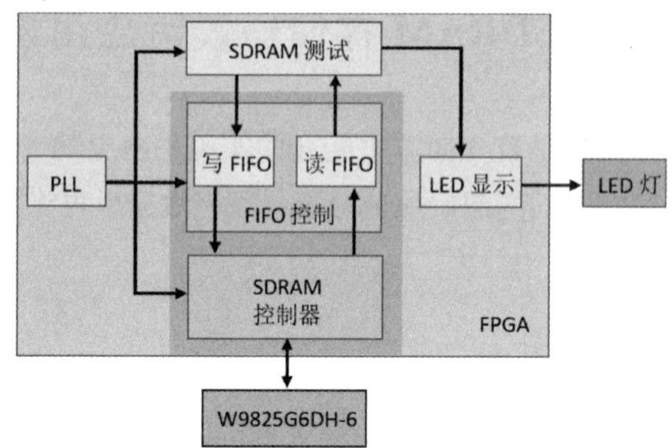

图 14.18　SDRAM 读写测试系统框图

由图可知设计中主要包括了 SDRAM 测试模块、PLL 模块、FIFO 控制模块、LED 显示模块和 SDRAM 控制模块。根据硬件平台的参数可知，SDRAM 读写测试及 LED 显示模块输入时钟均为 50MHz，而 SDRAM 控制器的工作时钟频率为 100MHz，因此需要一个 PLL 时钟模块用于产生系统各个模块所需的时钟。

SDRAM 测试模块产生测试数据及读写使能，写使能时将 1024 个数据写入 SDRAM，写操作完成后读使能拉高并进行读操作，检测读出的数据是否正确。FIFO 控制模块作为 SDRAM 控制器与用户的交互接口，该模块在写 FIFO 中的数据量到达用户指定的突发长度后将数据自动写入 SDRAM，并在读 FIFO 中的数据量小于突发长度时将 SDRAM 中的数据读出。SDRAM 控制器负责完成外部 SDRAM 存储芯片的初始化、读/写及刷新等一系列操作。LED 显示模块通过控制 LED 显示状态来指示 SDRAM 读/写测试结果。由系统框图可知，FPGA 顶层例化了 PLL 时钟模块(pll _ clk)、SDRAM 测试模块(sdram _ test)、LED 灯指示模块(led _ disp)以及 SDRAM 控制器顶层模块(sdram _ top)，各模块端口及信号连接如图 14.19 所示。

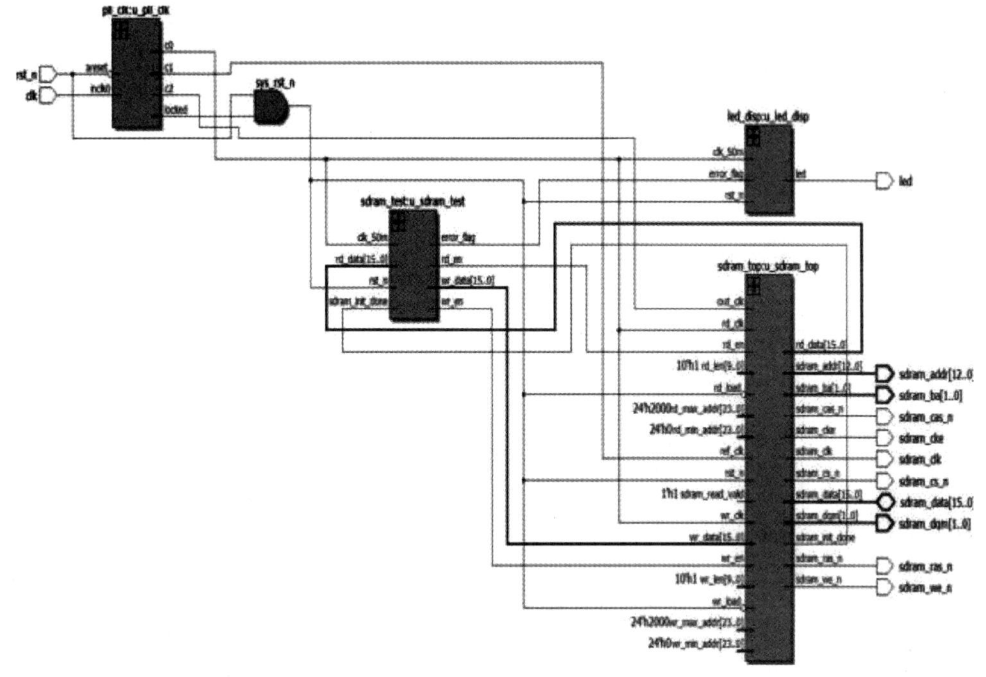

图 14.19　顶层模块原理图

SDRAM 测试模块(sdram _ test)输出读/写使能信号及写数据，通过 SDRAM 控制器将数据写入 SDARM 中地址为 0～1023 的存储空间中。写过程结束后进行读操作，检测读出的数据是否与写入的数据一致，检测结果由标志信号 error _ flag 指示。LED 显示模块根据 error _ flag 的值驱动 LED 的不同显示状态。当 SDRAM 读/写测试正确时 LED 常亮，否则 LED 闪烁。

顶层模块代码如下：

```
module sdram _ rw _ test(
        input           clk,                        //FPGA 外部时钟，50M
        input           rst _ n,                    //按键复位，低电平有效
        //SDRAM 芯片接口
        output          sdram _ clk,                //SDRAM 芯片时钟
        output          sdram _ cke,                //SDRAM 时钟有效
```

```
        output          sdram _ cs _ n,          //SDRAM 片选
        output          sdram _ ras _ n,         //SDRAM 行有效
    output          sdram _ cas _ n,             //SDRAM 列有效
      output          sdram _ we _ n,            //SDRAM 写有效
      output [ 1: 0] sdram _ ba,                 //SDRAM Bank 地址
      output [12: 0] sdram _ addr,               //SDRAM 行/列地址
      inout  [15: 0] sdram _ data,               //SDRAM 数据
      output [ 1: 0] sdram _ dqm,                //SDRAM 数据掩码
      //LED
      output     led                             //状态指示灯
      );

    //wire define
    wire         clk _ 50m;                      //SDRAM 读写测试时钟
    wire         clk _ 100m;                     //SDRAM 控制器时钟
    wire         clk _ 100m _ shift;             //相位偏移时钟

    wire         wr _ en;                        //SDRAM 写端口：写使能
    wire [15: 0] wr _ data;                      //SDRAM 写端口：写入的数据
    wire         rd _ en;                        //SDRAM 读端口：读使能
    wire [15: 0] rd _ data;                      //SDRAM 读端口：读出的数据
    wire         sdram _ init _ done;            //SDRAM 初始化完成信号

    wire         locked;                         //PLL 输出有效标志
    wire         sys _ rst _ n;                  //系统复位信号
    wire         error _ flag;                   //读/写测试错误标志

    //* * * * * * * * * * * * * * * * * * * * * * * * * * * * * * * * * * *
  * * * * * * * * * * * * * * * * * *
    //* *                    main code
    //* * * * * * * * * * * * * * * * * * * * * * * * * * * * * * * * * * *
  * * * * * * * * * * * * * * * * * *

    //待 PLL 输出稳定后，停止系统复位
    assign sys _ rst _ n=rst _ n & locked;
```

```
//例化 PLL，产生各模块所需要的时钟
pll_clk u_pll_clk(
        .inclk0             (clk),
        .areset             (~rst_n),
        .c0                 (clk_50m),
        .c1                 (clk_100m),
        .c2                 (clk_100m_shift),
        .locked             (locked)
        );
//SDRAM 测试模块，对 SDRAM 进行读写测试
sdram_test u_sdram_test(
        .clk_50m            (clk_50m),
        .rst_n              (sys_rst_n),
        .wr_en              (wr_en),
        .wr_data            (wr_data),
        .rd_en              (rd_en),
        .rd_data            (rd_data),
        .sdram_init_done    (sdram_init_done),
        .error_flag         (error_flag)
    );
//利用 LED 灯指示 SDRAM 读写测试的结果
led_disp u_led_disp(
      .clk_50m              (clk_50m),
      .rst_n                (sys_rst_n),
      .error_flag           (error_flag),
      .led                  (led)
      );

//SDRAM 控制器顶层模块，封装成 FIFO 接口
//SDRAM 控制器地址组成：{bank_addr [1：0]，row_addr [12：0]，col_addr
[8：0]}
sdram_top u_sdram_top(
   .ref_clk(clk_100m)，//sdram 控制器参考时钟
   .out_clk(clk_100m_shift)，//用于输出的相位偏移时钟
```

```
    .rst_n(sys_rst_n), //系统复位
        //用户写端口
    .wr_clk(clk_50m),        //写端口 FIFO：写时钟
    .wr_en(wr_en), //写端口 FIFO：写使能
    .wr_data     (wr_data),        //写端口 FIFO：写数据
    .wr_min_addr(24'd0), //写 SDRAM 的起始地址
    .wr_max_addr(24'd1024),        //写 SDRAM 的结束地址
    .wr_len     (10'd512), //写 SDRAM 时的数据突发长度
    .wr_load(~sys_rst_n), //写端口复位：复位写地址，清空写 FIFO
        //用户读端口
    .rd_clk(clk_50m), //读端口 FIFO：读时钟
        .rd_en(rd_en), //读端口 FIFO：读使能
    .rd_data(rd_data),        //读端口 FIFO：读数据
    .rd_min_addr(24'd0), //读 SDRAM 的起始地址
    .rd_max_addr(24'd1024), //读 SDRAM 的结束地址
    .rd_len(10'd512), //从 SDRAM 中读数据时的突发长度
    .rd_load(~sys_rst_n), //读端口复位：复位读地址，清空读 FIFO

        //用户控制端口
    .sdram_read_valid(1'b1),                    //SDRAM 读使能
    .sdram_init_done(sdram_init_done), //SDRAM 初始化完成标志

    //SDRAM 芯片接口
    .sdram_clk(sdram_clk),            //SDRAM 芯片时钟
    .sdram_cke(sdram_cke),            //SDRAM 时钟有效
    .sdram_cs_n(sdram_cs_n),          //SDRAM 片选
    .sdram_ras_n(sdram_ras_n),        //SDRAM 行有效
    .sdram_cas_n(sdram_cas_n),        //SDRAM 列有效
    .sdram_we_n(sdram_we_n),          //SDRAM 写有效
    .sdram_ba(sdram_ba),              //SDRAM Bank 地址
    .sdram_addr(sdram_addr),          //SDRAM 行/列地址
    .sdram_data(sdram_data),          //SDRAM 数据
    .sdram_dqm(sdram_dqm)             //SDRAM 数据掩码
        );
endmodule
```

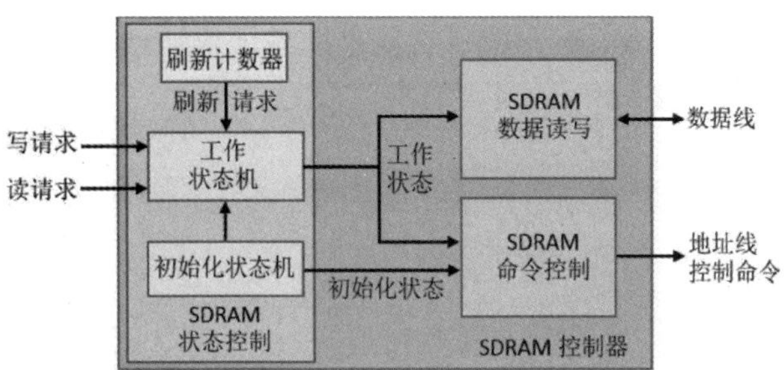

图 14.20　SDRAM 控制器功能框图

14.3　下载验证

首先打开 SDRAM 读/写测试工程，在工程所在的路径下打开 sdram _ rw _ test/par 文件夹，在里面找到“sdram _ rw _ test. qpf”并双击打开，工程打开后如图 14.21 所示。

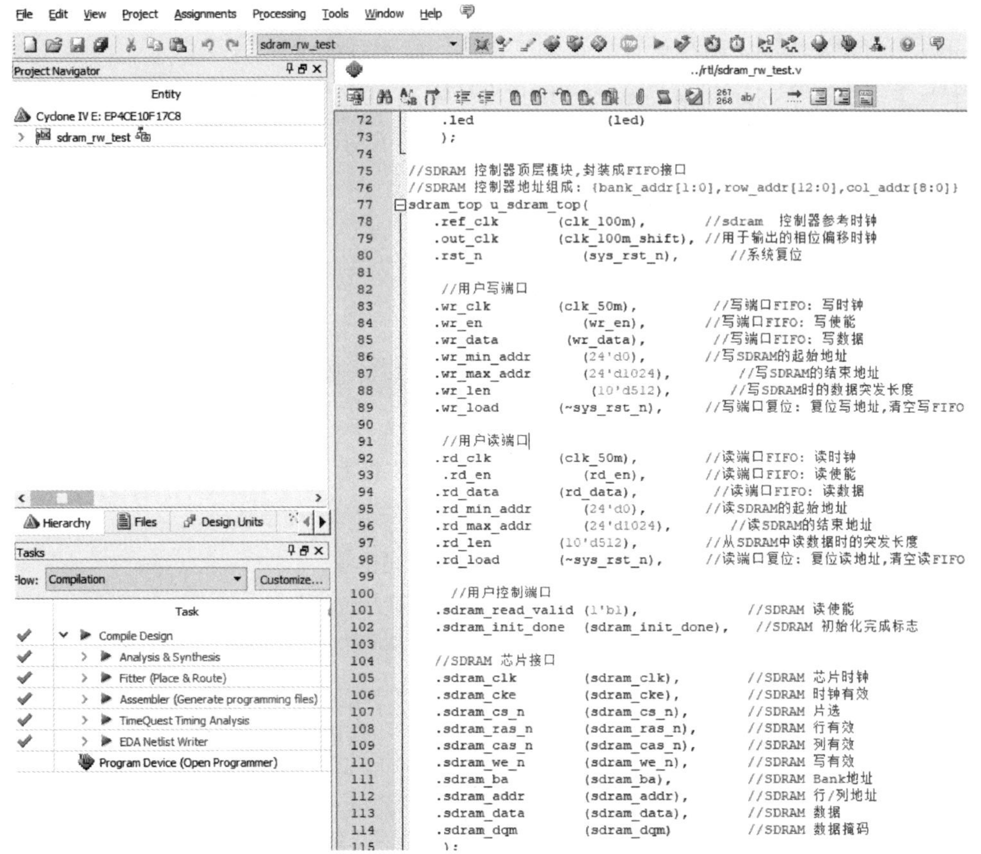

图 14.21　SDRAM 读/写测试工程

下载程序完成后实验平台上最右侧的 LED 灯常亮，说明从 SDRAM 读出的 1024 个数据与写入的数据相同，SDRAM 读/写测试程序下载验证成功(图 14.22)。

图 14.22 设计验证结果

随着现代社会数字化的高速发展，大容量数据存储系统作为各个系统中的核心子部分，其重要性不言而喻，对数据处理的速度、实时性、稳定性以及功耗等要求也越来越高。SDRAM 存储器控制器可以完成自动刷新、存储器掉电重启、读/写时序控制等底层基本功能，使用者基于简单控制器接口进行二次开发，就可以向存储器正确读/写数据。这样可以缩短开发周期，减少设计人员的工作量，简化系统设计。

本章重点描述了如何利用 Verilog HDL 设计完成 SDRAM 存储器控制器，并利用开发平台对设计进行实验验证，证明了该设计能够满足对 SARAM 存取器的读/写控制，实现系统大量数据的存储和读/写处理。

本章习题

1. 修改本章实验，将开发平台上摄像头采集到的数据存储到 SDRAM 中，然后将数据读出，并在 OLED 进行显示。

2. 利用软件生成 1024 点的正弦波数据，并将数据写入 SDRAM 中，然后将数据读出，通过 DA 模块输出，利用示波器观测波形。

3. 修改本章实验，将存储的数据长度修改为 4096byte。

第 15 章 基于 FPGA 的数字识别设计

本章主要介绍数字识别技术的基本工作原理，在此基础上利用 OV5640 摄像头对需要识别的数字进行信息采集，然后利用 Verilog DHL 完成信息识别、处理和显示。

15.1 数字识别原理概述

数字识别一般通过特征匹配及特征判别的方法来进行处理，前者一般适用于规范化的印刷体字符识别，现今该技术基本成熟，后者多用于手写字符识别，目前还处于探索、研究阶段，识别率相对于印刷体字符识别而言还比较低。本章从对印刷体数字识别入手，帮助读者了解特征匹配识别的应用。

数字特征识别是通过对数字的形状及结构等几何特征进行分析与统计，对数字特征加以匹配，从而达到对图像中数字的识别，如图 15.1 所示。

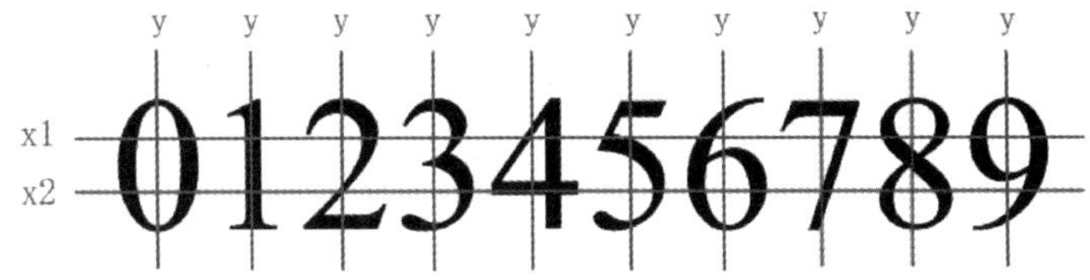

图 15.1　数字几何特征

x1、x2 是水平方向的两条直线，与数字长度成特定比例关系，y 是竖直方向的直线，占数字宽度一半，通过这三条线与数字的交点可以得到数字的特征值。下面以数字 0 为例进行分析，如图 15.2 所示。

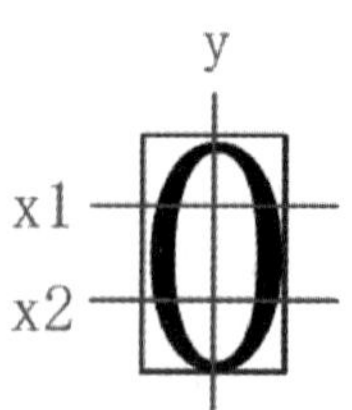

图 15.2　数字 0 的几何特征

外框是数字的边界，x1 取上、下边界的 2/5 处，x2 取上、下边界的 2/3 处，y 取左、右边界的 1/2 处，可以看到 x1 与数字 0 有两个交点，左、右(以 y 为分界)各一个，x2 同样与数字 0 有两个交点，左、右各一个，y 与数字 0 有两个交点。以此统计数字特征就可实现识别，如表 15.1 所示。

表 15.1　数字特征

数字	y	x1		x2	
0	2	1	1	1	1
1	1	1	0	1	0
2	3	0	1	1	0
3	3	0	1	0	1
4	2	1	1	1	0
5	3	1	0	0	1
6	3	1	0	1	1
7	2	0	1	1	0
8	3	1	1	1	1
9	3	1	1	0	1

15.2　基于 OV5640 摄像头识别数字并显示到数码管

在本书配套的板卡上实现数字识别，利用 4.3 寸 RGB 屏显示 OV5640 摄像头捕获到的数字，并将识别到的数字显示在数码管上。

15.2.1　硬件模块原理图设计

硬件模块的原理图设计如图 15.3 所示。

OLED&CAMERA

C155
GND
FPGA_VCC3.3
104
P15

CMOS_SCL	2	1	CMOS_VSYNC
CMOS_SDA	4	3	CMOS_HREF
CMOS_D0	6	5	CMOS_RESET
CMOS_D2	8	7	CMOS_D1
CMOS_D4	10	9	CMOS_D3
CMOS_D6	12	11	CMOS_D5
CMOS_PCLK	14	13	CMOS_D7
CMOS_PWDN	16	15	CMOS_XCLK
	18	17	

图 15.3　**摄像头接口**

15.2.2　软件设计

根据实验任务，设计如图 15.4 所示的系统架构，OV5640 摄像头采集到的数据通过写 FIFO 模块写入 SDRAM，然后通过读 FIFO 模块读出。读出的数据在 LCD 驱动模块的驱动下进入 vip 模块，在 vip 模块内部图像数据先由 rgb2ycbcr 模块将 RGB 转化为 YCbCr，然后进行二值化处理，得到二值图像。对二值图像进行水平垂直投影即图像分割，得到各个数字的水平和垂直边界，将数字边界信息送入特征识别模块进行特征匹配，从而识别图像中的数字。最后将识别到的数字送入数码管驱动模块显示在数码管上。LCD 显示器显示处理后的二值化图像和图像的边界。

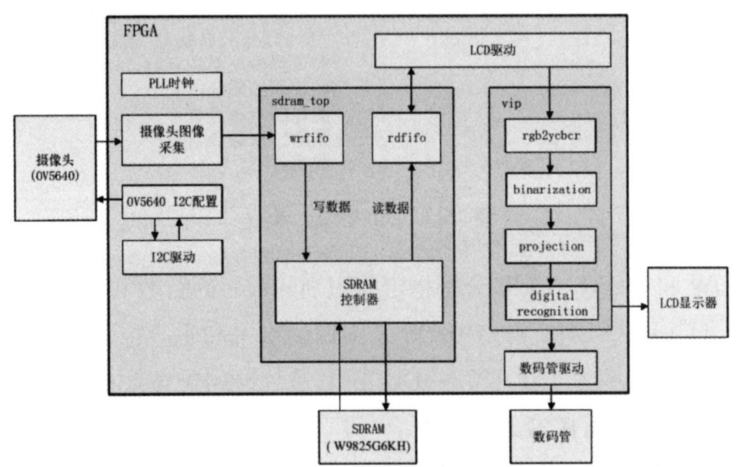

图 15.4　**系统架构**

了解了整个处理流程后，来看一下底层硬件中各个模块的设计思路(图 15.5)。

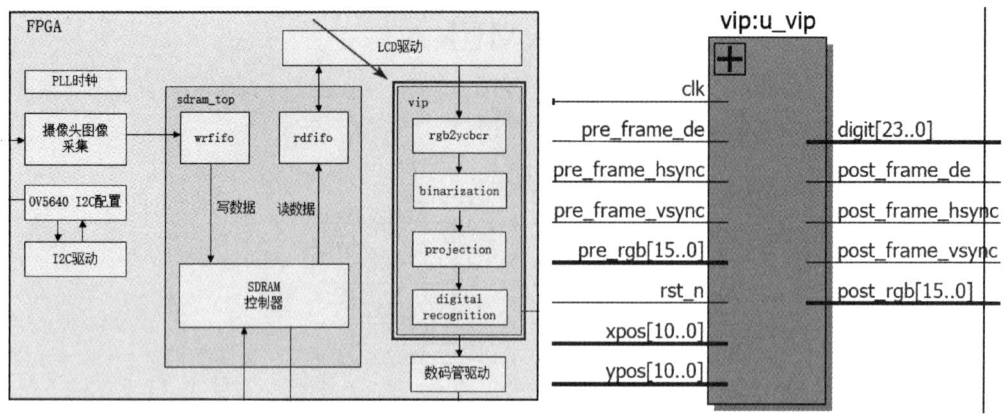

图 15.5　vip 模块接口定义

vip 模块的输入端除了帧数据使能信号 pre _ frame _ de、帧行同步信号 pre _ frame _ hsync、帧场同步信号 pre _ frame _ vsync，还有位置坐标信号 xpos、ypos 和像素 pre _ rgb，这些信号由 LCD 驱动模块输入。输出除了 vip 模块处理后的帧数据使能信号 post _ frame _ de、帧行同步信号 post _ frame _ hsync、帧场同步信号 post _ frame _ vsync，还有一个识别后的数字信号 digit。由于开拓者开发板有 6 位数码管，每位数码管用压缩的 8421BCD 编码显示，总共需要 4×6=24 位，即 digit 信号位宽为 24 位，该信号输出给数码管驱动模块在数码管上显示识别到的数字。vip 模块的参数如图 15.6 所示。

```
//parameter define
parameter  SLAVE_ADDR = 7'h3c          ;  //OV5640的器件地址7'h3c
parameter  BIT_CTRL   = 1'b1           ;  //OV5640的字节地址为16位  0:8位 1:16位
parameter  CLK_FREQ   = 27'd100_000_000; //i2c_dri模块的驱动时钟频率
parameter  I2C_FREQ   = 18'd250_000    ;  //I2C的SCL时钟频率,不超过400KHz
parameter  NUM_ROW    = 1'd1           ;  //需识别的图像的行数
parameter  NUM_COL    = 3'd4           ;  //需识别的图像的列数
parameter  H_PIXEL    = 480            ;  //图像的水平像素
parameter  V_PIXEL    = 272            ;  //图像的垂直像素
parameter  DEPBIT     = 4'd10          ;  //数据位宽
```

图 15.6　vip 模块的参数

NUM _ ROW 和 NUM _ COL 分别指定需识别的数字的行数和列数，这里指定识别 1 行 4 列的数字；H _ PIXEL 和 V _ PIXEL 是图像的水平和垂直像素大小，因为在 4.3 寸 RGB 屏上显示，其分辨率为 480 * 272；DEPBIT 是数据的位宽，主要用于确定数字边界大小的位宽，与水平和垂直像素大小有关。

vip 模块是封装层模块，是对图像处理子模块的顶层封装，其内部模块如图 15.7 所示。

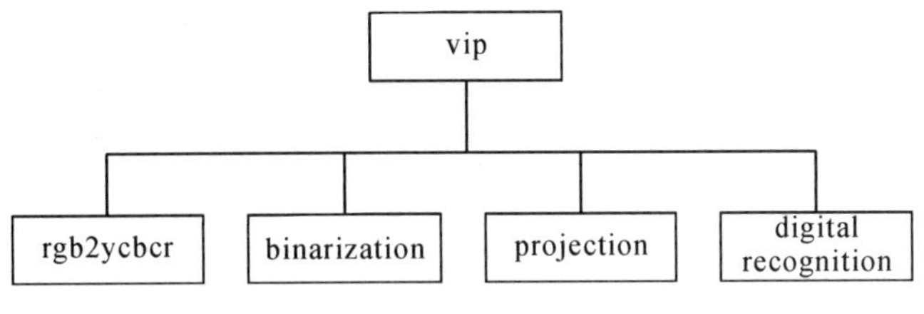

图 15.7　vip 模块的子模块

rgb2ycbcr 是 RGB 转 YCbCr 模块，binarization 是二值化模块，projection 是投影分割模块，digital recognition 是特征匹配识别模块。

下面按照处理的先后顺序依次介绍各模块。

rgb2ycbcr 模块：rRGB 到 YCbCr 的转换，模块接口如图 15.8 所示。

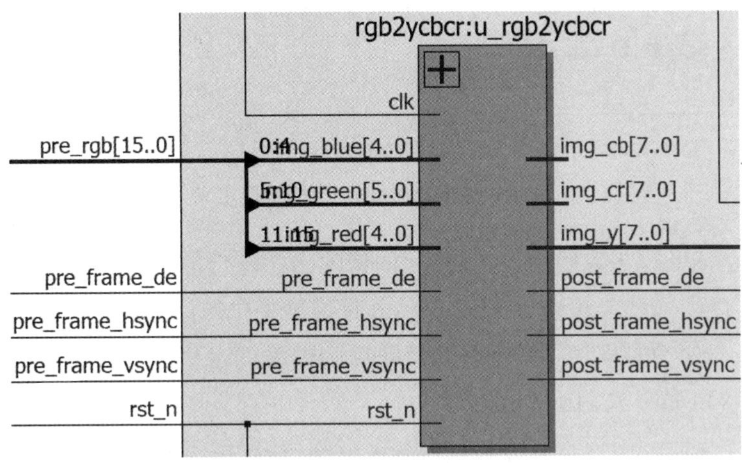

图 15.8　rgb2ycbcr 模块接口定义

可以看到输入为 rgb565，输出为 ycbcr，内部进行 rgb565 到 YCbCr 的转换，依据 OV5640 的官方手册，RGB888 转 YCbCr 的转换公式如下：

Y=0.299R+0.587G+0.114B

Cb=0.568(B−Y)+128=−0.172R−0.339G+0.511B+128

Cr=0.713(R−Y)+128=0.511R−0.428G−0.083B+128

Y=((77 * R+150 * G+29 * B)>>8)；

Cb=((−43 * R−85 * G+128 * B)>>8)+128；

Cr=((128 * R−107 * G−21 * B)>>8)+128；

需要注意的是，这里的 RGB 为 RGB888，所以需要将 RGB565 转换为 RGB888，可以采用高位填充低位的方式。之所以要进行色彩空间的转换，是因为后面需要根据亮度信息进行二值化处理，而 YCbCr 色彩空间的特点是将亮度和色度分离开，从而适合于图像处理。

binarization 二值化模块：图像二值化的目的是最大限度地将图像中感兴趣的部分保留下来，在很多情况下，也是进行图像分析、特征提取与模式识别之前的必要的预处理过程。模块接口如图 15.9 所示。

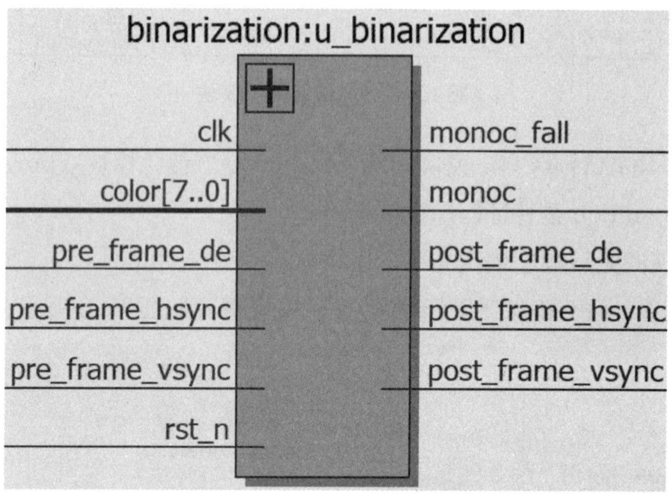

图 15.9 binarization 模块接口定义

根据输入的 color 转换为相应的二值化图像输出，输出的 monoc 为像素的二值化后的信息，1 代表白色，0 代表黑色，monoc _ fall 是像素变化的标志信号，即由 1 变为 0。

projection 投影分割模块：实现对二值化后的图像的水平垂直投影，从而实现对图像的分割。模块接口如图 15.10 所示。

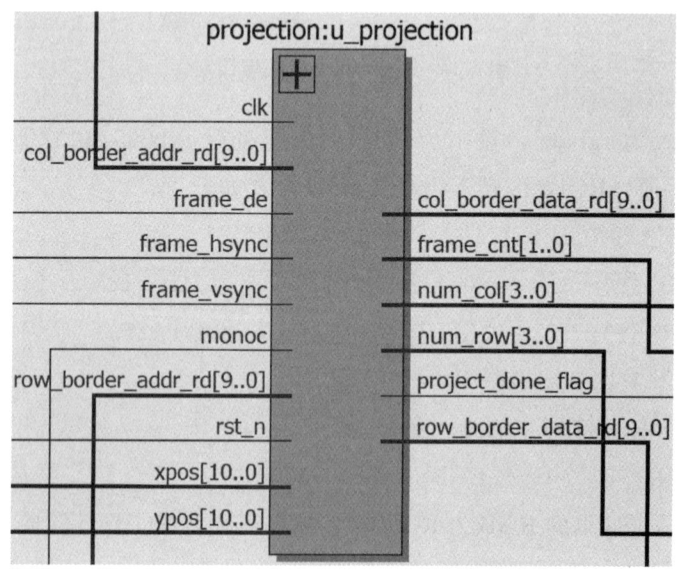

图 15.10 projection 模块接口定义

该模块输出投影后得到的边界信息，row _ border _ data _ rd 是行边界信息，col _

border _ data _ rd 是列边界信息，这些信息存放在自定义的 ram 里面，如图 15.11 所示。

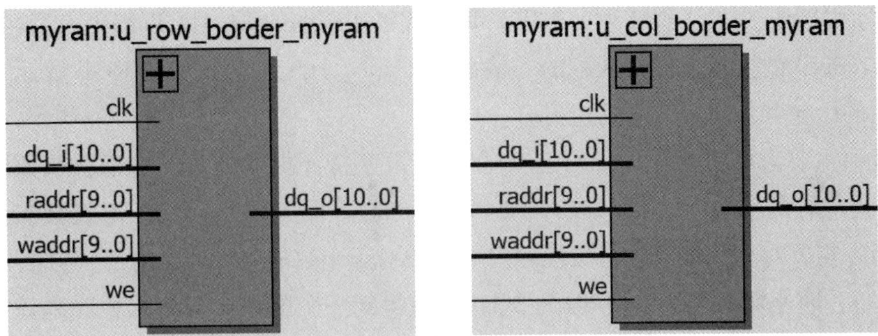

图 15.11　自定义存储边界信息的 ram 接口

当外面的模块需要读取边界信息时，只需要通过给定地址 row _ border _ addr _ rd 和 col _ border _ addr _ rd 就可得到边界地址信息。需要说明的是，对于 row _ border _ addr _ rd，当 row _ border _ addr _ rd [0] 为 0 时存放的是行上边界信息，为 1 时存放的是行下边界信息；对于 col _ border _ addr _ rd，当 col _ border _ addr _ rd [0] 为 0 时存放的是数字的左列边界信息，为 1 时存放的是数字的右列边界信息。num _ col 是采集到的数字列数，num _ row 是采集到的数字行数，project _ done _ flag 是投影完成标志，表明可以进行后期处理。

digital recognition 特征匹配识别模块：digital recognition 是特征匹配识别模块，根据投影分割模块对分割后的单个数字进行特征匹配识别。模块接口如图 15.12 所示。

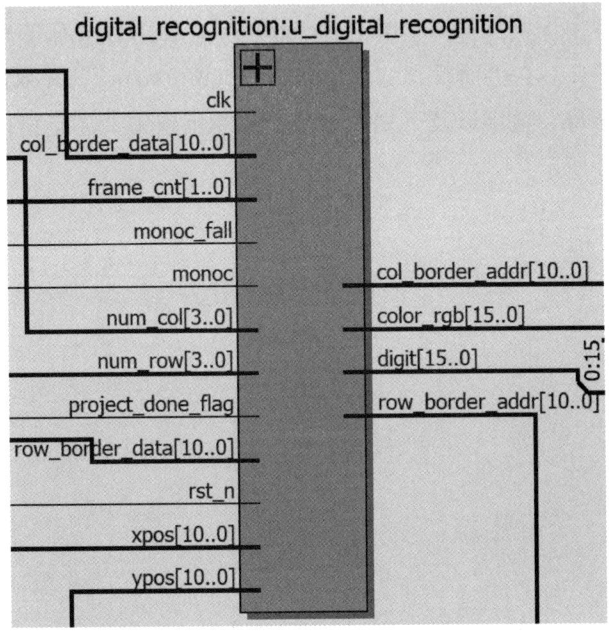

图 15.12　digital recognition 模块接口定义

该模块最主要的输出是识别到的数字 digit 和 color _ rgb，可以看到这里的 digit 是 16 位的，这是因为识别的 1 行 4 列的数字，每个数字用压缩的 8421BCD 编码表示，需要 4×4=16 位，digit 的位宽是自动匹配的。输出的 color _ rgb 信息显示在 RGB 显示屏上，为二值化后的图像和图像中数字的边界。

该模块主要运用的是前面 15.1 节中介绍的数字特征提取技术，由于获取数字特征的 x1 和 x2 是边界的小数，如 2/5(0.4)，2/3(0.6667)，而 Verilog HDL 不直接支持小数的使用，所以需要对这些小数进行处理，FPGA 中对于小数的处理通常有三种方法：

方法 1：将小数乘某个数(一般为 2 的指数)得到一个整数，再将乘积除以该整数，一般通过移位实现除的效果，如 0.25 乘以 4 得到 1，乘积右移 2 位(除以 4)即可，在 RGB 转 YCbCr 时就用到了此方法。

方法 2：将小数进行定点化处理。定点化就是人为地确定用多少位来表示小数，即把 1 多少等分。如果用 6 个位来表示小数，相当于将 1 分成 2^6=64 等份，每份为 1/64=0.015625，如果想用此表示 2/5，只需要知道 2/5 中有多少个 1/64(0.015625)，2/5 除以 1/64 为 25.6，约等于 26，26 用二进制表示为 011010，所以 2/5 即 0.4 的 6 位定点化为 011010。

方法 3：使用 IP 核。使用软件提供的处理浮点数的 IP 核或乘除 IP 核。

15.3 下载验证

首先我们打开数字识别工程 digital _ recognition，在工程所在的路径下打开 digital _ recognition/par 文件夹，在里面找到“digital _ recognition. qpf”并双击打开。注意工程所在的路径名只能由字母、数字以及下划线组成，不能出现中文、空格以及特殊字符等。工程打开后如图 15.13 所示。

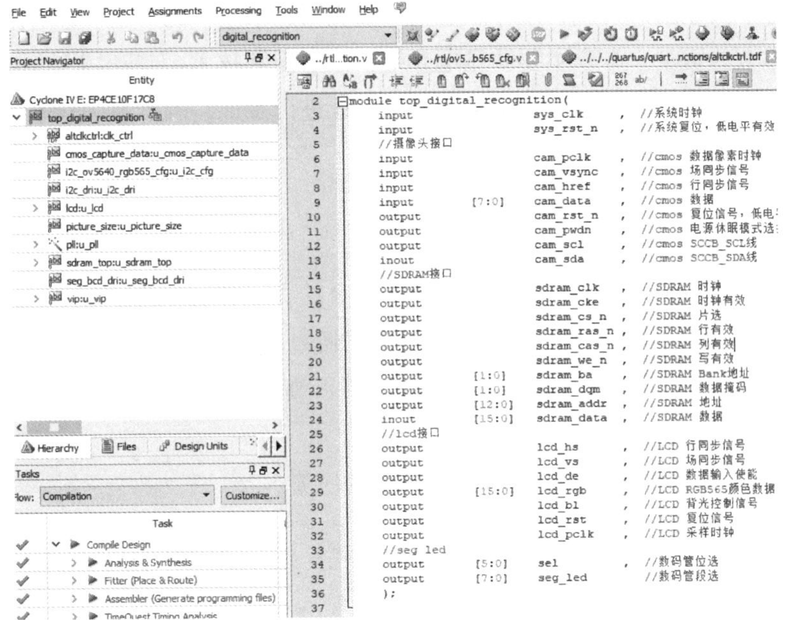

图 15.13　数字识别实验工程

将下载器一端连接电脑，另一端与开发板上的对应端口连接，接上 OV5640 和 4.3 寸 RGB 显示屏后，连接电源线并打开电源开关。接下来下载程序，验证数字识别功能。

下载完成后，将图 15.14 中的数字图片合适地放在 OV5640 摄像头前面。

图 15.14　需识别的数字

从图 15.15 所示的实验结果中可以看到，RGB 显示屏上显示出捕获到的数字，并框出数字的边界，数码管显示 2345，验证成功。

图 15.15　设计验证结果

在当今这个大数据的时代，图像识别技术的应用越来越广泛，这一技术在科技智能化方面做出了很大的贡献。本章主要浅显地介绍了数字识别技术，并利用 Verilog HDL 设计实现了数字识别系统，最后通过实验平台对该设计进行验证。验证结果表明，该设计能够很好地完成印刷体数字的识别。

本章习题

1. 修改本章实验，对不同个数的数据组或不同内容的数据组进行数字识别并显示。

2. 尝试识别不同的图形，如三角形、正方形、圆形，并将识别结果用显示模块进行显示。

3. 设计一个图像识别系统，能够识别并显示手势。

参考文献

[1] 孙志雄，谢海霞，钟鹏飞．理工类课程融入课程思政理念的教学探索——以《EDA 技术与应用》为例［J］．海南热带海洋学院学报，2020，27(5)：125－128.

[2] 沈俊慧．基于 EDA 技术的电工电子技术课程的教学探索——以 NI Multisim 软件实施为例［J］．福建教育学院学报，2020，21(10)：74－76＋95.

[3] 丁浩，闫伟，史洪玮．基于 FPGA 的 EDA 课程职业化教学改革研究［J］．物联网技术，2020，10(10)：113－114＋118.

[4] 李增科，李云鹏，席东学．基于 SPI 协议的双 DSP 通讯设计与实现［J］．电子测量技术，2020，43(19)：159－164.

[5] 张保军，付兴虎，尹荣荣．EDA 技术在光电信息类专业实践教学中的应用探索［J］．产业与科技论坛，2020，19(19)：145－146.

[6] 吕文强，施睿，任勇峰，等．基于 DDR2 SDRAM 的高速数据缓存技术研究［J］．电子测量技术，2020，43(18)：6－10.

[7] 严飞杰，杜建硕，付明雨，等．基于 VHDL 控制的 24 点智力游戏机［J］．电子世界，2020(17)：27－28.

[8] 彭恰源．EDA 技术在数字电路教学中的研究［J］．电子测试，2020(18)：139－140.

[9] 武汉．EDA 课程在高校教学中的改革与探索［J］．科技视界，2020(25)：18－19.

[10] 丁聪，胡宇航，吴婷，等．等精度频率计的 Verilog 设计与仿真［J］．电子制作，2020(17)：22－23＋43.

[11] 崔健，黄思淇，贾港澳．通信电子线路中 EDA 技术的实践运用浅析［J］．电子元器件与信息技术，2020，4(8)：40－41.

[12] 黄春梅．EDA 技术在电子专业教学中的应用分析［J］．数字通信世界，2020(8)：173－174.

[13] 孟娟，李亚南，韩智明，等．CDIO 理念下地震行业特色院校 EDA 技术与应用实践教学改革［J］．教育教学论坛，2020(31)：241－242.

[14] 安书董，李明，郑久寿，等．一种采用可编程逻辑实现 SDRAM 的控制方法［J］．航空计算技术，2020，50(4)：97－100.

[15] 张浩．EDA 技术在通信电子线路中的应用［J］．电子技术与软件工程，2020(13)：73－74.

[16] 李颖，马忠彧，王宏斌，等．应用型本科《数字电子技术与 EDA》课程改革研究与实践［J］．教育现代化，2020，7(49)：56－59.

[17] 彭逸飞．基于 Verilog HDL 语言的一种奇偶校验码与极化码级联的编码器设计与仿真［J］．通信电源技术，2020，37(11)：107－110＋114.

[18] 何雪瑞．12bit 高速数据采集系统的大容量存储模块设计［D］．成都：电子科技大学，2020.

[19] 黄乐天. 提升 EDA 软件水平应从建立“工业软件意识”开始(二) [N]. 电子报，2020－05－24(002).
[20] 张文敬，王元友，何海川，等. EDA 技术在蛇形机器人中的实践应用 [J]. 电子元器件与信息技术，2020，4(5)：84－86.
[21] 郝瑞斌. 实时数字相干光通信系统中时钟恢复算法的 FPGA 实现 [D]. 北京：北京邮电大学，2019.
[22] 段岑林. DDR2 SDRAM 控制器的设计与实现 [D]. 西安：西安电子科技大学，2018.
[23] 王长森. 基于 LCoS 时序彩色显示的 DDR2 SDRAM 控制器的设计与验证 [D]. 湘潭：湘潭大学，2018.
[24] 展学显. 基于 FPGA 的嵌入式 Web 服务器的设计与应用 [D]. 廊坊：北华航天工业学院，2018.
[25] 雷能芳. 数据采集系统中 SDRAM 控制器的 FPGA 设计 [J]. 电子设计工程，2017，25(15)：137－140.
[26] 王婉星. 嵌入式 SDRAM 控制器的设计与验证 [D]. 西安：西安电子科技大学，2017.
[27] 李鹏. EDA 技术在计算机组成原理实验课中的应用研究 [J]. 时代教育，2016(19)：154.
[28] 王康，沈祖斌. PLD 的发展简史及应用展望 [J]. 科技视界，2015(1)：234＋277.
[29] 黄俊，任艳华. 基于 FPGA 的全数字锁相环设计思路 [J]. 科技与企业，2012(14)：128.
[30] 曹赛男. 基于 FPGA 的 PCI 接口控制器的设计与应用 [D]. 南京：南京航空航天大学，2012.
[31] 全巍. 流处理器和 FPGA 异构计算技术研究与实现 [D]. 长沙：国防科学技术大学，2010.
[32] 陈星，黄考利，连光耀，等. 基于 Verilog HDL 的 MTM 总线从模块有限状态机设计 [J]. 仪表技术，2010(2)：25－27＋30.
[33] 付朝伟. 米波 MIMO 雷达脉冲/孔径合成算法研究及 FPGA 实现 [D]. 西安：西安电子科技大学，2010.
[34] 董良威，姚文卿. 基于 Verilog HDL 的数字加法器的设计比较与优化 [J]. 常州工学院学报，2009，22(3)：34－37.
[35] 王强. 一种实时图像处理硬件平台的设计与实现 [D]. 北京：北京交通大学，2009.
[36] 叶心明. 基于 FPGA 的 LED 视频显示控制系统的设计 [D]. 上海：上海交通大学，2009.
[37] 王文卿. 现代雷达信号处理技术及实现 [D]. 西安：西安电子科技大学，2009.
[38] 王宇，周信坚. 基于 Verilog HDL 语言的可综合性设计 [J]. 计算机与信息技术，2008(11)：30－32＋36.
[39] 蒋豪. 基于 FPGA 的 PCI 总线从接口 IP 核的设计与实现 [D]. 镇江：江苏大学，2008.
[40] 陈庆伟. 基于 NiosⅡ的 FPGA-CPU 调试技术研究 [D]. 北京：北京交通大学，2008.
[41] 杨映辉. 基于 FPGA 的 SDRAM 控制器设计及应用 [D]. 兰州：兰州大学，2007.
[42] 郭小波，刘永平. 基于 SPI 串行总线的语音接口电路的软硬件设计 [J]. 黄河水利职业技术学院学报，2007(2)：48－51.
[43] 刘德贵，李便莉. 可综合的基于 Verilog 语言的有限状态机的设计 [J]. 现代电子技术，2005(10)：116－118.
[44] 夏宇闻. Verilog 的系统任务、函数语句和显示系统任务 [J]. 电子产品世界，2003(8)：75－77.

[45] 夏宇闻. Verilog 模块的结构、数据类型和变量以及基本运算符号(下) [J]. 电子产品世界，2002(23)：73—76.

[46] 夏宇闻. Verilog 模块结构、数据类型和变量以及基本运算符号(上) [J]. 电子产品世界，2002(22)：73—76.

[47] 罗昉，翁良科，尹仕. 基于 Verilog-HDL 描述的多用途步进电机控制芯片的设计 [J]. 电子工程师，2002(8)：30—33+44.

[48] 王志春，杨占平. 基于可编程逻辑器件 CPLD 及硬件描述语言 VHDL 的 EDA 方法 [J]. 自动化与仪表，2002(1)：54—56.

[49] 魏凤歧，须毓孝. Verilog HDL 语言 RTL 级描述的可综合性 [J]. 内蒙古大学学报(自然科学版)，2000(5)：536—540.

[50] 夏宇间. Verilog 数字系统设计教程 [M]. 2 版. 北京：北京航空航天大学出版社，2008.

[51] 吴厚航. 深入浅出玩转 FPGA [M]. 北京：北京航空航天大学出版社，2010.

[52] 吴继华，王诚. 设计与验证——Verilog HDL [M]. 北京：人民邮电出版社，2006.

[53] 田耘，徐文波. Xilinx FPGA 开发实用教程. 北京：清华大学出版社，2020.

[54] 〔美〕克里兹. 高级 FPGA 设计结构、实现和优化 [M]. 孟宪元，译. 北京：机械工业出版社，2009.

[55] 罗杰. Verilog HDL 与 FPGA 数字系统设计 [M]. 北京：机械工业出版社，2015.

[56] 唐红莲，刘爱荣. EDA 技术与实践 [M]. 北京：清华大学出版社，2011.

[57] 卢有亮. Xilinx FPGA 原理与实践——基于 Vivado 和 Verilog HDL [M]. 北京：机械工业出版社，2018.

[58] 陈金鹰. FPGA 技术及应用 [M]. 北京：机械工业出版社，2015.

[59] 高健，庄建军，戚海峰. FPGA 数字系统设计 [M]. 北京：清华大学出版社，2020.

[60] 张文爱. EDA 技术与 FPGA 应用设计 [M]. 2 版. 北京：电子工业出版社，2016.

[61] 阿东. 手把手教你学 FPGA [M]. 北京：北京航空航天大学出版社，2017.

[62]〔德〕Uwe Meyer-Baese. 数字信号处理的 FPGA 实现 [M]. 4 版. 北京：清华大学出版社，2017.

[63] 何宾，张艳辉. Xilinx Zynq-7000 嵌入式系统设计与实现 [M]. 北京：电子工业出版社，2016.

[64] 高亚军，基于 FPGA 的数字信号处理 [M]. 2 版. 北京：电子工业出版社，2015.

[65] 杜勇. 数字滤波器的 MATLAB 与 FPGA 实现——Altera/Verilog 版 [M]. 2 版. 北京：电子工业出版社，2019.

[66]〔美〕J. Bhasker. Verilog HDL 入门 [M]. 3 版. 夏宇闻，甘伟，译. 北京：北京航空航天大学出版社，2008.

[67]〔美〕Samir Palnitkar. Verilog HDL 数字设计与综合 [M]. 2 版. 夏宇闻，胡燕祥，刁岚松，译. 北京：电子工业出版社，2009.

[68]〔美〕Michael D. Ciletti. Verilog HDL 高级数字设计 [M]. 北京：电子工业出版社，2019.

[69] 王钿，卓兴旺. 基于 Verilog HDL 的数字系统应用设计 [M]. 北京：国防工业出版社，2007.

[70] 郑羽伸. Verilog 数字电路设计范例宝典(基础篇) [M]. 台北：儒林图书公司，2006.

[71] 夏宇闻. Verilog 数字系统设计教程 [M]. 北京：北京航空航天大学出版社，2008.

[72] 刘军. 原子教你玩 STM32(寄存器版)[M]. 北京：北京航空航天大学出版社，2015.

[73] 阿东. 手把手教你学 FPGA [M]. 北京：北京航空航天大学出版社，2017.

[74] Altera. Cyclone IV Device Handbook. Version 14. 1 [EB/OL]. (2014—12—01). http：//www. altera. com.

[75] 刘军，阿东，张洋. 原子教你玩 FPGA——基于 Intel Cyclone IV [M]. 北京：北京航空航天大学出版社，2019.